U0781172

.

2

新 南腔北调集

如何反思科学

江晓原 刘 兵 著

上海科学技术文献出版社
Shanghai Scientific and Technological Literature Press

图书在版编目（CIP）数据

如何反思科学 / 江晓原，刘兵著 . —上海：上海科学技术
文献出版社，2021

（新南腔北调集）

ISBN 978-7-5439-8365-6

Ⅰ . ① 如… Ⅱ . ① 江…② 刘… Ⅲ . ① 科学学—文
集 Ⅳ . ① G301-53

中国版本图书馆 CIP 数据核字 (2021) 第 134895 号

选题策划：张 树
责任编辑：姜 曼
封面设计：留白文化

如何反思科学
RUHE FANSI KEXUE
江晓原 刘 兵 著

出版发行：上海科学技术文献出版社
地　　址：上海市长乐路 746 号
邮政编码：200040
经　　销：全国新华书店
印　　刷：常熟市人民印刷有限公司
开　　本：889mm×1194mm 1/32
印　　张：13.5
字　　数：303 000
版　　次：2021 年 8 月第 1 版 2021 年 8 月第 1 次印刷
书　　号：ISBN 978-7-5439-8365-6
定　　价：88.00 元
http://www.sstlp.com

总　序

江晓原

　　我从 2002 年 10 月起，在《文汇读书周报》上特约主持该报与上海交通大学出版社合办的《科学文化》专版，每月一次。这个版面每次包括三部分：我和刘兵教授的《南腔北调》对谈专栏、一篇书评、三种新书简介。2015 年这个《科学文化》专版移到了《中华读书报》，改为逢双月出版，但每次的版面篇幅增加了一倍。从 2020 年 8 月起，该专版改为《中华读书报》和上海科技教育出版社合办。这个《科学文化》专版持续至今，我和刘兵教授的对谈也持续至今。

　　我们对谈中所讨论的书籍，完全由我和刘兵两人商定，专版上的书评由我选定书籍后约作者撰写，新书简介则由我自己撰写，这些全都不受专版合办出版社的影响，所以完全可以视为真正的"独立书评"。我们选书的标准，是兼顾如下三方面：

　　书籍的思想价值；

　　公众的阅读趣味；

　　当下的热点话题。

　　这件事情，我们持之以恒做到如今，已经 18 年了。这个《南腔北调》对谈专栏，至少就持续时间之久而言，或许在"专栏史"上也可以有一席之地了。

事实上，持之以恒做一件事情，用不了 18 年，就会引起人们的注意。所以我们的对谈已经有过三次结集：

江晓原、刘兵：《南腔北调：科学与文化之关系的对话》，北京大学出版社，2007；

江晓原、刘兵：《温柔地清算科学主义》，北京大学出版社，2010；

江晓原、刘兵：《要科学不要主义：〈南腔北调〉百期精选》，上海交通大学出版社，2010。

现在这部"新南腔北调集"（三卷本），则是《南腔北调》对谈专栏 18 年来的第一次完整结集。

对于《南腔北调》这样的专栏，读者不难想见，当初选书时肯定有相当大的随机性，某本书刚好进入了我们的视野，引起了我们的兴趣，我们就会谈它。这次结集，为了便于读者阅读和检索，我不再受当初见报时先后顺序的约束，而是将每卷分为若干个专题，将属于同一专题的对谈纳入其中。

这些年，我和刘兵教授还在《中国图书评论》杂志上开过一个《南辕北辙》对谈专栏，在《文景》杂志开过一个《学术品位》对谈专栏，这两个专栏每次的篇幅稍长一些，所谈也都是与书籍及学术有密切关系的话题。这次结集"新南腔北调集"（三卷本）时，我也将上述两个专栏的对谈全数编入了。

2020 年 10 月 1 日

于上海交通大学科学史与科学文化研究院

目 录 /

总 序　　　　　　　　　　　　　　　　　　　　　　*1*

1. 反科学主义

文化正在向技术投降
　　——从《技术垄断》说起　　　　　　　　　*3*
我们应该像敬畏自然那样敬畏技术吗?
　　——读《科技想要什么》　　　　　　　　　*8*
未来的世界是垃圾做的吗?
　　——关于《有限地球时代的怀疑论》　　　　*13*
一个实现了全球霸权的植物杂种
　　——关于《玉米与资本主义》　　　　　　　*18*
书籍使人进步, 电视使人落后?
　　——从《娱乐至死》谈起　　　　　　　　　*23*
实验科学是一种神话吗?
　　——从《利维坦与空气泵》谈起　　　　　　*28*
建构一个基本粒子的世界
　　——谈《建构夸克: 粒子物理学的社会史》　*34*
那一年, 我们进入有限地球时代
　　——重读《寂静的春天》　　　　　　　　　*39*

1

瓦尔登湖的春天不崩溃 44

美国军控专家的深度恐惧

  ——读《国家的自我毁灭》 56

转基因神话的破产 61

反科学文化人谈论学妖与现代化 66

迷途的科学和它的哲学保姆

  ——吴国盛教授的《反思科学讲演录》 70

今天到底应该怎样看待科学？

  ——关于《警惕科学》 75

稻香园拒绝现代化 80

法律缺位状态下的人工智能狂飙突进 87

决定未来的，是科学还是人文？ 94

哈耶克：半个世纪前的先见之明 101

埃舍尔：惊奇是大地之盐 107

进步是真实的，但它是一个神话 112

2. 科学社会学

科学对迷信：究竟谁胜谁败？

  ——关于《科学是怎样败给迷信的》 119

公众到底怎样理解科学？

  ——从《优化公众理解科学》想到的 124

人类和科学：谁控制谁？

  ——关于《科学的统治》 129

坏制度可以把人变成鬼

  ——从《路西法效应》谈起 134

目　录

女性主义眼中的中医和性别

　　——从《繁盛之阴》谈起　　　　　　　140

斯德哥尔摩不去也罢　　　　　　　　　145

疯狂实验：科学与非科学的界限何在？　　　150

看西方"民科"怎样做学问

　　——罗伯特·坦普尔的几种著作　　　155

要保护环境，还是要尽快发展？

　　——《中国环境发展报告（2010）》　　166

一轮科学原教旨主义的新攻势吗？

　　——读《上帝的迷思》　　　　　171

古道尔的希望能实现吗？　　　　　　176

科学圣徒和他对于中国的学术意义　　181

《什么是科学》：向理论深渊踊身一跃　188

帝国的植物学和性联系在一起　　　195

海上丝绸之路研究与"一带一路"　　202

全球变暖真无谓，气候原来是赌场？　209

看一个开明的科学主义者怎样谈超自然现象　216

科学修辞学：如何开拓科学史研究新进路　223

原子弹给予人类的祸福　　　　　　230

究竟有多少创新值得期待？　　　　237

基因面前，还能我命由我不由天吗？　244

远西奇器：那些科学传播的往事　　251

手艺在今天的意义　　　　　　　256

人们为何对星占学感兴趣？　　　　261

3. 科学与文化

关于"科学大战"：有话好好说 269

两种文化何去何从 275

今日中国之"第三种文化"

  ——从《第三种文化》说起 280

科学文化与流行文化 287

我们需要更多的科学文化 292

重读《小世界》 297

科学时代的一丝人文主义 302

人性：来自基因还是来自文化？

  ——关于《社会生物学：新的综合》 306

学术品味与两种文化

  ——2005 年 4 月 13 日在清华大学的演讲 312

"宏大叙事"的诱惑 336

伪出版：学术泡沫的形式之一 344

科学与文化：萨顿眼中的希腊世界 352

当代英国勋爵眼中的古代世界

  ——关于《古代世界的现代思考》 357

4. 博物学和环境

博物学热潮中的理论建设 365

英国博物学家眼中的科学与帝国 372

蝴蝶对于纳博科夫和《洛丽塔》的意义 377

"鸟人"：会为爱鸟而杀鸟吗？ 384

目 录

人这种动物为什么要看鸟　　　　　　　　　　　　*391*

怎样对待环境才是合理的？

　　——从《一平方英寸的寂静》谈起　　　　　*398*

拉清单背后的学问

　　——关于艾柯《无限的清单》　　　　　　　*406*

为中国人的域外一阶植物学叫好　　　　　　　　*411*

神游在地球两边　　　　　　　　　　　　　　　*416*

1. 反科学主义

文化正在向技术投降

——从《技术垄断》*说起

□ 　江晓原　　■ 　刘　兵

　　□ 　刘兵兄：你还记得 2007 年我们在北京开第六次科学文化讨论会时，有一天晚上大家热烈讨论的那个主题吗？——我们能不能找到一个有效的判据，来判断今天的科学是否已经发展得太快了？或者说，科学发展从什么时候开始由"适度"变成了"太快"？当然，那天晚上我们未能找到这样的判据，但是无论如何，这确实是一个值得思考的问题，所以最近一年我的思绪常常会驻留在这个问题上。

　　真没想到，在这本《技术垄断：文化向技术投降》中，我竟发现了一个可以说是和上述问题平行的思路。波斯曼（Neil Postman) 将人类文化分成三种类型：一，"工具使用文化"，持续时间是从古代到中世纪，在他心目中，这种文化似乎最令人满意；二，"技术统治文化"，大致从 16 世纪开始，一直持续到今天，这种文化已经不合适了，但还勉强可以接受；三，"技术垄断文化"，则使他痛心疾首深恶痛绝了。在波斯曼写这本《技术垄断：文化向技术投降》的 1992 年，他认为世界上只有美国一个国家进入了"技术垄断文化"。但是经过 15 年，我想

---

* 《技术垄断：文化向技术投降》，［美］尼尔·波斯曼（Neil Postman）著，何道宽译，北京：北京大学出版社，2007 年 10 月第 1 版，定价：22 元。

这样的判断肯定需要修正了，因为今天已经有更多的国家进入了这种文化。

为什么说是"平行的思路"呢？因为我们大致上可以这样对应："工具使用文化"对应于科学发展的"缓慢"时期；"技术统治文化"对应于科学发展从"缓慢"经过"适度"然后开始走向"太快"；"技术垄断文化"自然就对应于科学发展"太快"的阶段了。

■ 你一上来就把波斯曼的这本书与我们科学文化领域中颇有争议的问题联系起来了。不过，我想，面对更多的读者，也许我们还是先简要地谈谈其人其书为好。以前，我们曾在这个栏目中，谈过波斯曼的另一本书，即《娱乐至死》(那本中译本将作者译为"波兹曼")。其实，《娱乐至死》，加上我们现在谈的这本《技术垄断》，以及另外一本《童年的消逝》，成为波斯曼著名的"三部曲"。其间的观点，也有着许多相同相似的地方，当然，在论及不同的主题时，观念也有发展。从专业角度来说，他本是著名的传播学学者。但他的"传播学研究"相当的程度上，把科学与技术的问题与传播问题联系起来。他从传播学的特定视角，对于科学和技术在社会中的作用和影响给出了很有见地的讨论，而且，这种讨论与我们科学文化领域中的有关讨论在有所区别的同时，又显然有着密切的相关性，也带来极大的启发。可以说，我们正是在这样一位有影响的传播学学者那里，看到其对于科学和技术问题的有益探讨。

在这本《技术垄断》中，依然是同样，不过，与《娱乐至死》相比，这本书似乎要更接近于科学文化研究的主题——尽管其中许多事例还是与传播问题关系密切。

　　而恰恰就是这样一部书，让你想起了我们曾讨论和争论的问题。至少，从波斯曼的字里行间，我们确实能够感觉到，他是认为在今天科学和技术的发展是有些过快了。那么，第一个问题就是，对于一个传播学者（而非科学文化、科学哲学、科学史等领域的专业学者）的观点，我们应该如何看待呢？

　　□　说实话，在接触波斯曼的媒介批判思想之前，我虽然早已经不看电视，不看网上新闻，但并未深入思考过这方面的问题，更未曾将科学技术的发展与现代传播的意义联系起来考虑（至于现代传播使用科学技术手段这类表面上的联系，在这里并无意义）。

　　我觉得，正所谓"条条大路通罗马"，无论是从传播学，还是从科学文化、科学哲学、科学史，思考到深处，都会殊途同归，最终都会到达"科学技术是否发展得太快了"这个问题面前。因为这个问题是涉及某种终极的价值判断的。

　　所以，当我看到波斯曼在一条平行的道路上，并且也走向我们正在寻找的目标时，我立刻感到兴奋、欣慰和亲切——我想这应该就是古人所说的"吾道不孤"之感吧。当然，波斯曼在平行道路上的探索，也给了我们非常重要的启发。

　　■　是的，你说的问题，恰恰就是所谓的各种表面上有所不同的领域和主题的研究是可以殊途同归的。恐怕只是像波斯曼这样的大家，才真正有可能做到这点。相反，更多的学者们，却囿于自己狭窄的专业领域而无法突破自身。就仍以传播学研究为例吧。在我们所谈的波斯曼这本书所在的丛书的总序中，就提到了他属于继经验学派、批判学派之后的第三学派，即媒介环境学派。尽管对于这个第三学派我们现在还接触不多，了解不够，也许有些分类上的问题还可以争论，但在我平常直接间接的接触中，却曾感觉到，国内一些研究传播学的人，还只停留在经验学派的阶段，只关心那种传播形式、效果和机制的东西，而对传播的内容则少有关心。至于像波斯曼这样，甚至能在更大的程度上跳出原有的问题，能够独辟蹊径地思考技术手段对于传播内容的实质性影响，进而对于科学和技术问题本身又有独立的认识，这就充分显示出他的与众不同。

但我们在意识到了他的独特性之后，是否真的能够接受他那些在我们这里确实显得有些惊世骇俗的观点呢？

□ 我是完全能够接受的。事实上，我现在对波斯曼相当佩服，我认为他已经是我们这个时代最有力的批判者之一。他的这些观点表面看起来似乎惊世骇俗，其实稍加思考就会发现它们并不是难以接受的。我们之所以会感到惊世骇俗，主要是因为我们先前从来没有在他的思路方向上思考过。

例如，我们一直认为"信息"是一种好东西，我们能够获得的信息越多，我们的工作就会越有效，我们的生活就会越美好，所以我们热情讴歌"信息社会"。可是波斯曼却从反面来看这件事：他认为信息泛滥是一种灾祸，人类文化的健康要求我们抵御信息的泛滥，"法庭、学校和家庭仅仅是信息控制制度的三个例子，它们构成文化的信息免疫系统"，可惜的是，如今面对信息泛滥，至少后面两个已经开始崩溃了，而"抵御信息泛滥的防御机制崩溃之后，社会遭遇的后果就是技术垄断"。在先前的《娱乐至死》一书中，他对此有相当详细的分析，他表明，如今现代媒体向我们提供的所谓信息中，绝大部分是对我们当下生活毫无意义的垃圾。

他20多年前的上述思想，放到今天依旧完全适用。例如之前的"艳照门"，所谓的"信息"不啻铺天盖地，可是这些信息对我们有什么意义呢？我们会因此而去采取什么行动吗？其实对于绝大多数人来说，我们什么也不会去做，我们只是"知道"而已。而且，所有这些"信息"，其实都是媒体塞给我们的，它们对于我们当下的生活毫无意义。

■　在这里，我倒是想对你最后一段论述稍加议论。以你举的"艳照门"为例，许多这类信息的受众也许不一定同意你的结论，甚至于，他们会说他们反而觉得这些信息正是他们想要的，是有意义的，甚至要主动去在网上搜寻。因而，也许更确切的说法是：其实当下许多充斥于各类媒体的信息，对于人们当下生活的意义，只是如今的技术社会所建构出来并加于受众的，只不过绝大多数受众并没有意识到这样一种"阴谋"而已。

而这也恰恰说明了，真正有意义的学术研究，更多的是表现在那种与众不同的、具有批判性反思之中。波斯曼的学说就是这样一个典型的例子。

原载 2008 年 3 月 7 日《文汇读书周报》

我们应该像敬畏自然那样敬畏技术吗？

——读《科技想要什么》*

□ 　江晓原　　　■ 　刘　兵

　　□ 　"科技想要什么"的提出，就是颇有深意的。你想想看，我们会不会问"火车想要什么？"或"钢笔想要什么？"当然不会，我们甚至不会问"蚯蚓想要什么？"因为我们不会对那些没有自由意志（更不用说没有生命）的东西问这样的问题。现在凯文·凯利问了"科技想要什么？"这样一个问题，是因为他已经将科技视为一个有生命、有自由意志的东西了。所以这劈头一问，就能将我们的思考引向纵深地带。

　　前几年凯文·凯利写了名头不小的厚书《失控——全人类的最终命运和结局》，和此书有些联系。不过看他的意思，似乎科技有意志也不是坏事，而且他将科技说成是从一开始就是有意志的，并且为自己能够"领悟"到这一点而沾沾自喜，这恐怕就无法将他引向对科技的批判性反思了。

　　■ 　确实，这本书的标题，是很吸引人眼球的。但与此同时，也有着某种不确定性。当然，你的解说大致是成立的，即他将科技视为一个有生命、有自由意志的东西，因而也就可以"想""要"什么了。

---

* 《科技想要什么》，［美］凯文·凯利著，熊祥译，北京：中信出版社，2011 年 11 月第 1 版，定价：58 元。

但是，如果看看原文书名，其实更严格地，应该是译为"技术想要什么"。在那样的译法中，或许问题就更有针对性了。不过在我们这里，在日常语言中，也经常是把科学和技术混在一起来用的，尤其是用科学来包括技术，或至少是两者并用，因而，也就带来了一些认识上的困惑。

你提到他的另一本名为《失控——全人类的最终命运和结局》的书，我们曾在以前的对谈中提过。在中央电视台的《读书》栏目中，我也曾专门谈过那本书。坦率地讲，其实我对那本书的评价还是有些保留的。作者似乎还是预先设定了科学技术的正面意义，对之不免有些过高的评价。虽然，作者也谈到了一些作者对科学技术的负面作用与局限，而这又正好与他对科学技术的正面评价有某种对立，因而作者也似乎在读者面前显得有些矛盾。

□　在你的感觉中，凯文·凯利在这本《科技想要什么》中的思想，有没有比《失控》有所发展或进步？

我对此有些怀疑。他在本书中强调技术从一开始就是有生命有意志的，这当然与《失控》的主题有所不同，但是如你所说，他"预先设定了科学技术的正面意义"这个基本立场，在本书中有没有改变呢？我的感觉是没有太大的变化。他强调了技术有生命有意志之后，接下来却是主张我们应该对这个有生命有意志的物体顺应、迁就，似乎谁违逆了它谁就应该倒霉。

这下问题就好玩起来了。我们主张敬畏自然，主张保护自然界的生物多样性，主张爱护动物，这些当然都没错。现在凯文·凯利把技术描绘成一个有生命有意志的东西，那它是不是自然的一部分？它是不是应该得到类似动物那样的爱护？它是不是应该被敬畏呢？我看凯文·凯利字里行间的意思，似乎技术是应该被敬畏的。而这样一来，他似乎要站到被尼尔·波斯曼（Neil Postman）痛斥的"文化向技术投降"的立场上了。你的感觉是不是这样？

■ 我基本上同意你的观点。这里的关键问题在于预设，即他预设了科学技术的正面意义。在这个前提下，虽然他可以在局部细致地讨论技术的种种问题，但在全书中，我们仍然可以感觉到他对技术的迷恋与赞美。如果与像海德格尔那样的对于技术之本质的哲学相比，凯文·凯利这里的观点简直不值得一提。

但随之而来的问题是，像凯文·凯利这样的作品，为什么还会被炒得如此热？我想，其中几个原因是可能的。其一，是出版商的炒作，我们知道，哪怕一本烂得很的东西，也可以炒成畅销之作的。其二，是在世间，仍然还有许多与他相似立场的迷恋技术的人，而凯文·凯利只不过把那种不明确的意向和感觉说得更加有条理貌似理论化而已。其三，恐怕与他在像互联网界这种本来就是高技术的领域中的特殊地位有一定的关系。

□ 我们和凯文·凯利书中立场的区别，可能来自一个"技术性"的分歧——他将技术认定为从一开始就具有自己的生命和意志，而我们认为技术曾经是人类的驯服工具，只是后来才变得不听人类的话了，但此时技术仍然未必具有它自己的生命和意志——技术如今已经屈从于资本自身无限增值的意志。

　　而一旦将技术认定为从一开始就具有自己的生命和意志，它仿佛就具有了"天赋人权"，要求人类顺从它、迁就它，乃至敬畏它，也就似乎顺理成章了。这就从逻辑上、伦理上甚至感情上杜绝了对技术的反思和批判。

　　凯文·凯利实际上也是互联网时代的"新贵"之一，他热爱这个让他脱贫致富的"高新技术"自在情理之中。此书中引起我注意的还有两篇中译本的序，两位序作者当然也属中国互联网时代的弄潮儿，从序中看他们都完全赞成凯文·凯利对科学技术正面意义的预设，并且用富有文学色彩的语言对凯文·凯利其人其书大加赞颂。其实我们对于序言往往抱有更高的期盼，希望序作者能够对书中内容的意义有更深入的阐发、思考或批判。而这样一味颂扬称赞，对读者的帮助就不大了。

　　■　当一本书的序，真正能够有见地地引导读者去思考时，这自然是很高的境界。而只是在序言中，以完全赞成而不带批判反思的态度去迎合作者，只讲自己有局限的见解，那当然不能说是有价值的序言。但除此之外，这倒也为人们提供了可分析的样本。

　　这就回到了前面说过的问题，即为什么会有这样的情形。应该说，在当今，像此书作者和作序者这样的观点并不鲜见。这种书面的形成，有作者和作序者自身利益的原因，也有公共传媒上长期以来一直鼓吹的科学主义立场的原因，当然也还有资本集团及其得益的追随者，包括无批判地"献身"于技术，而毫无人文考虑的那些科学家和工程师的帮助的原因。这些帮助，既有技术层面的，也有文化层面的，就如本书一样。

　　面对这样的现状，要想在一朝一夕就改变是不现实的。但真正具有人文关怀，具有社会责任感并愿意思考的人，通过努力，至少逐渐地唤起人们对此的注意，那就已经是很有意义的事了。当然，这样的图书，反而暂时不大可能让出版者更能获益，反而是更顺从主流（这里不一定是指意识形态的主流）观念的图书，除像此书外，又比如像我们曾谈过的乔布斯的传记等，则更能成为畅销书，并给出版者带来当下的利益。

原载 2012 年 4 月 6 日《文汇读书周报》

未来的世界是垃圾做的吗？

——关于《有限地球时代的怀疑论》*

□　江晓原　　■　刘　兵

　　□　刘兵兄，田松近年关于环境、发展等方面的激进看法，我们都已经相当熟悉了。他的这些看法，许多人有不同意见，不过我倒是非常欣赏。特别是他那些有点耸人听闻的文章标题，如"在自己的家乡失去意义""让我们停下来唱一支歌吧""未来世界是垃圾做的""要年薪多少才能日日欢歌"……既有实事求是之心，兼具哗众取宠之效，从传播的角度来说是相当成功的。

　　当然，标题只是标题，关键是文章中的思想和观点。田松的观点是激进的，但其鲜明的特色则是悲观。这些文章散见于各种报纸杂志，现在有机会集成一册出版，我感到非常有价值。一方面当然是便于读者较为系统地了解他的观点，另一方面，如果有人不同意他的观点，甚至要进行批判，现在靶子集中在一起，也更方便射击了。

　　■　作为我们共同的朋友，我们对田松其人其风格也算是比较熟悉了。我们都会同意说他很有才气，很有独特的想法——而这在当下学者及非学者们的写作中却是相当缺乏的东

* 《有限地球时代的怀疑论——未来的世界是垃圾做的吗》，田松著，北京：科学出版社，2007年8月第1版，定价：25元。

西。你提到他那些文章的标题的特色，其实那只是一部分，可以看作是一种有才气的传播手段的表现。但我觉得，更重要的是反映在他的文章中的那些看上去颇为标新立异、与众不同甚至有些惊世骇俗的思想，那些思想才是其文章之价值所在。

从总体上讲，如果有人把田松归类到旗帜鲜明地反现代化的行列中，那应该是不会有什么争议的。问题在于，他是不是"反科学"。因为这种说法比较敏感，所以多做点厘清是必要的。我以为，在某种意义上，即在对西方主流科学的无限制的鼓吹和利用上，他是有明确地"反"的特征。但如果在多元的科学，即承认多种"地方性知识"也是某种科学的意义上，他又显然不能被说成是"反科学"。对此，不知你怎么看。

□　我为何特别欣赏田松那些文章标题，是因为那些标题几乎已经可以成为格言或口号，而且它们充分表达了田松的思想。

我认为田松本质上并不反科学，但他在相当程度上反现代化。

也许有人会说：现代化不就是科学带来的吗？现代化确实是科学带来的，但现代化并不能等同于科学。在现代化之前就有科学。现代化的问题，很大程度上就是如何对待科学的问题。我觉得在波斯曼（同波兹曼）将人类文化分成的三种类型中，田松估计和波斯曼一样，最中意"工具使用文化"，对于"技术统治文化"也还能接受，而波斯曼深感悲哀难以忍受的"技术垄断文化"，也就是田松笔下的现代化。

■　近来，田松在其文章中，又提出了一句名言："在过

14

去，科学是神学的婢女；现在，科学是资本的帮凶。"我以为，这很能代表其思路和立场。在这种意义上，也很难说他不反科学，或者，至少是在某种意义上的"反"。这种反，也包括对于科学本质与功能的反思，因而，也就与现代化的问题联系了起来。

其实，在我们自觉不自觉地随着现代化和工业化、资本化的过程走下去时，有田松这样的反思是非常必要的。除了你说你特别欣赏的标题，对于其文章中的那些尖利的思考，我更觉得读起来令人深受启发，发人深省。而且，最重要的是，尽管国内，特别是国外也并非没有类似的观点，包括学理性的和在大众传播中的，但田松的那些观点和独特的文字，却是非常地道的个人思考的产物。

不过，说到田松对科学和现代化的反思，其基础立场上，倒有一个问题，即我认为他仍然没有非常彻底地摆脱科学的约束，仍然留有某种科学主义的印迹，从而带来了一些内在的矛盾。

□ 这里有两个问题。首先是"反科学"问题。到底什么叫"反"？通常我们使用"反"这个字时，总是意味着希望这个字后面的词汇所指的事物消亡。比如"反对殖民主义"当然意味着希望殖民主义消亡。如果是这样，那么还是不能说田松是"反科学"。田松确实在批评科学，说科学现在成了资本的帮凶，但这并不意味着他希望科学消亡。就好比我们批评一个孩子，说他现在成了坏人的帮凶，这并不意味着我们打算杀死这个孩子——我们只是希望这个孩子学好，不要继续充当坏人的帮凶。

其次是你所说的田松"仍然没有非常彻底地摆脱科学的约束"问题。田松也是学物理出身，受过良好的数理学科训练，他思考问题和表达思想当然不可能摆脱科学的约束——为什么要用"束缚"这样的措辞呢？这难道不是一种优势、一个长处吗？当然，我这样说可能又要被指为"科学主义尾巴没有割干净"了。我以前在讨论中曾经表示过，从文化多样性的角度出发，我并不赞成对科学主义斩尽杀绝，保留一个尾巴不也挺好吗？况且有"某种科学主义的印迹"，也还不等于科学主义啊。

不知你所说田松的"一些内在的矛盾"是指哪些方面？愿闻其详。

■　不然，这次我有点不同意你的判断了。我们曾在谈论英国人罗伯·坦普尔的书时，有过一个观察和判断，即发现他们经常在科学主义和非科学主义之间游移不定，而且认为这是民科的一个典型特征。我觉得，这种冲突在田松这里更为明显。田松的好朋友、清华大学的蒋劲松先生也注意到了这点，在近来描写对田松印象的一篇文章中，甚至称田松为"热力学第二定律主义"者，认为田松在反对科学主义时，实际上却是采用了一种更强版本的物理学主义，而且，认为田松在书中非常关键的对于"熵"的概念的使用，也是颇有"民科"风格的。

蒋劲松的观察与我的感受非常一致。在一些场合，我也经常对田松做类似的评论。当然，是否一定要把科学主义斩尽杀绝是一回事（其实也不可能斩尽杀绝），但在一个人的身上，在强反科学主义的研究中，因骨子里的某种科学主义而带来尖锐的内在矛盾和逻辑不一致，那就是另一回事了。田松关于

"垃圾"的大量文章，创意很好，语言很好，很有文采，很有说服力和感染力，但却把其最根本的基础，建立在物理学中的"热力学第二定律"和这一定律引入的"熵"的概念基础上，这就有些问题了。其实，去掉这种基础，并不就会影响其论证的力量。

我这样说，其实丝毫没有贬低田松文章的价值，只是说其中有些这样的特征。我倒真是希望，他能在摆脱这种内在矛盾的前提下，更有力地鼓吹和倡导他的学说和理念。

原载 2008 年 11 月 7 日《文汇读书周报》

一个实现了全球霸权的植物杂种

——关于《玉米与资本主义》[*]

□　江晓原　　■　刘　兵

□　在我们谈论过的书中，这恐怕是第一本墨西哥著作（中译本是从英译本转译的），这当然与欧美的文化强势有关。其实本书的作者应该也算是得到了欧美学界青眼的人，据说他因为一本题为《向目标进发》的书而"蜚声美国"。否则的话，恐怕他仍然不容易有机会进入中国公众的视野。

写植物的故事，包括它的前世今生，它的生物学、经济学、政治学、人类学等，往往也是相当有意思的。而这本《玉米与资本主义：一个实现了全球霸权的植物杂种的故事》，则专讲玉米这一种植物的故事。对于这样一个故事，我是比较容易发生兴趣的，想必你也是如此吧？

■　当我最初在书店看到这本书，先是被它的名字吸引，看过简介，便毫不犹豫地将它买下。后来，当我们商定要谈这本书，而且比较认真地读过这本书之后，我发现，其实它与我原来对它的预想并不完全一致，并因而还有一些略为失望的感觉。

---

* 《玉米与资本主义：一个实现了全球霸权的植物杂种的故事》，[墨西哥]阿图洛·瓦尔曼著，谷晓静译，上海：华东师范大学出版社，2005 年 11 月第 1 版，定价：19.80 元。

一个实现了全球霸权的植物杂种

之所以这样说，也许与前不久我读到的、曾应编辑之邀为其写过导读的另一本书相比较的缘故。那本书是印度女学者席瓦所写的《失窃的收成》（其实以后我们有机会能谈谈那本书也很不错），主要是偏重写印度农业在全球化的时代的变化及其因西方发达国家对转基因技术的垄断等，而给印度农业带来的诸多严重的问题。在我原来预想中，这本关于玉米的书，也许会有相似之处。但实际上，阅读过后，我发现这本书更像是一本玉米的社会史，是以玉米为线索，在谈论与玉米这一农作物发展传播相关的各种的经历、历史等内容。当然，就像你提到的《植物的欲望》那本书那样，如果只是从一种兼具可读性、知识性和文化含量的读物（尽管这本书有相当的或者说从初衷上基本是一种学术研究的取向）而言，当然它也还是颇有价值的。

□　真的吗？这让我感到些许"欣慰"，因为我也有失望的感觉。可是我不太敢说出来，因为某种"政治正确"的观念在隐隐约约地影响着我。说来好笑，这让我联想到我们早些年评审基金项目之类的事情——在这类评审中，总是要求评审者对来自"中西部地区""老少边穷地区"的申请降低标准。那么这部《玉米与资本主义》，好像我们对它也不应该像对欧美作者那样"求全责备"？当然，这种说法也许会被本书作者视为另一种歧视。

我倒不反对本书成为一本玉米的社会史。但是我觉得作者的视野似乎有些狭窄，而且有些地方不无牵强附会。比如在题为"玉米在中国：半个地球以外的冒险故事"的第四章中，我本来期望看到一些关于玉米和中国关系的有趣论述，结果却发现这一章里谈到中国的内容连三分之一都不到。事实上，作者对中国情况的了解完全依赖第二第三手的西文材料，所以只能引用西方学者的论述，而且其中还不无似是而非之处。那他又何必为这一章取这样一个名不副实的标题呢？

■　也许我们在这里再一次看到了一本著作之书名的魅力和误导。其实，也许因为我们在头脑中有了某种定势，看到这样一个标题，会想象它应该是按照某种学术理念和叙述方式来写，但结果却与预期不太相符。也许，在课堂上如果给出这样一个标题，让学生们一起讨论这样一个题应该如何去做，倒不失为一种有意义的训练。

除了上面说的问题之外，在此书的英文版译成寄语中，还提到它"是一本人类学案例研究范本"，而该书作者在其前言中，也强调此书"另一特点是人类学的视角"。我觉得，在这方面也存在着某种误导的可能性。因为我在被诱惑买下此书时，人类学的视角也是重要的吸引因素之一，然而在阅读的过程中，却颇为失望地发现，其中几乎没有什么典型的人类学视角和理念的体现。真不知为什么作者和英译者会这样讲。

因此，我想，我们是不是可以这样评判此书，它有一个非常诱人的标题，但略有名不副实之嫌，不过，如果抛开这些更前卫的学理性的期望，而只把它作为一本介绍玉米的社会史的一般普及著作来看，还是可以作为一本使读者有所收益的书的。你同意这样的判断吗？

□　这我完全同意。而且还不止于此，因为写某一种植物的社会史，本身也是饶有趣味的。如果这样来考虑选题，其实红薯是一个特别好的题目——不知是否已经有人做了。如果写一本《红薯与殖民主义》或《红薯与人道主义》，那其中至少"红薯在中国：半个地球以外的冒险故事"这一章就会非常精彩了。

不过，这本书还一个让我稍感失望的地方。出于科学史的专业嗜好，我本来期望在本书中看到关于玉米的来源、培育、改良等接近于"农业史"的充分论述。可是在这部《玉米与资本主义》中，作者看来对科学方面的事情不感兴趣，几乎没有专门的论述，更没有为这方面的内容安排专章。

当然，这也可能是因为玉米本身比较简单，不像大麻那样有很高的"技术含量"？我想在这个问题上，我至少可以找到一个理由为本书辩护：因为玉米在任何地方都是合法的种植物，而种植大麻在世界许多地方都是非法的，这就强烈要求大麻的种植者研究出生长周期尽可能短、毒品含量尽可能高的品种，而玉米作为一种合法的种植物，基本上没有这方面的压力。所以，玉米可能确实比大麻简单得多。

■ 我倒并不认为因为玉米"简单"，因而其故事也就相应简单的说法。因为玉米还有普及性极强的特点呢！但从这些有关植物（或"作物"）的著作来看，似乎类似的题材已经是一大类图书的选题方式了。我记得，在英国就曾看到过一本题目好像是叫《大黄：一种神奇的植物》的书（抱歉，可能书名不是很准确），专门讲大黄这种在中国作为药物的植物，在传播到英国后的经历的故事，因为英国人现在已经把大黄作为一种很常见的植物了，而且经过这段演化今天英国的大黄也与中国的大黄很不一样了。那本书也还是一本畅销书呢！

因此，我觉得，一本书所撰写的对象可以很不相同，但这还不是最关键的，一本书的书名很重要，但要真正名副其实也不容易（这还不算连个好的创意都没有的那些平庸之作），关键和重要的，是作者，是作者的眼光、能力和驾驭相关题材与创意的本领。否则，虽然还不能算是到了"挂羊头卖狗肉"的地步，至少，我们还是希望更多地了解玉米这种你我都曾吃过不少的作物与资本主义真正的"关系"的。那样的话，也才算是一种更好的研究、普及和传播。

原载 2006 年 10 月 6 日《文汇读书周报》

书籍使人进步，电视使人落后？

——从《娱乐至死》*谈起

□ 江晓原　■ 刘　兵

□ 刘兵兄，上次我读到这本《娱乐至死》时，真正是别有会心。你知道，我已经有 4 年多不看电视了。对此许多人或许会怀疑我不是说谎就是怪诞：你真的不看任何电视节目吗？我真的不看——电视剧、新闻联播、综艺节目、天气预报乃至许多有我自己出镜的节目，我一概都不看。我承认这是我的怪诞好了。

我还可以告诉你另一个极端——和我住在同一个城市的顾晓鸣教授，媒体最近报道他的标题是：《顾晓鸣：家里 13 台电视同时开》，而且是 24 小时一直开着！据说此外还有 5 台 DVD 播放机在播放着各种剧集。他被称为"最疯狂的多媒体体验者"。

现在有人告诉我们，电视是一种洪水猛兽，它将——事实上已经开始——导致人类文明的衰落和灭亡。尼尔·波兹曼认为，电视的出现已经极大地改变了我们的生活，这意思有点像马克思说蒸汽机是一种革命力量。波兹曼可能真的对马克思主义理论有所了解，例如在本书的参考文献中，甚至出现了恩格斯的《德意志意识形态》。不同于马克思的是，波兹曼认为电

---

* 《娱乐至死》，〔美〕尼尔·波兹曼（Neil Postman）著，章艳译，桂林：广西师范大学出版社，2004 年 5 月第 1 版，定价：19 元。

视是一种有害的力量——尽管它也有革命性。

■ 关于电视，可能我没有你那么极端，更不会像顾晓鸣教授那么极端，我的情形是：很少看；主要原因是：没时间。我设想，如果我有更多的时间，我会有选择地看一部分电视节目——不得不承认，现在虽然可以看到的电视频道越来越多，似乎可看的节目却越来越少。

这里说到电视，话题当然与《娱乐至死》这本书有关。前不久，在我请著名话剧演员梁国庆为我在清华讲授的"戏剧中的科学"这门课客串讲课时，他隆重地向学生们推荐了这本书。我以前虽然也听说过、见到过这本书，却一直没太当回事。最近，在出差的途中认真地看了之后，觉得大出意外，感想颇多。这本书从表面上看，似乎主要是在谈电视文化，但我却觉得，在实质上，它所涉及的问题要远远超出电视这个具体问题，而且，无论就其思想的深度还是文本的可读性，都是我近来所阅读的书中很少见的，读起来，不断有令人拍案叫绝之处。

□ 那你还不赶快告诉我们哪些地方让你拍案叫绝？

我先说说让我感兴趣的第一处，是对于电视这一洪水猛兽，波兹曼将始作俑者追溯到电报的发明，这真是一个深刻的见解。他引用戴维·梭罗《瓦尔登湖》中的议论："我们匆匆地建起了从缅因州通往得克萨斯州的磁性电报，但是缅因州和得克萨斯州可能并没有什么重要的东西需要交流……我们满腔热情地在大西洋下开通隧道，把新旧两个世界拉近几个星期，但是到达美国人耳朵里的第一条新闻可能却是阿德雷德公主得了百日咳。"自从有了电报，我们就能将万里之外的事情迅速报道在本地报纸上，这些事情被称为"新闻"，而这些所谓的"新闻"通常有两个特征：一，与我们的日常生活毫无关系；二，你知道了这些事情也不会因此而采取任何行动。就比如你知道了万里之外的阿德雷德公主得了百日咳，这既与你在此间的日常生活毫无关系，你也不会打算去为阿德雷德公主送医送药。所以这些所谓的"新闻"，你知道了其实对你没有任何意义，不知道其实对你也没有任何损失。

按照波兹曼（Neil Postman）的论证，事情就是从电报发明的那一天开始，出现了本质上的变化——从此我们就进入了被信息垃圾包围的岁月，而电视和互联网又使得这一状况变本加厉。

■　要说起此书令人拍案叫绝之处，恐怕这个对谈的篇幅是不够的。

先说一点吧，由读此书联想到的关于人们经常会对国内的电视科普进行的讨论。按照此书作者的观点，电视这种传播媒体，由于娱乐化的形式特点，其实是不适用于传播那些严肃的、令人思考的观点的。我曾记得，国内科普界不断有人提及一件事，当美国的 discovery 频道工作人员访问中国时，国内有人问及他们做好科普的经验，而他们回答说，他们不是在做科普，而是在做娱乐节目。于是，这里许多人就开始由此感慨我们的电视科普节目的娱乐性不够。

其实，这里面是有一种严重的误解。实际上，discovery 频道的工作人员确实是理解了电视这种传播形式的真谛。他们真心地是在做娱乐节目。如果按我们的理解，硬要利用电视去做科普的话，无非是两种结果。一种是与电视的表现形式相适应，结果，做出的只是娱乐节目，但这偏离了我们初始设定的那种科普目标；另一种可能，是按照标准的科普目标去做，结果，因为与电视这种传播形式不相容，导致传播上的失败。可能在我们这里，电视科普存在的问题，恰恰正是后者。

□　我本人倒是同意这样的说法。我虽不看电视，但并不拒斥科普，我就是用阅读书籍的方式来接受科普的。但是我相信大部分人不会接受你上面所说"电视不适于科普"的结论。因为我们习惯于将电视——以及几乎一切技术——视为"中性"的东西，电视既然作为一种传播手段，我们就想当然地认为它天然就适于传播一切内容。现在波兹曼明确指出电视并不适于传播某些内容，这确实是一个对我们非常有启发意义的见解。

电视一方面不适于传播严肃深刻的思想——连科普都不行，另一方面又非常适于娱乐公众，适于帮助公众消磨时间，那么这种东西大行其道，就会带来可怕的后果。按照波兹曼的看法，这个可怕的后果就是赫胥黎在他的幻想小说《美丽新世界》中所预言的"文化成为一场滑稽戏"。

波兹曼对电视深恶痛绝，他认为自从有了电视，文化的灾难就开始了——电视无处不在，而且它不要思想，只要娱乐。这正好对应了《美丽新世界》中的"如今人人都快乐"。电视其实只是现代化的一个象征物而已，波兹曼担心，由美国电视业所象征的现代文化的娱乐化、平庸化，正在把令我们心驰神往的现代化，变成《美丽新世界》那样的"反乌托邦"。

书籍使人进步，电视使人落后？

■ 　要是想把这样一个话题充分展开，那恐怕就又是一篇大论文了（而且就此书可以像这样展开的地方还有很多，还是等以后有机会再说吧），不过，就你刚刚谈到的电视科普问题，其实也还有若干可以发挥之处。比如说，当我们说严肃的科普，那又是指什么呢？为什么要进行那样严肃的科普呢？我前面只是讲，如果采用电视这种娱乐至上的传播手段进行科普可能会偏离某些人原来设定的科普目标，但我并没有加什么价值判断。而且，为什么我们一定要采用电视这种方式进行科普呢？只是因为我们看到这种传播手段对大众的影响力，而根本就没有想到过手段与内容、形式与目标的错位？甚至于，反过来想，一些人原来设定的那种科普目标是否就是唯一的呢？或者说，当我们想到极致，这种电视科普造成的所谓"娱乐化、平庸化"的结果，最终又能怎么样呢？那种《美丽新世界》的预言在文化发展的意义上是否可以避免？如何能够避免？如此等等，这样问题的清单是可以长长地拉下去的。

能够让人继续思考，提出新的问题，这正是波兹曼书的重要意义。相比之下，其他具体的结论，也许反而相对不那么重要了。

原载 2007 年 12 月 7 日《文汇读书周报》

实验科学是一种神话吗?

——从《利维坦与空气泵》*谈起

□ 江晓原　■ 刘　兵

□　17 世纪 60 年代到 70 年代早期，在英格兰知识界有一场重要争论，争论的双方都是知名人士：一方是科学家罗伯特·玻意耳，皇家学会站在他这一边；另一方是如今被标定为哲学家的托马斯·霍布斯。争论的结果，是霍布斯大败。

原来科学和政治一样，都有"成则王侯败则贼"的规则。尽管直到 18 世纪早期，霍布斯的自然哲学论文仍是当时大学课程中的重要读本，但到了 18 世纪末，霍布斯已经从科学史上被排除出局。今天在一般的科学史著作中，人们已经找不到霍布斯的名字了。

现在夏平来了，他要"指认出以往的争议事件，并加以考察"。他选定的公案，正是上面这场争论。为什么要挑选这场公案来操练呢？首先是因为，"玻意耳的气泵实验，在科学文本、科学教学以及科学史的学术规范上都具有典律地位"，也可以说被视为近代实验科学之祖。夏平偏偏挑选这样一个看上去毫无疑问、不可动摇的偶像来发难，正是"擒贼先擒王"之法。

---

*《利维坦与空气泵：霍布斯、玻意耳与实验生活》，[美] 史蒂文·夏平、西蒙·谢弗著，蔡佩君译，上海：上海世纪出版集团，2008 年 8 月第 1 版，定价：48 元。

实验科学是一种神话吗？

史蒂文·夏平（Steven Shapin）是当代最重要的"科学知识社会学家"之一，他的两本重要著作，现在都有中译本了。夏平 1985 年出版了《利维坦与空气泵——霍布斯、玻意耳与实验生活》（与西蒙·谢弗合著），1994 年出版了他独著的《真理的社会史——17 世纪英国的文明与科学》。后一书可以视为《利维坦与空气泵》的续篇和拓展，倒是先有中译本（江西教育出版社，2002）。不过我觉得论重要性，还是首推《利维坦与空气泵》——因为夏平在这方面的思想精义，都已经充分体现在此书中了。

■ 是的，此书的作者夏平和谢弗在书中追问了一些在近代科学中看似不需要回答的基本问题："什么是实验？实验如何操作，如何展示？可以宣称实验制造事实的机制是什么？实验事实与科学建构说明之间是什么关系？如何识别一个成功的实验？成功的实验又如何与失败的实验区别开来？隐藏在这些特定问题之后的是更为根本的问题：我们为什么要做实验来获得科学真理？在获取公认的科学知识的方法中，实验方法有较高的优越性吗？是否还有其他可能的方法？是什么使得科学中的实验方法超越了其他方法？"

为了回答这些问题，建构主义科学史的早期人物之一的夏平带领读者回到 17 世纪英格兰这个实验起源的年代，重现玻意耳如何利用空气泵展现真空的存在。夏平和谢弗通过对英国皇家学会创始人之一的玻意耳和哲学家霍布斯在实验制造事实的有效性上的争论，表明实验作为生产事实的手段，并不是理所当然地被接受下来的，而经过了一段很长时间的争论。在整个争论过程中，"科学事实"成为争论的对象，"科学理性"成为争论的场所。可以说,《利维坦与空气泵》是建构主义科学史研究的一次实际演练。因此,从科学编史学的意义上,此书可以说是具有特殊的代表性的重要意义。而且,可以说,从近些年来国际上科学史家们的引用情况来看,也可以说此书是获得了某种经典地位。

□　在我们以往习惯接受的教育中,关于实验对科学的意义,以及上面你列举的本书所提出的一系列问题,是从来不去质问的。但是这几年来引进的不少科学知识社会学或具有科学知识社会学倾向的书籍,逐渐提醒人们关注这方面的问题。总而言之,科学的绝对精确性、纯粹客观性,都开始受到质疑,而《利维坦与空气泵》这样深入研究形成的典型个案,则让人们看到,上述质疑并不是毫无道理的。

本书表明,当年玻意耳对霍布斯的胜利,并不纯粹是因为他的学说"客观上正确"而获得的,而是有社会建构的成分。科学史上其实有许多这样的例子,即一种学说或结论,在它还没有真正被证明是正确的时候,它已经因为社会建构而获得了胜利。比如哥白尼的日心说,在得到天文学上的决定性证据前两百年,就已经被开普勒、伽利略等人接受——在今天看来,也可以认为开普勒、伽利略等人参与了哥白尼学说胜利的建构。又如爱丁顿爵士观测日食证实爱因斯坦广义相对论,久已成为科学史上的定论,后来人们发现爱丁顿爵士的观测记录其实并未能真正证明爱因斯坦的推论,但是在媒体和科学界同心协力的建构之下,这次"证明"就被宣布为"事实"。当然,在上面的两个例子中,那被建构起来的胜利和"事实"事后还是得到了真正的证明。但重要的是,这些例子表明:社会建构确实可以使得某些学说获得胜利,使得某些结论被当作事实而被世人接受。

你上面提到,《利维坦与空气泵》"是建构主义科学史研究的一次实际演练",我们知道,这样的演练在国外已经上演过多次了。但是在国内,就你所知,迄今为止有没有过这样的演练呢?

■ 如果说到这里,我想也许还可以再补充一下,即《利维坦与空气泵》这本书不仅仅"是建构主义科学史研究的一次实际演练",而且是一次非常成功的演练。至于你问及国内的情形,我想我还没有看到过这样典型和这种规模的"演练"。有很长一段时间,国内学术界的一些人甚至对于像建构主义这样的学说一直持批判的态度,就是在前几年,在国内对一些所谓的对反科学以及对反科学主义的批判中,也还一直是把建构主义这样的东西作为靶子。近来,情况有了一些好转,对建构主义的关注开始越来越多了起来,一些学生的学位论文,也开始以建构主义作为研究对象。但整体地讲,有这样几个特点:一是仍然处于引进分析研究的多(当然在初期阶段这是极为重要的也是极为必要的工作),二是在像科学与社会、科学哲学等方向的关注多些,而像夏平和谢弗这样,真正把建构主义的纲领化作具体深入的历史研究,却基本上还没有看到很成形的研究。这其中的原因之一,也许就是国内科学史界在研究方法和观念上还相对传统,没有对像建构主义这样的新观念有足够的重视。

当然,传统的方法也依然有其重要的意义,但问题在于,只坚持传统方法,忽视新的学说,毕竟还是有些问题。而且,我有一种印象，即国外许多科学史的研究，其实都是很注意以新的视角来进行考察并得出新的结论的。这与我们这里常见的科学史研究似乎是有些不一样的，对此你怎么看呢？

□　你说的现象确实存在。依我的一孔之见，恐怕和我们这里仍然或多或少地将科学史看成科学的某种附庸有关。具体来说，如果我们有一个物理学史的研究，研究者就会想：物理学界对我的成果会怎么看？研究者们总是在下意识里希望自己的科学史研究被相应的科学专业认可，似乎只有得到了这种认可，自己的研究才能够站住脚，自己的成果才真正有了"科学意义"。在这样的心态下，又怎么敢尝试演练建构主义纲领之下的科学史研究呢？

而在国外，科学史研究已经可以不太在乎是否得到科学界的认可。即使被科学界抨击批判，也不妨碍建构主义纲领之下的科学史研究演练得有声有色。我认为我们应该呼唤这样的局面，包容这样的局面。这不仅对科学史领域有好处，对科学领域也同样有好处。

■　谈到这里，又涉及科学史学科的自主性问题了，这关系到学科自我价值的认同，以及相应的评价标准。确实，如果说科学史研究有自己的评价标准，而不是依附于科学史的认同，会使情况有所好转，但也只是有所好转而已。因为，即使在科学史界可以独立地评价自身的研究时，怎样研究，什么样的研究工作被认为是优秀的，这些标准，仍然取决于科学史界的主流范式。因而，问题的另一个方面，还是与我们的研究观点和方法有关的。

实验科学是一种神话吗?

　　如果说,传统的科学史研究方法在某种意义上,是带有科学主义意味的,那么,像建构主义这样的研究,我会更愿意视其为带有更多的人文立场。国内科学史界其实在研究上也逐渐地出现着变化,只是这种变化还相对较慢。但无论如何,像《利维坦与空气泵》这样的带有着新观念的研究著作更多地可以为我们所接触(中译本的出版无疑会增加这样的接触),这对于推动和加速我们科学史研究的发展,肯定是会有着积极作用的。

　　　　　　　　原载 2008 年 9 月 5 日《文汇读书周报》

建构一个基本粒子的世界

——谈《建构夸克：粒子物理学的社会史》*

□ 江晓原　　■ 刘　兵

□　前不久刚刚和乔伊斯的《芬尼根的守灵夜》稍稍亲近了一下，很惭愧又将那部皇皇巨著束之高阁了。谁知拿到这本《建构夸克：粒子物理学的社会史》，信手翻到第一页，竟又和《芬尼根的守灵夜》联系在一起了——原来"夸克"之名就来自此书。乔伊斯也许只是随手写到了"夸克"（海鸟的叫声，又指一种德国的软奶酪）一词，谁知居然会成为物理学中的基本名词之一，那必是乔伊斯始料不及的了。

物理学中"夸克"之名，始于20世纪60年代。本来物理学家们觉得对基本粒子世界的图景已经掌握得差不多了——原子由原子核和电子组成，原子核又由质子和中子组成。但是随着研究的深入，物理学家们感觉在质子、中子等基本粒子内部，还有结构，这些基本粒子很可能是由更为"基本"的某种东西组成。这种猜测中的、更为"基本"的东西，就被命名为"夸克"。

基本粒子原是肉眼无法看见的东西，只能依靠仪器来间接提供它们"存在"的证据。而现在尚在猜测中的"夸克"，要想找到它们"存在"的证据就更难了。物理学家们是靠什么来

---

* 《建构夸克：粒子物理学的社会史》，[美] 安德鲁·皮克林著，王文浩译，长沙：湖南科学技术出版社，2012年7月第1版，定价：60元。

断定"夸克"存在的呢？这正是"科学知识社会学"研究的大好题目，而本书作者皮克林，也是研究这个题目非常合适的人选。所以这本初版于1984年的《建构夸克：粒子物理学的社会史》，几十年来已有经典之誉，也就不奇怪了。

■ 这本《建构夸克：粒子物理学的社会史》，确实可以说是物理学史中的当代经典之作了，而且，更重要的，是它可以看作是开建构主义物理学史研究先河的研究。我在上海交大前几年指导的博士生王延峰，他的博士论文也正是以此书，以皮克林的建构主义物理学史研究为对象的科学编史学研究。

说起建构主义科学史（连带着，人们也会经常说起"科学知识社会学"等，但那毕竟还是"社会学"，而非科学史），一般人们总会联想到那些不那么硬的科学历史，而像物理学，特别是当代物理学，像粒子物理学等的历史，在相对的早期就成为建构主义科学史的研究经典，这却是很耐人寻味的。

其实，仅从书名中的"建构"一词，就已经立场鲜明地表达了与传统的科学观有所不同的新立场。因为建构，自然要有建构者，这里的建构者又不是上帝，而恰恰是发展出物理学的物理学家们。像粒子物理"夸克"这样基本的物理"实体"，居然不是"客观"存在，而是由物理学家"建构"出来的，这显然与传统的科学观大不相同，自然也会遭到不少反对，甚至在今天学界也仍有人对此无法赞同。但面对这样严肃且严谨的科学史的学术研究，只靠基于形而上学信念和立场的反对，当然不再是一件轻易可以翻案的事。

由于夸克的特殊性，包括对它存在的实验证据与过去许多物理学研究的不同，把它作为一种物理学家"建构"的东西，有其早期阶段研究的优越性。但如果把这种观念和立场进一步推广，比如，对于"电子""光子"那些人们几乎不再怀疑其"客观"存在的物理实体时，建构的概念是否依然成立呢？

□ 这是一个非常有意义的问题。如果只想在哲学上将某种原则或理论贯彻到底，那当然应该对你上面的问题回答"是"。不过大部分人毕竟不是哲学家，所以我猜想，在许多情况下，即使人们接受了"夸克"是建构的，乃至进而接受了电子、光子是建构的之后，你也很难指望他们再往前进了。

这里似乎存在着一个分界——在宏观层面，即我们通常所说的"看得见摸得着"的层面，"证实"某种东西的存在，相对来说比较容易。人们很难在这种层面接受"建构"的概念。但是进入微观层面之后，比如对于原子核、电子、光子之类，它们的存在都不是肉眼所能证实，必须借助种种工具、仪器，才能得到所谓的"证实"。这种情形下的"证实"，其实就已经包含了建构的成分。

再推而广之，建构还可以出现在更多的情形中。比如万有引力，它其实也不是"看得见摸得着"的东西，对它的存在，和对它的规律的数学描述，有没有建构的成分？面对这样的问题时，我感到霍金在《大设计》中所主张的"依赖于图像的实在论"是可取的——我们即使同意万有引力是实在的，也只能依赖某种图像来感知和描绘它，牛顿的理论是一种图像，爱因斯坦的理论是另一种图像，将来谁知道还会用什么样的新图像呢？

■ 当你说到最后那点时，其实你已经推翻了前面说"大部分人"很难再往前进的说法了。霍金在《大设计》中讲"依赖于图像的实在论"时兴趣的鱼缸的例子，那可就是宏观的观察啊！当然我也同意，在微观的意义上，这似乎更好接受一些。其实，在学习量子力学时人们常见的不适应，以及表面上的接受和实质上的没有真正把握，其深层原因恐怕也与此有关。

那些否认建构的人，其实持这种传统的立场，或是因为受到那种简单化的"唯物主义"教育的影响，或是持一种更基于日常经验的朴素直觉，或是持有某种先在的形而上学假定。但他们没有意识到其实相反的立场（即建构的立场）也同样是可以按同样的逻辑而成立的。如果说是作为非研究者的普通人，或许还情有可原，不过也还可争辩，向他们普及许多东西，不也正是科学家、科学哲学家、科学史家所需要做的事吗？而作为研究者，如果无视这些新的、真正讲道理的、有其自身逻辑的研究成果，那就说不过去了。

□ 确实是这样。所以阅读此书对于消解科学主义的毒害很有帮助。

本书的书名《建构夸克：粒子物理学的社会史》颇有深意。"建构夸克"强调了"夸克"是被建构起来的，而非"发现"的——通常我们说"发现"的时候，都预设了这样一种状态，即被"发现"之物是"客观存在"的，我们没有"发现"它之前，它早就存在着了。而作者用了"建构夸克"这样的措辞，我们是不是就可以这样理解：在物理学家们确认了"夸克"的存在之前，"夸克"其实未必存在？就像在我们建造（建构）好一幢房子之前，那幢房子并不存在？

如果说本书的正标题强调了作者的观点，那么本书的副标题倒是在更大程度上反映了本书的内容。本书其实也是一部粒子物理学史。阅读本书，对于了解粒子物理学的发展历程也是非常有帮助的——哪怕你不同意作者"建构夸克"的观点。

■　你前面说的对建构与客观存在的理解，我想是不是可以这样看，关于客观存在，这是一个形而上学的命题，严格地讲，形而上学命题是无法用有限的具体经验来最终"证实"的，而这里说的建构，其指向，是我们的物理概念，它与形而上学的客观存在不能说没有关系，但显然又不是完全等同的，其中，人的因素（甚至某种意义上的社会因素——否则也就无所谓社会史的，至少不是彻底的社会史）确切地与之不可割。因而这种建构是不等同于虚构的。

最后还可以提及的是，在不同的历史时期，因其开创性及观念和理论的新颖性，都会有不同时期的经典之作。就建构主义科学史（尤其是物理学史）来说，这本《建构夸克：粒子物理学的社会史》也正是其早期的经典著作之一，是学习和研究物理学史所无法绕过的。自然，我说早期，也隐含了在此书之后，众多更加深入的建构主义科学研究的成果，那就更是令人耳目一新，而且目不暇接了。

原载 2013 年 5 月 3 日《文汇读书周报》

那一年，我们进入有限地球时代

——重读《寂静的春天》*

□ 江晓原　　■ 刘　兵

　　□　这个标题其实有点问题——我们人类从来，从一开始就是处在有限地球时代，只是我们直到很晚的时候自己才知道这一点。所谓有限地球时代，意思是说，地球上的资源是有限的；还有一个平行的说法是：地球净化、容忍污染的能力是有限的。这两个"有限"，在今天早已成老生常谈，可是在1962年，当蕾切尔·卡森用这本《寂静的春天》来强调指出后一个"有限"时，不啻"旷野中的一声呼喊"（美国前副总统戈尔对此书的评价）。全球范围的环境保护运动，可以说就是发端于此书，所以《寂静的春天》如今成为环境保护运动的经典。从那一年开始，我们进入了有限地球时代——是蕾切尔·卡森这个瘦弱的、死于癌症的美国女人帮助我们知道这一点的。

　　我以前很长时间一直对环保之类的问题缺乏兴趣，《寂静的春天》也是很晚才读的。不过，我还是相当容易就能够接受环保的主要理念。而你就不同啦——我知道你早就和一些民间的环保人士和组织过从甚密，有时还投身于他们的活动之中。如今《寂静的春天》又出了新版，我想这对你来说就不是一般的经典重读了，所以正好借此机会听听你在这方面的见解和评论。

----

* 《寂静的春天》，［美］蕾切尔·卡森著，吕瑞兰等译，上海：上海译文出版社，2007年12月第1版，定价：28元。

■ 在这里你提了一个似乎并不太好回答的问题。为什么对于我来说就不是一般的经典重读了呢？因而，这就出现了另一个问题：像《寂静的春天》这样的环保经典名著，对于参与环保的人士，和对于那些与环保尚无密切联系或不了解或不感兴趣的人，有什么不同的意义吗？

我以为，世界上现有的各种经典名著已经有许多许多了，甚至仅就经典名著来说，也很难有人能够通通读完。因而，读经典名著是重要的，但并非所有的经典名著都一定要所有的人都读。不过，在不同经典名著所属的各个领域中，环保可以说是少数最为特殊的领域之一。说最为特殊，是指其发展直接关系到人类的未来，严重些地说，是关系到人类未来的存亡。而在世界环保运动的发展中，《寂静的春天》又绝对地是带来环保发展重大转折点的关键性作品，那么，这样一部经典，其意义，显然是远远超出于一般意义上的经典作品的。

但在这里，如果作一种更为学理式的讨论，我倒想把问题再延伸一下：对于普通公众来说，读经典当然是好事，但这种阅读在什么程度上是必要的？例如，具体到环保：一个有着良好的环保意识并致力于环保的人，是否一定就非得阅读《寂静的春天》这样一部环保经典呢？

□ 你的延伸问题很有意思。也许有人会说，一个致力于环保的人未必需要阅读《寂静的春天》这样的经典，就像一个物理学家未必需要阅读《自然哲学之数学原理》一样。但我认为这两种情形其实是不一样的。

大体来说，人文的经典，和纯自然科学的经典相比，具有更大的"重读优势"，为什么会如此，我一时还没有想明白，但这个事实我觉得基本上是可以成立的。例如，重读《自然哲学之数学原理》，对于一个物理学家来说确实没有必要，因为如果想掌握万有引力理论，后来的物理学教材显然更为适用，况且理论的进展又是一日千里，没有一本纯自然科学的经典可以在这个问题上免于过时。而人文的经典则不同，它们的必要性和魅力都是长久不会过时的——如果不是与日俱增的话。

上面这种现象，对于思想性的人文经典来说似乎更为突出。而《寂静的春天》正是一本这样的经典。环保不是物理学，环保中虽然离不开种种科学技术，但在许多层面上，争论的焦点几乎总是人文的。

■ 我在原则上同意你的观点。确实，与自然科学不同，人文的经典并不存在着"过时"的问题，而且在新的学术进展之下，重读经典，甚至会有完全不同于过去的新感受，新收获。其间的原因也包括人文并非像科学那样，在一个特定的时期，对某具体问题有相对一致的主流观。

你刚才提到，环保中（虽然）离不开科学技术，但《寂静的春天》一书，恰恰是从当代科学技术发展中曾被认为是一项重大成就的杀虫剂的应用给生态环境带来的灾难性后果进行讨论，并引发了当代环境保护运动。当然，即使在今天，也还有人相信，解决环境问题，必须依赖于科学技术的进一步发展，但这种假定至少有两个关键性的问题：其一，从历史的经验来看，即使是在对现有环境问题解决的前提下，未来的科学技术发展及其应用是否会带来更多更新的问题，这并非没有可能；其二，即使就目前我们面临的现实的环境问题来看，也是依然无法回避环境问题的人文与社会性。只有科学技术，是绝对无法解决生态环境问题的，这也正印证了你刚提到的观点，如今在环境问题许多层面上的争论的焦点几乎总是人文的。

《寂静的春天》一书作为经典，还有另外一层历史的意义，即这部书出版后，曾引起了那些在工业、农业等领域经济既得利益者们和科学主义者们的强烈反对，甚至如今，事关环保的许多问题仍然处在非议中，这也就正加强了在当下鼓励人们去阅读这部经典作品的现实价值。

□　即使是对于科学技术问题，重温经典也有其意义，其中一个重要方面就是通过重温经典可以"思考最基本的问题"。比如，杀虫剂造成的危害，是《寂静的春天》中重点讨论的问题，在这个问题上，我就有一个外行的猜想，简述如下。

据我们现在得知的情况，我们在虫害问题上面临的是这样的局面：我们研发出一种新的杀虫剂，使用不久之后虫就通过变异使自己获得抗药性，于是我们就再研发另一种新的杀虫剂，然后虫又变异而获得抗药性，我们就再研发，虫再变异……如此循环不已。虽然我们已经研发了无数品种的杀虫剂，并付出了河流、水源、植物等受到污染的代价，但是"华佗无奈小虫何"，虫害并未绝迹。

然而在杀虫剂发明之前，人类在漫长的古代早就有农业和园艺，没有杀虫剂，古人也一直在种植粮食、蔬菜和水果。当然他们会遇到虫害，但他们也经常享受着丰收，而他们的环境没有受到污染。自从有了杀虫剂之后，我们如今已经离不开杀虫剂了，而虫害仍然伴随着我们。也许虫害是减轻了一些（也许未必），但我们却付出了环境遭受不可挽回的污染的沉重代价。

那么想一想，杀虫剂是不是很像一个魔鬼？它一旦从瓶子里被放出来，就无法让它回去了。更要命的是，这个魔鬼可能扰动了大自然在这方面的秩序，破坏了人类与昆虫之间长久以来的共处状态，使我们陷入了如今这种进退维谷的境地。

再想一想，是谁将这个魔鬼放出来的呢？

■ 要说起来，到目前为止，被人们放出来的魔鬼可不只是杀虫剂。像现代医学中的抗生素，不也是面临着很类似的情形吗？像杀虫剂或抗生素这样的东西的被发明，其实背后存在着一种要与自然对抗的思维方式，这也就像人类与自然的对抗一样，在初级阶段或某些阶段，也许能取得某些人类认为是对自己有好处的结果，但长久看，特别是从历史的视角来看，最终还是人类在对抗中变得越来越无计可施。

这样，带来的问题就是：第一，我们是不是应该放弃这种与自然对抗的思维与行动，而转向一种非对抗性的、和谐的与自然相处的生存方式？第二，在目前已经处在对抗中而且已经感到了自然威力的人类，是否还有可能做出这样的改变？还有，现在阻碍我们做出这样改变的真正阻力又是什么呢？人类是否能够战胜自己的弱点呢？

对上述问题的回答，也许因人而异。但那确实又是人类不得不面对的尖锐，甚至是人类未来的发展生死攸关的问题。

当我们重新阅读《寂静的春天》这样的环保经典，我们就会再一次被提醒着：那些问题是我们所无法回避的！

原载 2008 年 2 月 1 日《文汇读书周报》

瓦尔登湖的春天不崩溃

□　江晓原　　■　刘　兵

□　本文的这个标题，我几个月前就已经想好了，听说过的人都觉得很吸引人。这个带有浓厚"拼贴"色彩的标题，也意味着我们这次要在本专栏中尝试新的路数——不局限于同一个人的著作，而是将某几种在思想脉络上有内在联系的书放在一起讨论。

《瓦尔登湖》(*Walden*)*作为名著我当然久闻其名，自然也将它收入书斋，但是近来仔细读了，却有许多"后现代"的反科学主义联想。

梭罗(Henry David Thoreau，1817—1862)生活在19世纪，《瓦尔登湖》初版于1854年。那个时代，正是现代科学技术高歌猛进的时代，科学技术和学者及公众正处在蜜月期，当时几乎每一个有知识的人都倾心投身于科学技术的怀抱，或者说是"张开怀抱迎接科学技术"。可是在那个时候，梭罗的行止却像是一个十足的怪人。

爱默生写过一篇《梭罗小传》，用平实而优美的散文描绘了梭罗的生平。其中有些句子居然仿佛司马迁刻画人物的风格，例如："他宁愿减少他日常的需要""他发现博士中流行谦恭礼貌，便对他们失去了信任""他知道幻想的价值，它能够

---

*《瓦尔登湖》，[美]梭罗著，许崇信等译，南京：译林出版社，2009。

提高人生，安慰人生"……在爱默生笔下，梭罗有点像一个在家乡附近的流浪汉——他是一个亲近大自然、愿意与大自然和谐相处的旅行者，他有着足够的谋生技能，却不愿意利用这些技能去积累财富，也拒绝利用这些技能去换取奢华富足的生活——这种生活正是我们现在梦寐以求的所谓"现代化生活"。

■ 也许，脑子里有什么样的理论背景，就会看到什么东西。所以，你在梭罗的书中，看到了，或者说，看的时候就联想到了"后现代"的反科学主义。其实，在19世纪，谈论反科学，至少不会像我们今天这样成为一个热门的话题，而那时虽然也可以说是现代科学技术"高歌猛进"的时代，但其巨大的威力，却远远没有像今天那样得以充分显示。

我觉得，像《瓦尔登湖》这样的书，也许是表达了一种生活态度，一种自觉的对质朴生活的追求，但却只有在今天，在"现代化"的生活已经难以逃避之后，与现代化的生活相对应，才更会反衬出那种追求质朴、宁静生活的价值。也正是在这种鲜明的对比之下，我们才会从《瓦尔登湖》中看出更多的内容，也才会有你那些联想。不过，一部书，无论它在被创作时作者是如何构想，似乎只有在不同的时代，在不同的读者那里，能够带来更多联想的增生，才具有了经典的价值，才会让人们去不断地阅读。

当然，尽管有前面的想法，我们还是不得不承认梭罗的先见之明。其实，在任何一个时代，有先见之明的，往往不是"大多数"人，而只是少数的"智者"。当那些"智者"也许只是以并不足够清晰的方式质朴地讲述他们的思想，在以后的时代，甚至在作者本人也许都不曾明确预见的后续事件发生之后，经过后人在新的语境下的新解说、新思考，才让那些隐藏的意义呈现出来。

不知我这样想，是不是又有些极端。当然，我觉得，这种事后阐发的说法，绝不有损于先辈伟大作家。

□ 我完全同意你的上述看法。事实上，经典之所以能够一代一代被人阅读，就是因为每个时代的阅读者都可以从中读出新意义来，能够不断赋予被读作品以新的意义。

其实梭罗在瓦尔登湖畔的生活时间并不长，但无论到哪里，他都坚持要过一种质朴的生活。我曾对"中国人过绿色生活"的话题发表过一点看法，甚至还到嵩山少林寺以此为题做了一次演讲。现在想来，其实梭罗过的生活，正是我们今天所说的、不折不扣的绿色生活。

但是梭罗过的生活，即使在 19 世纪，也已经显露出某种"反现代化"的倾向或色彩，尽管他自己和他同时代的人也许并未"凝练"出这样的主题。

从《瓦尔登湖》和梭罗的生活，我马上联想到《寂静的春天》(*Silent Spring*) *。

在梭罗生活的时代，人类当然还没有化学杀虫剂。

我很想问你这样一个问题：如果梭罗在他的生活中见到了化学杀虫剂，你认为他是会抵制还是会欢迎？

■ 你这样一个问题倒很像是一个理想实验了。我觉得，

---

* 《寂静的春天》，[美] 蕾切尔·卡森著，吕瑞兰等译，上海：上海译文出版社，2007。

其实是有各种可能性的。

比如：按照人们最直接的、最简单的想法，也许会说，他当然要抵制，因为杀虫剂显然是现代化的产物，而你已经给他做出了"反现代化""倾向"的定性。

不过，他也许不会抵制，因为仅仅从表现上看，化学杀虫剂并不那么直接地就与质朴生活相冲突。设想一下，当梭罗在他愿意生活的自然环境中生活时，也许有了杀虫剂，还会带来一些生活上的方便呢！而化学杀虫剂刚刚问世时，也确因其"利人"的功能而受到人们广泛的欢迎。化学杀虫剂的危害，只是在其大量被应用了相当一段时间之后才为人们所意识到的。

追求质朴简单的生活是一回事，即使带有某种"反现代化的倾向"（但这也在某种程度上是因为后来现代化出现我们才会这样命名），在"现代化"出现之前就能够意识到"现代化"的弊端，那就是另一回事了。

当然，或许也有可能梭罗一开始就会抵制化学杀虫剂（这又可能是出于各种原因），如果是那样，那他可以说的确是太有先见之明了——但从前面的分析来看，我总觉得这样的可能性不大。

□ 我的猜测是，梭罗会抵制。但是，这种"魔鬼"类型的东西他抵制不了。

杀虫剂和原子弹其实大有相似之处，都是只要有一家开始搞或者用，别人就不得不跟进。只要杀虫剂一流行，梭罗就是想抵制也抵制不了，除非他不种粮食蔬菜水果了。最近我听说一个熟人真的试图在自己的园子里种植"绿色环保"的蔬菜和水果，为此他拒绝使用一切杀虫剂，结果正如我以前在演讲中所预料的——虫子吃光了他的蔬菜和水果，他颗粒无收，沮丧到了极点。他用一季的徒劳，再次印证了蕾切尔·卡森在1962年《寂静的春天》中那"旷野中的一声呼喊"是多么沉痛和绝望。

《寂静的春天》出版之后两年，在药业公司利益集团的诅咒声中，发出"旷野中的一声呼喊"的卡森（Rachel Carson）死于癌症（1964年）。之后6年，著名的"罗马俱乐部"成立（1968年）。之后10年，罗马俱乐部出版第一部报告，题目就是《增长的极限》（*The Limits to Growth*，1972年）。环境保护和"有限地球"的观念，由此日益深入人心，最终汇成全球性的环境保护运动。

虽然我们在用上面的方式回忆这段历史时，似乎有着某种"乐观向上"的情绪，其实《寂静的春天》中的那一声呼喊，真的是沉痛而绝望的——在几十年之后的今天，当我们目睹身边如此荒谬的局面，才更能体会这种沉痛和绝望。

我们现在的局面是：在人类用杀虫剂破坏了大自然的平衡之后，我们和虫子之间，通过"反复开发出新剂型—不断进化出抗药性"这样的无限循环，暂时维持着新的平衡。虽然我们已经研发了无数品种的杀虫剂，并付出了在河流、水源、土壤、植物等遭受全面污染的代价，但是"华佗无奈小虫何"，虫害并未绝迹。现在我们必须长期依赖杀虫剂，听任环境被杀虫剂日益污染，才能以饮鸩止渴的方式维持和虫子之间的新平衡。

这样一看，杀虫剂是不是很像一个魔鬼？一旦把它从瓶子里放出来，就无法让它回去了。这个魔鬼扰动了大自然在这方面的秩序，破坏了人类与昆虫之间长久以来的共处状态，使我们陷入了如今这种进退维谷的境地。如果起梭罗和卡森于地下，让他和她目睹今天的局面，真不知他们会做何感想？

■　好吧，既然你已经提出，如果梭罗面对杀虫剂时，他就是想抵制也抵制不了，从这样的说法中，却反映出了一种伴随着人类技术发展前景的悲观情绪。卡森的《寂静的春天》一书通常被认为是现代环保运动的肇始，而该书又是由杀虫剂的问题引出的。这样，技术的发展也就与人类面对的生态环境问题从一开始就密不可分地结合在一起了。十多年前，我加入了自然之友，在参加一些环保工作的时候，也结识了许多坚定的环保人士。我后来经常在不同的场合会说到自己的一种印象，即那些最坚定的环保人士，其实对人类保护生态环境的终极前景，大多是持一种相对悲观的看法。而他们最令人钦佩之处，也正在于这种知其不可为而为之的努力。

确如你所说，当有了杀虫剂（注意，这里指的是现代化的化学杀虫剂，而非传统的治虫手段）之后，人与虫之间就进入了一种"反复开发出新剂型—不断进化出抗药性"的无限循环，而且，这样的循环显然是一种恶性循环。不仅在杀虫剂问题上，在对待治疗人类疾病的抗生素问题上，也是一样。在现代技术的发展中，这是一种有共性的倾向。其背后的深层原因之一，恐怕就是在现代技术发展的一开始，人们在对科学和技术的应用会给人类带来光明前景的乐观期待中，所持有的一种要与自然界相对抗，而且认为人类终会在这样的对抗中获胜的心态。而到了今天，当一些人意识到这种对抗所带来的严重后果时（我只是说一些人，因为还有许多许多的人仍然对于人类在与自然界的对抗中获胜持有未经深刻反思的信心和盲目的乐观），却为时已晚，已经无法从那种恶性的无限循环中抽身而出了。

也许，对于前述问题之严峻性和不可解决性的认识，正是那些坚定的环保人士对未来前景持悲观态度的原因之一（注意，我说的只是"之一"）。

□ 也许卡森当年也有这种"知其不可为而为之"的悲观心态。《寂静的春天》出版后两年，她自己就死于癌症，这个瘦弱的女子真让人既同情又敬佩。

我们对技术的认识，长期以来一直深陷误区。我们总是满心欢喜地拥抱一切新技术，而且还要将讴歌这些技术视为自己的义务，觉得自己如果不能加入对"高新技术"的企盼赞颂的合唱中，那就是落伍的表现，一定要"急起直追"。在我们许多人的心目中，永远是一幅无限发展的图景。

在这样天真的心态支配下，面对新的技术，我们从不试图区分魔鬼和天使，而是急急忙忙要将每一个被我们看见的瓶子打开，好尽快将里面的魔鬼放出来，而且还要忙不迭地迎进家门，将自己的未来交给它们支配。

技术魔鬼几乎每一个都是"全球化"的，它们一旦出来，非但西方人赶不走它们，全世界其他地方的人也不得不立刻跟进，将它们迎进家门。杀虫剂就是最典型的例子之一。

自从科学技术在18世纪开始攻城略地长驱直入之后，对待科学技术的保守主义立场就一直受到批判。《庄子》寓言中那个拒绝灌溉机械的老人所说的话："有机械者必有机事，有机事者必有机心，机心存于胸中则纯白不备，纯白不备则神生不定，神生不定者，道之所不载也。"一直被我们用来作为"抱残守缺"拒绝进步的"没落"典型。

其实有很多新技术，刚出世时往往风情万种，令人倾心，但过了足够长的时间之后人们就会认识到它的魔鬼本质。不幸的是，通常到此时人类就已经离不开它了。杀虫剂已经被证明是如此，还有许多我们今天已经离不开它们的技术，比如手机、电脑、互联网、网络游戏等等，也很有可能是如此——只是眼下时间还没有足够长而已。

■ 当下，如果对化学杀虫剂或者原子弹这样的现代技术，也许会有一些人有这样的认识，但也仍会有许多人为其出现的合理性和必要性来辩护。但若更一般地谈论技术以及技术带来的发展，比如像你说的手机、电脑、互联网、网络游戏等等，甚至于那些我们在日常生活中早已习以为常而且一旦接受同样再也离不开的技术时，恐怕仍会同意你的观点的人就要更少得多了。

在这背后，其实一个更为深层和本质的问题，是对于发展的理解的问题。

人们现在经常习惯于重复那句名言——"发展是硬道理"。其实，这句话本身并无问题，因为人类进化的过程，就是一个发展的过程。问题在于如何理解发展本身。在现代化、全球化的语境下，人们经常会不自觉地默认，那些能够带来更迅速的物质享受以及财富增长的发展（要实现和保持这样的发展当然要依赖于更高、更新的现代技术）才是真正的发展。而把那些不那么符合这种基于物质产品和财富数量增长的发展，归之于停滞和落后。并进而在价值判断上，把有利于前者的意识和观念归于好的、先进的、正确的，而把不利于那种面向现代化、全球化（而现在我们所说的全球化不过是按照西方现代科学技术及其观念强行加之于世界各国的标准）的发展的意识和观念，归之于不好的、落后的、错误的甚至于愚昧的。

但是，这样一种默认，或者用我们的朋友刘华杰教授的著名隐喻即"缺省配置"之下，人们却没有想到，对发展的这种"缺省配置"的理解一定合理吗？至少，从人类的长久发展，或者用时尚些的说法，即可持续发展来看，现在流行的发展模式肯定是不行的。

□　此言大得我心！这种无限制地一味追求"更快、更高、更强"的发展模式，其目标到底是什么呢？要发展到什么地步才算满足呢？那些只知道要追求"更快、更高、更强"的人，从来不思考"我到底要什么"这个问题。这种无限发展的前景，从数学上说是发散的，从物理上说是奔向无穷大的，在实际上是不可持续的。

其实这样发展下去的前景，正是我们要谈的第三本书的标题——《崩溃》。

书名全文是《崩溃：社会如何选择成败兴亡》（*Collapse*：*How Societies Choose to Fall or Succeed*）＊，原书出版于 2007 年。全书正文分成 4 个部分。

第一部分"现代蒙大拿"，基本上只是一个引子，类似中国明清时代小说中的"楔子"。第二部分"过去社会"，首先考

＊《崩溃：社会如何选择成败兴亡》，［美］贾雷德·戴蒙德著，上海：上海译文出版社，2008。

察了历史上几个社会的崩溃，包括复活节岛、皮特凯恩和汉德森岛、阿纳萨兹人、玛雅人、维京人。一个基本的结论是：这些社会之所以会崩溃，主要原因就是环境恶化了，当地可利用的资源耗竭了。这一部分的最后一章（第9章）则讨论了新几内亚、日本等成功的案例。第三部分"现代社会"，讨论了4个个案：卢旺达的种族屠杀、多米尼加共和国与海地的对比、中国、澳大利亚。第四部分"实践教训"，重点论述的问题是，为什么环保问题不是科学技术问题而是政治问题。

事实上，《崩溃》给我印象最深刻的地方，就是作者在书中强调指出：今天的环境保护问题，首先不是一个科学技术问题，甚至几乎就不是科学技术问题，而是彻头彻尾的政治问题。这一点对于许多还想当然地将环境问题当成科学技术问题的学者和公众来说，是有振聋发聩之功。也只有从这一点出发，才有可能将我们对环境、污染、发展等问题的思考引向深入。

■ 是啊，我觉得，《崩溃》这本书的观点，确实是值得重视，值得大力传播的。因为按照前面所说的那种对未来悲观的看法，实际上，也就是认为人类社会在现有的发展模式下或迟或早要走向崩溃，而且，要想改变现有的发展模式，又是极为困难的。

其实，关于环保问题，用科学技术的发展来解决，也是方式之一，但关键在于，科学技术不是解决环保问题的首要因素。目前被广泛传播的流行观点，恰恰是把解决环保问题当作一个科学技术发展仍然不够的问题。这也就与你经常提到的科学主义的意识联系在一起了。就是认为科学技术可以解决几乎所有人类社会发展中面临的问题。

如果认为环保问题首先是一个政治问题，那么我们要对待环保的态度，以及相应要采取的行动，就会很不一样了。而在这背后，前面所说的发展模式问题，就更为突出了。不过坦率地说，要想改变现有的为大多数人（包括世界各国大多数领导人）对待发展模式的态度，并不是一件轻而易举的事，悲观一些地看，我甚至觉得那几乎是不可能的。当然，在这背后，还有着另外一些复杂因素，例如，在面对现实的国际、民族冲突时，因发展水平不同而带来的竞争实力的差异以及由此带来的问题等。

但尽管如此，并不等于说我们就可以坦然地、心安理得地无视这个问题。与现实中具体的、局部的，一些国家和民族之间的矛盾相比，整个人类的生存和延续应该是一个更为重大的问题。当我们回过头去看待历史上的那些战争，那些因发展程度不同而带来的胜负，再站在今天的立场上来想，我们又可以意识到什么？有人会觉得那有其合理性，有人会觉得在今天的立场上看那很不值得，也会有人继续夸大地利用这些"历史经验"来为今天的发展模式辩护。但《崩溃》一书，则是从另外的视角看到了另外的问题，而且也许是更为重要的问题。

现在有一个被大家普遍接受和经常使用的概念，即"可持续发展"，提出这样一种概念，或者说口号，其出发点当然是好的。但在现实中，我们经常看到的，却只是用这样的口号作为一种标签或装饰，而在装饰背后的实际，却显然是在坚持着不可持续的发展模式。那么，就人类的本性来说，可持续发展真的是可能的吗？

最后再来看看你一开始就给我们这次对谈设定的标题：

瓦尔登湖的春天不崩溃

"瓦尔登湖的春天不崩溃",这显然是一种美好的愿望。因其美好,所以会让许多人向往和追求。但看看现实,我们现在还能够找到瓦尔登湖的春天吗?在未来,瓦尔登湖的春天还会再现吗?

恐怕这还真是个问题。

原载《中国图书评论》2009 年第 10 期

美国军控专家的深度恐惧

——读《国家的自我毁灭》*

□ 江晓原　　■ 刘　兵

□　这本书是我偶然得到的，读后颇为意外，感到很值得在这里谈一谈。

作者是美国国防部前副部长，军控和裁军总署前主任。我们知道，美国人总是竭力要确保自己掌握最新的武器和技术，通常只有这样才能够让他们感到安全。而国防部长、军控专家之类的人物，自然应该是上述念头最热切的人了。所以在我以前的观念中，这类人物一定是典型的科学主义者。尽管理性告诉我这肯定有一点想当然的成分，但是当我读到本书，发现作者竟有如此强烈的反科学主义观点时，还是感到非常意外。

这种反科学主义观点集中表现在本书第二章——只要看看这章的标题就知道了，"科学将我们推入深渊"！在作者笔下，现代科学技术根本不是善良慷慨的女神，而是被放出瓶子的魔鬼，是十足的洪水猛兽。作者对科学技术如今毫无节制的快速发展深感恐惧（有趣的是，这种疯狂的发展在我们这里总是用"一日千里""日新月异"之类赞扬的词汇来描述的）。他认为，人类文化已经分裂，人类疯狂追求科学技术的结果，使自己处

---

* 《国家的自我毁灭》，[美] F.C.依克莱著，相蓝欣译，上海：华东师范大学出版社，2008 年 5 月第 1 版，定价：29.80 元。

于"浮士德的交易"困境中，例如，政治行为通常是有终极目的的，可是科学技术没有终极目的——我们不知道它究竟要走向何处。作者警告说："我们对科学技术的强烈热忱必须要降温，因为我们必须认识到，我们'同魔鬼达成的交易'也许会带来灾难性的结局。"

■ 此书如果说最特别之处，恐怕就是作者特殊的身份。当然，作者以这种特殊的身份说出的这些观点也给人们带来了额外的一些启示。

我们通常在讨论中作为出发点的，往往是一些对科学进行人文研究，或者说，在兴趣上与此相关的人，而较少地会注意到那些我们默认为自然会支持科学技术迅速发展的军事家和一些政治家们。因而，像依克莱这样的作者的立场，会像你说的那样，让人"颇为意外"。

其实，平心静气地想一下，如果仅就科学技术的负面作用来说，此书作者的观点并没有特别的新奇之处，他基本上还是因工作思考，得出了一些相当朴素的结论。当然，朴素的结论有时又是更有力的。他能够从国际背景的变化中，从冷战到对恐怖组织的担忧背景中，看到科学技术在其中的重要作用以及令人几乎无可挽回的现实以及潜在的负面威胁，这恰恰表明了，人们从多种视角，是可以得出相近相似的一些结论的。

相对有新意的，是作者突破了以往人们从更文化的"两种文化"分裂的视角，而是从科学技术与政治体制发展的不匹配中，看到了许多盲目地追求科学技术发展所带来好处的人所看不到的阴暗面，这也反映出了作者的智慧以及某种关心人类的良知——尽管潜在地，他仍然是有些站在美国的立场上来说话。

□　作者对科学技术的忧虑，可以分为两个层面。上面我们谈到的一些内容基本上属于哲学层面，但对科学技术高度发展所带来的后果，作者还有从他的职业角度出发表达了担忧。

作者认为，随着核武器、生化武器日益扩散，它们变得越来越容易得到了，如果恐怖主义集团获得了这些武器，就有可能以此来要挟政府，有些政府就真的可能不得不就范。这样的场景在西方的小说中，在好莱坞的科幻片、匪警片、动作片中，都已经出现过无数次了。本书作者特别强调的一点是：现代国家的国防安全措施，绝大多数是针对外部侵略的，缺乏应对内部恐怖袭击的有效措施。将来万一恐怖集团掌握了核武器或生化武器，实施这种袭击使得政府行政中枢瘫痪，造成权力真空，或者以此来要挟政府，就有可能攫取国家的政权。"9·11"事件已经为此敲响了警钟，所以作者认为，所有的现代国家都面临着同样的威胁（似乎与意识形态无关）。

作者还有更为技术性的忧虑。他对许多现代科学技术成就抱有与众不同的怀疑态度。例如，即使对于医学卫生进步导致的人类寿命延长，作者也能够看到坏的一面，因为这"不仅对民主国家将带来财政困难，而且也能够延长暴政的时间"。而对于将计算机与人脑相结合的人工智能研究方向，作者看到的前景则是"在人工智能领域如果出现两强相争的局面，最终会是最无情的那一方获胜"。

你上面说，感到作者"仍然是有些站在美国的立场上来说话"，本书为什么会给你这种感觉呢？

美国军控专家的深度恐惧

■ 我说作者"仍然是有些站在美国的立场上来说话"，是指他虽然就科学技术的成果被恐怖分子利用因而形成面向全人类的威胁，但他曾长期在美国政府军界工作的经历仍然潜在地对其立场产生着影响，也就是说，在政治立场上，他依然坚持的是价值上的美国中心论，而只是把科学技术及其破坏性的负面应用作为一种技术上的（尽管是几乎无法控制和消除的）潜在的灾难性问题。这其实从另一个方面意味着，作者在更深层次上，仍然是把因政治上（包括宗教上）的差异而带来的冲突视为必然，在这样的前提下，即使没有现代的科学技术，人类因相互残杀而带来的毁灭就能够避免吗？

当然，在作者的位置上，能够从技术性的层面上意识到科学技术给人类带来的巨大威胁（用作者第二章的标题"科学将我们推向深渊"），已经是很不容易了。但我们可以思考的是，这种科学技术不可控制的发展（连作者及其代表的美国都对此无能为力）肯定不只是一种技术性的问题（技术性的问题在技术性的层面应该是有可能得到相当控制的），肯定背后有更为深刻的基础性的东西在支撑着。

□ 这正是本书比较有震撼力的地方，也是作者将读者引向最反科学主义思考的地方。作者之所以在本书一开头就引用了"浮士德的交易""同魔鬼达成的交易"来比喻人类对科学技术的追求，就是因为他已经感觉到，如今科学技术已经失去控制，人类已经被劫持，已经"身不由己"了。

作者认为，这个危险的失控过程，"起源于250年前的西欧，根植于一场关乎人类文化的大分裂。当时的科学突然从政治和宗教的控制之下解放出来"。对于中国公众来说，这种说法是何等的离经叛道！——想想看，依克莱所说的这种"解放"，在我们多年来熟悉的几乎一切教育读物中，不正是被尽情讴歌全力赞颂的吗？

从这一点，立刻让我联想到另外两本书——都是我们曾经在本专栏讨论过的：一是波斯曼的《技术垄断：文化向技术投降》，二是丹·布朗的《天使与魔鬼》。这两本书的作者都表达过和依克莱类似的观点。如今《天使与魔鬼》的同名电影正在热映，可惜小说高潮中"教皇内侍"的大段独白未能在电影中得到应有的强调。想到"教皇内侍"关于科学与宗教的说法，居然会和美国国防部前副部长，军控和裁军总署前主任的说法异曲同工，还真是有发人深省之处。

■ 确实，从这本书以及你提的另外两本书，我们当然可以设想，还会有更多我们还没有注意到的著作，从中人们可以看到，许许多多本不属于科学文化研究领域，而是在其他领域中有见识的人士，对于科学的负面效应（甚至更激进地就科学发展对于人类威胁的问题），已经从不同的角度形成了类似的看法，得出了类似的结论。

由此，我们一方面可以看到毕竟还是有许多有智慧、有良知的人在认真地思考这一事关人类未来命运的重大问题，并提出发人深省的见解；另一方面，当然，我们也要认识到，在更大范围人群中，这样的人士依然为数有限，如何将他们的思考传达给更广泛的公众以及更多的决策者，恐怕将是一个更需要长期的努力才有可能实现的艰巨任务了。

原载 2009 年 7 月 3 日《文汇读书周报》

转基因神话的破产

□　江晓原　　■　刘　兵

□　美国前副总统戈尔在他的著作《未来——改编全球的六大驱动力》一书中，专门有"转基因食品"一节，戈尔表示，"反对者指出：这些基因工程至今还未能使任何作物的内在产量增加，而且他们提出的对某些生态系统的担忧也不无道理。反对者认为，将外来基因注入基因组事实上同选择性繁殖有所不同，因为它干扰了生物遗传密码的正常秩序，可能导致无法预测的突变"。对于极力在世界上推广转基因作物的美国孟山都公司，戈尔表示，"生物科技公司孟山都如今控制着世界上绝大多数种子的专利……已经控制了 90% 的种子基因"。这里戈尔指出了问题的实质——无论转基因作物有害与否，孟山都公司都在坐享垄断之利。对于这种垄断，戈尔持明显反对态度。

我举这个例子是想说明：当孟山都公司的走卒们极力诋毁《孟山都眼中的世界》*的作者玛丽-莫尼克·罗宾时，连美国前副总统戈尔，也对孟山都公司的所作所为看不下去了。

■　毕竟在有关转基因作物的研究和生产上，美国都可算得上是首屈一指的国家。当然，如果就直接参与的商家来

---

* 《孟山都眼中的世界——转基因神话及其破产》，[法]玛丽-莫尼克·罗宾著，吴燕译，上海：上海交通大学出版社，2013 年 8 月第 1 版，定价：55 元。

说，那孟山都又是稳坐第一把交椅的。因而，在人们关注转基因的问题时，把焦点集中在孟山都公司身上，也就顺理成章的事了。

自从原子弹问世以来，虽然一系列的科技发展继发地带来了一系列直接或间接程度不等的问题，但在这其中，在普通公众中最为被关注和争论的，恐怕也就算是转因基因食品的问题了。当然，这也因为转基因食品与公众日常生活的关系是最为密切的。这样的争论，在我们这里同样激烈。近来，我们还会经常地看到网上不时有人在报道让公众参加所谓"试吃"转基因食品的活动。其实这里面是颇有问题的。那些被试吃品，如果已经在中国取得合法生产销售许可，根本就不需要"试吃"。没有取得这样的许可，那么，如果不是个人自愿的行动，而是有组织者来组织这样的活动，那组织者肯定有违法之嫌。即使是个人自愿的行动，他们之所以能够得到吃的"样品"，样品提供者也同样因未有许可而向社会扩散而有违法之嫌。

虽然争议存在，但至少在我与人接触的印象中（这意味着我没有专门为此做精确的统计研究，但我总是有权有印象，而且不少人与我的印象类似），大多数公众对于转基因食品还是相对谨慎的。他们之所以有这样的判断，当然与其所获得的有关转基因的知识和信息有关。不过，在正式的"科普"中，通常宣传和支持转基因的占多数，而像《孟山都眼中的世界》这本书中所包含的众多信息，却在以往传播不够广泛。这也意味着我们更应该对此书有特殊的重视。

□ 我认为现在对转基因技术进行研究是没有问题的，但是不应该推广转基因作物。最主要的原因是，这个技术现在有争议，我们现在没有办法判断它对人和环境是否有害。急着推广转基因作物的人，说服我们的理由之一就是它无害。但这是事实吗？对于不研究转基因技术的公众来说，这些细节当然都很难弄清楚，但我们能确定的一点就是——对于这项技术有争议。有争议的事情为什么还要急着推广呢？为什么不可以缓一缓，先进一步研究呢？

有些人对于本书作者玛丽-莫尼克·罗宾说她不是专家，不懂这个技术，没有资格说话。这个逻辑是极为荒谬的——就是只有专家才有资格说话，但恰恰是"专家"们极力要推广转基因作物，这就变成了只有极力推广转基因作物的人才有资格对转基因作物说话，别人都没资格说。这是什么逻辑？

转基因作物或食品是一件涉及公众和整个国家利益的事情，所以每个人对这件事都有发表意见的权利。即使不懂转基因技术，也有资格发表意见。而《孟山都眼中的世界》所揭露的事实和作者发表的意见，正可以帮助公众加深对这项争议的理解。

■　面对这个局面，我们应该思考的是，科学是为什么？科学家是为什么进行研究？专家进行研究，只是为了专家自己？"无知"的公众又在消费选择中具有什么权利？我经常举房子装修的例子。就装修而言，也是有许多专家的，但现实中，又有多少人把自己房子的装修完全放手给专家？原因很简单，房子是自己的，是自己住的，自己即使不那么"专业"的选择，也都是其合理的正当选择。

就国际上公众理解科学领域的研究进展而言，一个趋势，也是越来越否定那种认为只有专家能高高在上，单向地向无知的公众"灌输""正确"的知识，而公众只能听从专家意见的那种传统看法。这个领域更新的观念，是认为公众也有自己选择权利，公众理解科学应是一个双向的、互动的交流的过程。例如像在"共识会议"等公众理解科学的活动中，这样的双向互动交流的特点表现得特别明显。不过，在这样的过程中，有一个重要的前提，就是公众应该是在能充分地获得各种观点（包括不同的甚至可能针锋相对的观点）的情况下，来做出自己的判断。这有些类似法庭上的那些并非法律专家的"陪审团"的成员，正是他们在听取了不同意见的情形下做出自己判断的最后的判决！更何况，像转基因食品这样的问题，最终的消费者是公众，而不仅仅只是那些从事研究开发的专家，最终的消费者当然有权做出自己的选择。

刚刚说过，公众在做出自己选择时，理想的情况是应知晓各种有争议的观点，但令人遗憾的是，以往在我们的传播中，许多像《孟山都眼中的世界》这本书所披露的信息传播得太不充分，公众并无恰当的渠道得以充分了解。这正是我们在有关传播中存在的问题。

□ 本书有同名电视纪录片，该片自 2008 年 3 月在法、德联播的欧洲文化电视台播出后，在世界各地引起了广泛反响，很快在互联网上传播开来，我 2011 年看过这部纪录片。当然，纪录片能够容纳的内容，远远比不上本书丰富。正如你所说，本书中的许多内容，在国内关于转基因食品争议中，是公众很少注意到的。这一点凸显了本书的重要价值。

例如，我们现在知道，科学早已和资本紧密结合在一起了，现在我们就应该对科学技术抱有戒心。这样的戒心才能更好地保护我们的幸福。这个戒心就包括，每当科学争议出现的时候，我们就要关注它的利益维度。比如围绕转基因作物推广出现争议时，我们为什么要听任某些人把事情简化为科学问题？为什么我们不能问一问这背后的利益是怎么样的呢？你可以看到，凡是喜欢推广这个东西的人，都拒绝讲利益的事情，因为利益就在他们自己那里。但是公众有权知道这背后的利益格局。这本《孟山都眼中的世界》就深刻揭露了转基因作物背后的利益格局以及孟山都公司多年来唯利是图，破坏环境的种种劣迹。

■　确实如此，这种把转基因作物、转基因食品问题简化为科学问题而回避其他因素的做法，恰恰是许多因利益驱动而鼓吹转基因技术的人们的惯常做法。对此我们应该提高警惕！也许，在今天的中国，大多数公众对转基因食品的疑虑还主要是基于对食品安全问题的朴素考虑。但正如那位将公众理解科学运动的历史也写进科学史的英国科学史家皮克斯通在其《认识方式》一书中，对于国外历史上类似活动的评论中所说的："当科学在全球范围内已经与商业紧密联系时，部分公众就变得更加怀疑。从前他们担心科学因为某种内在的动力学—— 某种不计后果地追求控制自然的能力—— 而正危及他们，今天他们担心科学家与大企业共谋—— 为追逐利润而搞坏世界。"可以说，这本《孟山都眼中的世界》的中译本的问世和传播，正好可以用实际事例来为中国的公众补上这所缺的重要一课。

原载 2013 年 10 月 11 日《文汇读书周报》

反科学文化人谈论学妖与现代化

□　江晓原　　■　刘　兵

　　□　本书＊共讨论了 8 个与科学文化有关的问题，第一个是"学妖与四姨太效应"，另外 7 个问题依次是：1. 对于当今科学不能解释的现象，以及和当今科学不相容的理论，我们应该持什么态度；2. 物理科学的辉煌时代过去了吗；3. 应该如何看待民间科学爱好者，应该如何看待伪科学；4. 阿米什人和纳西族：今天拒绝过现代化生活是可能的吗，他们的故事对我们有何意义；5. 规律可不可以被违背；6. 外部世界的客观性问题；7. 工业文明（现代化社会）的前景。田松教授和刘华杰教授，分别执教于北京师范大学和北京大学，可以说都是国内最优秀的中青年学者。他们之所以要讨论这些问题，是因为他们是"反科学文化人"。这 7 个问题有着相当紧密的联系。相对来说，"学妖与四姨太效应"倒恰恰是最游离于本书主题的，它之所以有作为全书书名的待遇，估计是因为它最容易吸引眼球。

　　■　我同意你的判断，即"学妖与四姨太效应"一篇要相对独立，而其他 7 篇对谈，其间联系非常密切。不过，"学妖与四姨太效应"那篇对谈成为全书的标题，虽然可能有你说的

＊　《学妖与四姨太效应》，田松、刘华杰著，上海：上海交通大学出版社，2012 年 8 月第 1 版，定价：20 元。

为吸引眼球的原因，但它自身还是颇有趣味的。它可以被视为中国学者在中国特殊的语境和特殊的科研环境和体制下，由中国学者提出的很有中国特色的科学社会学的概念与模型，看上去虽然有些另类，但与现实相关联，对于人们理解当下中国科研运行的某种特征，是颇有启发意义的，也可以说是中国学者原创式的科学社会学贡献。至今，我还依然记得前些年他们两人在一次全国科学哲学会议上，以对谈或有些类似于对口相声的方式，首次公开发布他们的这些思考。我也还记得，后来，我在某次于四川大邑县一个庄园参观时，居然在展览中看到真有类似的故事（这表明张艺谋的电影中的情节并非只是艺术的虚构），后来，我曾把拍到的展览中的照片传给他们看。

而另外 7 篇对谈，我以为大致反映了这两位学者近些年来关心的主要问题和研究兴趣，包括对科学主义、现代化、发展问题、客观性等的解构性的思考。而这种与当下社会上甚至是学术界那些"主流"而且声势强大的研究观念与立场颇为对立的思考，对于更广泛的读者来说，其价值显然更不可低估。

□　他们关于"学妖"的提法和概念让我很感兴趣。本来在我们习惯的语境中，"妖"字的意义通常总是负面的，比如"妖魔鬼怪""兴妖作怪""妖形怪状"等，标题中将"学妖"与"四姨太"并列，其贬斥之意也是明显的。然而在论述中，他们对学妖似乎又有正面的评价。刘华杰说："学妖是中国当前学术制度的一个组成部分，他们在同行评议中担负重要角色，在学术民主、资格评定等过程中发挥重要作用。"而当他将学妖与"麦克斯韦妖""拉普拉斯妖"联系起来时，"妖"在这里岂不就变成 magic 这样的意思了？"学妖"岂不就是"神奇学人"？这样理解"学妖"这个词，就没有贬斥的意义了。事实上，按照这样的定义来看学妖，那今天中国学术界的许多重要人物可以算学妖了。

他们在"学妖"这个问题上的这种矛盾状态，似乎是有着某种深层的原因的。也许，今天中国的学术界，本来就有着某种"妖"气或"妖"氛的？

■　如果从这个名称的来源上看，这首先应该是与他们两人的科学背景相关，特别是与田松的物理学背景相关。也就是与物理学的麦克斯韦妖关系密切，其本意就是那个神奇的操纵者。而"学妖"的正面或负面的功能，则是在其面对中国科研环境、制度和运作方式的现实分析中得出的。至于在中文中原来的"妖"字如何如何的含义，那倒是让不同的人在看到听到这个概念后产生的联想了。甚至，这种"学妖"的概念，又不仅仅适用于中国，在国外的科学界，在某种程度上，也有部分的适用性，只是中国的情形比较极端而已。至于你说的"矛盾状态"，我想，在这个概念提出后，也许还是可以考虑的。那种涉及"妖"字在中文中传统意味的联想，倒也真与当下现实中的"妖气"和"妖风"颇为吻合。

不过，当我再次读到他们两人其他的对谈时，还是会被他们的思考和表达所吸引，其中有不少内容，也是我们这个圈子中只有他们俩最有资格和有特色来谈的。这也正是他们两人曾专门深入研究的问题。

□　是的，在"妖"和四姨太这样的开胃菜之后，两人很快进入了本书的主题——对现代化的反思。这种反思，在科学主义的"妖氛"长期统治的领域，不仅非常有必要，而且是批判唯科学主义之后必然会进入的思想阶段。

■　如果说"学妖"的讨论还主要是针对中国学术界具有启发人们思考现有体制的意义的话，那么，后来这些关于现代化问题的讨论，就具有面对更多的受众的启蒙意义了。

对于这两位对谈者，一些特有的背景成为他们对谈的重要基础。田松从做博士学位论文开始研究纳西族的自然观，到现在，已经转向了更系统地对于现代化和工业文明的批判，他在这方面众多兼具大众文本与学术文本之优势的系列文，脍炙人口，流传广泛，在我们这群人中，他的一些文章的标题甚至都成为某种"典故"。而华杰，从一个坚定的科学主义者经过艰难的转变成为一个坚定的反科学主义者，并极有特色地以突出关注博物学且身体力行地实践博物学体验而著称。也正是由于这些因素，由于他们与当下主流的发展观不同的立场，也由于他们各自在专业研究中的特殊关注，使得他们在思考和谈论现代化的种种问题时，既有理论的把握，又能有实际案例的支撑，而不只是空泛的议论。这恰恰是这本生动的对谈集最突出的特色之一。

原载 2012 年 11 月 2 日《文汇读书周报》

迷途的科学和它的哲学保姆

——吴国盛教授的《反思科学讲演录》*

□ 江晓原　　■ 刘　兵

□　以前有一个我们都相当熟悉的说法，"哲学指导科学"，在许多仍然陷溺于科学主义思想泥潭中的人看来，这句话是如此的可笑，甚至可恶。许多人对上面的说法嗤之以鼻：哲学还能指导科学？

如果科学还停留在它的纯真年代——我确实相信曾经有过这样的年代，那它离开哲学也许还问题不大，尽管从根子上说，它本身就有着哲学的血脉。但是如今科学早已经告别了它的纯真年代，那就完全是另一种情形了。就好比一个曾经的好孩子，现在误交匪人，已经开始学坏了。

这时吴国盛教授来了，他自告奋勇，要给科学充当哲学保姆。这个保姆还真是苦心孤诣，收在本书中的八篇讲演，篇篇都是一片婆心，就是想要帮助大家认识到科学已经告别了它的纯真年代。吴教授面对听众，仿佛就是班主任面对着来开家长会的家长。吴老师推心置腹地告诉家长：你家孩子聪明是非常聪明，但现在已经开始学坏了……

■　讲到过去的"哲学指导科学"，许多稍年长些的人会

---

* 《反思科学讲演录》，吴国盛著，长沙：湖南科学技术出版社，2013 年
9 月第 1 版，定价：48 元。

记忆深刻。对于这些"老人",在未经沉思并且因过去过分压制而带来的反弹的心理之下,也自然会对于那个说法"嗤之以鼻"了;而对于更多的"新人",由于诸多原因,本来就不大会拿这种说法当回事儿。不过,有些观点恰恰是因为在极端情况下的极端性而掩饰了其在更大范围下可能的合理性。因为,比如像在吴国盛的"反思科学"中,这个问题就又会呈现出来。

当然,"指导"这种说法,也有某种误导的可能。你用"保姆"这个隐喻,也大有可分析之处。因为,保姆说的话,也未必就对,她管教的孩子也未必就会听,孩子更会对保姆和家长的期望和教导产生很强的逆反心理。

吴国盛的这本书中的演讲,其实主要涉及科学的历史、科学与人文、技术与人文,特别是科学技术与伦理等主题。我倒并不以为他当真像你所说的那样,真的认为科学这个孩子原本很好,只是后来学坏了。我觉得,他所做的,只是在对科学这个东西进行着一种哲学的反思,这种反思,带来的只是对科学的另一种理解。而且这样的理解在当下的社会上又并非主流,更不用说能否马上就对科学和科学的发展带来明显的实际影响。

但是,基于反思的这样一种对科学(及技术)的理解,又是至关重要的。

□　其实"保姆"这个隐喻,带有玩笑之意,吴教授自己也未必喜欢。你将它称为"隐喻",大有深意。这个"保姆"当然不是吴教授,而是哲学。从这个意义上说,这个隐喻还是有它的可取之处。例如,哲学可以像保姆那样说:我可是看着科学这个孩子长大的啊……正是因为这一点，吴教授在各种讲演中谈论科学的前世今生，就显得顺理成章了。

从对科学技术进行反思的立场出发谈论科学技术的前世今生之所以重要，是因为我们以前习惯的宣传或"科普"活动，其实并不打算让人真正了解科学，而只是希望让人们形成对科学技术的热爱和崇拜。抱着这样的目的，我们在"科普"读物中，乃至在教科书中，都不会客观地谈论科学技术的前世今生，而是将许多内容过滤掉，并添入许多不真实的内容或说法，建构成一个我们所希望的科学技术的形象。

现在吴教授"代圣人立言"——代上面所说的这位哲学保姆说话，将科学（这个她看着长大的"孩子"）的许多事情（包括他如今误交匪人逐渐学坏的情形）告诉"家长"。在我看来这是本书最大的意义所在。

■　在你说的"将孩子带大"的这个意义上，用"保姆"的说法的确颇有意思。不过，在科学这个孩子长大之后的今天，却早已将"保姆"打入"冷宫"了。当然，科学是否像你所说的是在后来被误交匪人而逐渐学坏，我还有不同看法。或者，从吴国盛的演讲中，我所听出的，倒是科学后来的变化，反而是由其从一开始就形成的本性再结合后来的经历而导致，并非后被他人教坏的结果。

这些在高校和其他公共场合，包括在对官员的讲座所讨论的内容，一是确实有别于那些当下最常见的科普，二是确实有利于听众更全面地理解科学，包括在"反思"中体现出来的科学的那些不那么光鲜的方面。这些有别于常见的科普内容，才是其在科普中的特殊价值。只不过，我倒略有些担心，其中许多的观点，有时说的不那么尖锐，有时又是在哲学性的话语中表达的，对于现实中的听众，究竟能够理解其中多少深邃之处，恐怕还不一定能让人足够乐观。

□　后面这个问题我也考虑过，但感觉可能比你乐观一些。因为总体而言，吴国盛的讲演还是引人入胜的。其中当然有不少谈论哲学的内容，那些内容，正如你所担心的，会使一般听众不那么容易理解，或不那么容易领略其中的深邃之处。但是对于一次讲演而言，其实只要能有若干引人入胜之处，就能够给听众留下较为深刻的印象，从而使听众获益。有些部分听不太懂，或因时尚不能理解，完全无伤大雅，而且是正常现象。

至于科学到底是与资本密切结合后才"学坏"的，还是它"从一开始就形成的本性再结合后来的经历"而导致现在的种种问题，确实是值得探讨的。我之所以倾向于前一种描述，是因为我相信科学曾经有过它的纯真年代。也许这个"纯真年代"的说法有点文学性了，但是我感觉这个说法对于我们分析当下的许多问题，有其便利和易于理解之处。当然，分析问题的路径是多种多样的，也许你会更乐于使用后一种描述所提示的路径？

■　对于后一个问题，应该是暗含在吴国盛的演讲中的。他没明说，不同的人可以有不同的理解。确实，我宁愿采纳后一种描述所提示的路径。也许确实你在骨子里更阳光一些，所以会愿意接受科学曾"纯真"的看法。

就我们国内现实中的科学传播来说，虽然也引进介绍了不少新的理论和理念，但目前占绝大多数的普及性读物，仍还是以赞颂科学为主旨。也正是在这样的情况下，一些科学哲学和科学史出身的人，结合了他们本专业的学养，开始以一种反思的态度来审视科学，并把这种审视的结果以普及的形式向大众传播，他们中的一部分人也因此而被那些持传统观点的科普人看作"反科学文化人"。其实，这类"科普"又恰因为其稀少和必要而有其重要意义。就像我们曾私下开玩笑地说的那样，此书标题是不是多印了一个"思"字？不过，具体以什么程度来"反"或"反思"，那也不是最重要的。重要的是有这样一种不同的声音和不同的态度，唯其如此，才有可能在科普的多元化建设上有所贡献。

反，就反了吧，又能怎么样呢？何况，吴国盛教授自己并没有那么说。就让人家说去吧。一部普及性的作品，要是没有关注，那才是最大的失败呢！

原载 2013 年 12 月 6 日《文汇读书周报》

今天到底应该怎样看待科学？

——关于《警惕科学》*

□　江晓原　　■　刘　兵

□　一段危言耸听甚至是离经叛道的话印在本书的封底——"科学技术的负面效应不是偶然的，而是必然的；不是暂时的，而是长期的；不是局部性的，而是全局性的；不是可以避免、可以解决的，而是内在于工业文明的"。这是田松多年来反思科学、反思工业文明的一个相当激进的表达。

和多年前相比，反思科学技术，或者说"反科学主义"的一些思想，已经在中国逐渐被越来越多的媒体和公众接受了。但是田松由此进而反思到工业文明，并得出倾向于否定的结论，这还不太容易让人接受——尽管从内在逻辑上来说似乎是顺理成章的。

这里会出现这样一个问题：如果工业文明都要否定，那么你想让人类过什么样的生活才合适呢？停留在农业文明？甚至更早？那会不会引导到"人类还是灭绝了最好"这样的结论上去呢？这是田松的立场必然面临的问题，但是在《警惕科学》中，我似乎没有找到对这一问题的应答，也没有找到这种应答的理论预案。

* 《警惕科学》，田松著，上海：上海科学技术文献出版社，2014 年 3 月第 1 版，定价：28 元。

如何反思科学

■ 　在我们这个"小圈子"中（特意这样说是因为这已经预设了这个小圈子在一些观点上与常见的主流观点有所不同这样一个前提），田松是一个非常有特色的学者。套用时下流行的说法，他的许多观点，确实是很有"创新"性的。虽然你我都并不喜欢目前在大多数场合下对"创新"一词的使用方式，但在这个词的原意上，说田松的观点有创新性却是中性或者褒义的。因为他的一些观点的提出，就像你说的那样，虽然表面上看似激进，但从内在逻辑上顺理成章，而且，确实是从独立思考中得出来的。

在一些场合，北京大学的吴国盛教授好像曾说过这样的话（大意），即在哲学上，不怕观点荒谬，就怕不自恰。当你说田松的那些富含警惕科学（甚至有时被称之为"反科学"）意味的观点在逻辑上顺理成章时，也暗含了其自恰的意思。至于"荒谬"与否，其实更多的是与人们习以为常的"常识性"观点不一致而给人带来的感觉。但从历史上看，许多后来成为经典的观点和理论，在一开始刚有人提出和鼓吹时，不也正是类似的情形吗？

其实田松自己也很明白，当他开始将自己的工作延伸到反思现代工业文明时，已经远远超出了一些人所批评的"反科学"的程度。你提出的，人类过什么样的生活才是合适的问题，其实恰恰是一个需要思考和讨论的涉及非常根本性的伦理价值判断的大问题，而不是一个自明的问题，虽然很难一下子就有能够让人们达成共识（其实现在的生活方式也未必就是人类的共识），但田松不正是在进行自己独特而有意义的讨论吗？

今天到底应该怎样看待科学？

□　当然，要寻找这样的答案是艰难的。尽管在逻辑上，给出答案的责任确实是无法逃避的。田松确实一直在努力思考和耕耘着。重要的是，即使在未能给出上面问题答案的情形下，田松的思考仍然具有重大现实意义。

这就要将目光移向本书的书名了——警惕科学。田松在此文中提出了口号式的警句（我觉得可以跻身"金句"之例）："警惕科学！警惕科学家！"这个口号具有强烈的思想冲击力。因为我们从小受的教育一直试图告诉我们：科学是世间最美好的事物，科学家是世间最崇高的人群。我们应该五体投地地崇拜科学，应该毫无保留地拥抱科学，而"热爱科学""为科学献身"之类的说法，也是大家耳熟能详并视为天经地义的。对科学的盲目崇拜和热爱使许多年轻人产生强烈的自豪感（我们生在一个有乔布斯、有移动互联网的时代，是多么的幸福、多么的令人自豪啊！），这种自豪感又让他们不假思索地极度鄙视田松这样的思想者。这种景象在微博空间最容易见到。

警惕科学？科学这么美好的事物需要警惕吗？田松此书最大的现实意义，就在这里。近年我提出的"科学就是厨房里的切菜刀""科学已经告别纯真年代"等说法，最后都会引导到"警惕科学"这个结论。而田松能够直指要害，摘得"金句"，恰恰是因为他在思想上走得比我们更远之故。

■　关于你又提到的有关人类过什么样的生活才是合适的问题，我们还可以这样类比地想：破与立的关系。因为以往在人们发现某些现有的观念、理论、制度等有问题，进行分析、批评、解构时，常常就会有人跳出来问，那你要拿什么来替代它们呢？其实，在破与立的关系上，虽然可以说不破不立，但作为第一步的破，却并不一定必然地要包括立在内。田松的这些工作就算作为第一步，仍然是重要的。毕竟迈出第一步也不是容易的事。

关于你说的田松作为书名的"金句"，我觉得，延伸下来，也仍然需要有大量的工作来继续。因为，田松更多的是集中在对于为什么不应该"不警惕"科学的分析，集中在对"不警惕"科学可能带来问题的分析，集中在对科学后果的分析上，而实际上，关于为什么"科学"成为要让人们"热爱"和"献身"对象的原因的研究，还不够充分，而对此的更深入的研究，更会让我们理解历史和现实何以如此。当然这个问题也很复杂，对于中国和外国，有其共性的原因，也有各自特殊而不同的原因。也许这个问题要更敏感，但我还是认为，它是迫切地需要进行全方位、多学科、跨学科的研究。

□　其实田松的观点，另有一层积极意义仍然和"人类过什么样的生活才合适"有关，即：我们能不能先慢下来，或停下来。他前些年的另一"金句"："让我们停下来唱一支歌吧"，正是这个意思。"人类过什么样的生活才合适"我们目前虽然还不知道，但我们已经知道目前这样的生活是不合适的，也知道继续这样一日千里地"发展"下去是不合适的，那么慢下来或停下来就应该是选项之一。

当然，我们都知道，这个选项被采纳的可能性几乎是不存在的，这就是我常说的"被劫列车困境"——我们都在这列车上，谁也下不去，车也停不下，而且还越开越快，而且还没人知道目的地。但从"知其不可为而为之"的情怀出发，田松的告诫仍然是有意义的。即使人类有朝一日被自己盲目发展的科学技术毁灭，至少也能毁灭得明白一点。

■　这一段你说得就很悲观了——尽管也是有你内在的逻辑，如果细细地分析，会发现确实是有其道理的。但除那种似乎是注定的命运悲剧的结论外，是不是也还可以补充一些说法呢？比如，是否还有其他可能的选项，让我们可以将毁灭的来临推迟一些？或是在毁灭前生活的再幸福一些？当你说，没有人知道那列被科学技术劫持列车的目的地，这里似乎也还隐含了一点——尽管是那么隐晦——希望。

我记不清是否在我们的对谈中说过，我过去在 NGO 的工作经历曾让我印象深刻的是，那些最为环保有献身精神的人，其实大多数反而是对终极目标比较悲观的人。但这也正让我们理解：知其不可为而为之，这其实是一种很高尚的行为方式。对于像鲁迅所说的是否应该告诉黑屋里的人外面是光明的问题，虽然可以有争议，但至少，作为一个学者，这样独立的思考却是必需的，田松显然做到了这一点。

原载 2014 年 10 月 3 日《文汇读书周报》

稻香园拒绝现代化

□ 江晓原　　■ 刘 兵

□ 刘兵兄，田松教授年轻时的"稻香园"住宅，多年前曾经是我们这群朋友常来常往之地。那时田松正在《中华读书报》上撰写他的专栏《稻香园随笔》，思想新锐，金句迭出，往往一篇见报就在朋友圈传颂一时，如《在自己的家乡失去意义》《未来的世界是垃圾做的》《让我们停下来，唱一支歌吧》《要年薪多少才能日日欢歌》……

据我自己的体会，写专栏往往是一个"培育"思想的过程，写着写着自己的思想是会逐渐发展的。"稻香园随笔"似乎也有类似情形。在田松漂亮的文笔背后，他的反科学主义思想正在快速成长和发展，甚至开始和朋友们产生技术性的争论了——我们和他的大方向上是没有分歧的，但对于一些具体问题，有不同的想法和策略主张。

随后，田松的思想大踏步向前迈进，终于进入对整个现代化进行质疑的阶段了。而一旦进入这样的阶段，他就因激进而变得有点"寂寞"了，理解和赞同他的人渐渐少了。但是毫无疑问，仍然有一些学者和媒体人坚定地站在他身边，愿意倾听他的意见。

在进入这个阶段后，田松开始指导研究生们进行了一系列富有科学社会学和反科学主义色彩的课题研究，成绩斐然。这表明田松在富有思想激情的同时，也并不缺乏适应现实的务实意识，展现了一个学者良好的素质。

■ 田松在学术界确实可以算是一个"异数"，一方面，他继承发扬了文学青年的优势，以优美的文笔表达自己的独特见解，令人耳目一新；另一方面，又由于他的观点远远超前于我们这个时代的绝大多数人，因有意无意地被一些圈子和场合排斥。当然，他的天地仍然很大，仍然忙得不亦乐乎，这也还算是绝望中的一丝希望吧。

《稻香园随笔》*是田松 2008 年以前两个随笔专栏的合集。读这些他早年的文字，我们既可以回顾他的学术发展的轨迹，对于更大范围的读者，因其文笔的清新和思路的清晰，又暂时在某种程度上回避了他"后期"更为"激进"的命题，因而也颇具可读性和可接受性。不过，在这些早年的文字中，我们还是可以发现，其实他近期的许多观点，在早年便已有种子种下，只不过，在近期长得更为高大，又因此有"树大招风"之嫌了。

□ 你说得很对，我们可以详细剖析一个例子来说明这一点。

比如《在自己的家乡失去意义》这一篇，田松质疑了一个数十年来在中国社会普遍流行的观念：农村的孩子要进城发展，县城的孩子要进省城发展，省城的孩子要去北京、上海、深圳发展，北京、上海、深圳的孩子要去纽约、巴黎、伦敦

---

* 《稻香园随笔》，田松著，上海：上海科学技术文献出版社，2016 年 3 月第 1 版，定价：30 元。

发展……总之，一个留在自己家乡的人被认为是"没有出息的人"，是失败者。当时田松将这种观念形容为"冥冥中的一把尺"，所以在这把"冥尺"的衡量下，在自己的家乡，生活将失去意义。"冥尺"从此成为我们这群朋友中的一个"典故"，经常在我们的闲谈和讨论中被提起和使用。

让我们从"冥尺"典故的修辞效果和怀旧情结中回到主线上来。被田松质疑的这种流行观念，它的荒谬原是显而易见的，比如，那么纽约、巴黎、伦敦的孩子应该去哪里发展呢？所以这种流行观念的背后，实际上是我们许多人想当然所接受的"无限发展"观念。本来，对于一个学物理出身的人（碰巧你我和田松都是）来说，"无限发展"通常指向某个在数学上"发散"的"奇点"，因而在现实世界中是不可能的。但是事实上，许多人都对"无限发展"抱有莫名其妙的信念。或者说，许多人从未思考过"无限发展"是否可能，他们甚至认为这是天经地义的——人类必将永无止境地向前发展。而这种永无止境向前发展的无限过程，有一个大家熟悉的表达方式——现代化。

那么问题就来了：如果我们同意"无限发展"不可能，那么田松所说的那把"冥尺"就要折断了。为了不再让人们"在自己的家乡失去意义"，我们就需要为想象中的"无限发展"寻找一个停止的点。而不管我们将这个点选在哪里，都必将意味着现代化的停止。也就是说，田松的质疑，在理论上必将指向激进的"反现代化"立场，而这样的立场是我们今天绝大多数人都无法接受的。

但仅从《在自己的家乡失去意义》这篇文章来看，田松并未将激进的终极立场端出来，所以这篇文章还是很容易让一般公众接受和容忍的。但是正如你所说，他后面激进思想的种子，其实已经悄悄种下了。

■ 仿照你的方式，我也来谈一篇在我们这个小圈子当中被盛赞的文章《要年薪多少才能日日欢歌》。其实，在我给清华的学生们开的写作课上，我也常常以此文作为范文，让同学们去欣赏和体会作者的构思、文笔和意境。

这是一篇讲幸福问题和发展问题的文章，源自田松在云南西盟一座佤寨中的经历和联想。在那里，他看到当地的少数民族在晚会上唱歌跳舞，"洋溢着内心流淌出来的欢乐"，而当地却颇为"落后"，人均年薪只有600元。进而，他得出一个强结论："如果你不能在当下获得幸福，那么你永远也不会获得幸福"！

田松获得科学史博士学位的论文，就是研究云南纳西族自然观的，他曾较长时间去做田野调查，对少数民族的文化、传统、生活与发展问题一直有着较多的思考，我想，这也是他后来写出这篇文章的重要背景之一。

这篇文章也是田松文章中引起诸多质疑的一篇，关键是他质疑了"发展"与"幸福"的必然联系。其实田松主要是在这篇文章中使用"冥尺"这个概念，反驳了用"冥尺"读数高低来定义幸福的做法。2005年发表的这篇文章中，他从保留"传统"与追求"发展"的矛盾为出发点，就幸福这个人人关心的问题，给出了他独特的回答。

这篇虽然也是他早期的文章，但比起上一篇你谈的文章，其立场上和结论上的"激进"程度，要更接近于其后期的作品，当然，他后期的作品，在主题和论述对象上，似乎要更加

"宏大"一些。

□　先看田松的"早期"作品有好处，可以较为平缓地逐步理解他的观点。记得那时田松曾向我表示，《稻香园随笔》是他写得最认真、最有感觉的专栏。我想在持续写作的过程中，他的思想肯定在发展，他的论证也会逐渐完善。

比如，《未来的世界是垃圾做的》这样的文章，必将从思想上导致对现代化的整体否定，那些义愤填膺的科学原教旨主义者往往会自以为理直气壮地质问道：难道要我们回到刀耕火种、茹毛饮血的时代吗？！这种质问让他们感觉自己真理在握、气势如虹，其实许多以"难道要……"句型表达的质问，往往只是无理取闹或强词夺理。在田松的文章中，他也从来没有表达过希望回到刀耕火种、茹毛饮血时代的愿望。

作为一个学物理学出身的人，田松当然知道理性和务实的价值，哪怕在他内心他真的欣赏"刀耕火种的生存智慧"，真的向往年薪600元却能日日欢歌的瓦寨生活，他也知道在现实生活中，这不可能向在滚滚红尘中载沉载浮的人们推广，所以他给出了现阶段可操作的某种"最低纲领"——减缓发展的速度。不过他的这种"最低纲领"却是以某种非常富有文青色彩的语句——"让我们停下来，唱一支歌儿吧"——来表达的。当时这个标题在一堆学者和媒体朋友中广为传诵，再次成为典故，也成为田松贡献的"金句"之一。

这种减缓发展速度的"最低纲领"，和我近些年来经常表达的"科学发展已经越过了临界点""科学已经告别纯真年代"等主张，其实有内在的相通之处。我们都意识到大家已经处在某种无可奈何之境，回到任何某个已经过去的年代，都是不可能的，我们只能指望在"无限发展"的错误道路上走得慢一点而已。

■ 恰恰因为田松所思考的问题的根本性，以及他的观点在表面上显示出来的某种"极端性"，使得他的观点受到许多人激烈的质疑和反驳。其实，如果就逻辑一致性来说，他的观点又可以说并不那么激进。虽然他用了那种更适宜大众传播的"文青语言"，但在他的表达背后，其逻辑环节却并未断裂，而是一步步自恰地走到结论。那些反对者并未就他论证的逻辑给出有力的反驳。

在这方面，我们小圈子里的同仁甚至会开玩笑，比如说他是"热力学第二定律主义"之类，他的物理学背景一方面使他可以运用那些物理知识来为其讨论做支撑，另一方面也保证了他论证的逻辑严密性。在现实中，他并不回避现代生活方式，也用手机、电脑、网络，现在微信也不少用。但他在"没有选择"地利用这些现代生活方式和手段的同时，也在用这些工具去批判这些工具本身，及其背后的发明发现对于幸福生活的不合理性。而一些以嘲笑口吻质疑他观点的人，比如说他为什么不干脆放弃一切现代生活方式回到"刀耕火种、茹毛饮血"时代的人，一是把田松自己并未表达的东西强加于他，二是利用了人们对于"无限发展"这种观念的似乎是"天经地义"的默认，回避了对这些观念的质疑，也没有正面回答和反驳田松提出的伴随这种现代化发展而出现的现实问题。

按照田松的逻辑，哪怕是他所说的减缓发展速度的"最低纲领"，其实也不会是解决问题的有效方法。这背后自然地隐藏着一种对世界未来的悲观立场。

□ 这让我想起一些安慰病人的套话，比如病人得了不治之症，但人们安慰病人说："安心养病吧，如今医学发展很快，医生们很快就会找出办法来的"。这种话确实有很小的概率能够成立，如果让病人当下就安乐死，那获救的概率就等于零了。田松"让我们停下来，唱一支歌儿"的"最低纲领"，就是希望人类文明的"生命历程"走得慢一些。即使对未来世界持悲观立场，如果走慢一点，说不定在末日到来之前人类侥幸找到避免灭亡的办法了呢，所以"让我们停下来，唱一支歌儿"确实不失为在悲观立场下一个可以采取的选项。况且还存在着另一种更加渺茫的希望——在唱歌时受到了启发，获得了顿悟，就此决定在不归之路上回头是岸了呢。

■ 不过，我不觉得田松会满足于这种"最低纲领"，也不觉得他会认为人类能在末日到来之前侥幸找到避免灭亡的办法。或许，绝大多数真正严肃面对世界和人类未来的人文思考者，在以田松这种方式把当下的逻辑演绎到终极时，都会变成某种"悲观主义者"。

那么，我们又该怎么办呢？有什么办法呢？真的有拯救未来的灵丹妙药吗？就算有，人类肯吃吗？如果只有少数人肯吃，结果不还是一样吗？对这些问题的认知、思考、答案的不确定、悲观，以及由此而来的困惑，反而是我想到的他工作的价值之一。

原载 2016 年 4 月 12 日《中华读书报》

法律缺位状态下的人工智能狂飙突进

□ 江晓原　■ 刘　兵

□　人工智能最近看起来好像有点狂飙突进的光景，至少从媒体上看起来是这样。与此同时，警告、担忧的声音不是没有，有些还是由霍金、比尔·盖茨、马斯克之类的人物发出的，但大部分公众受到科学主义盲目乐观的情绪影响，仍然在憧憬着人工智能快速发展将带给我们的"美好未来"。

面对这样极度危险的现实，仅仅发出警告当然是不够的，我们还需要冷静的、务实的、和现实生活能够直接衔接的思考。希望这样的思考，能够让狂热的盲目乐观情绪稍稍降一点温，让我们能够在人工智能带给我们的灾难不可收拾之前，尽可能多争取到一点时间来做准备。

这一组"独角兽法学精品"丛书中的"人工智能"系列，已出三种*，集中讨论和人工智能有关的法律问题，这非常有价值。因为面对人工智能的狂飙突进，目前人类社会现有的法律严重缺位，很多人工智能的应用，都是在法律没有任何准备的情况下，盲目地"先用起来再说"。

---

* 《人工智能与法律的对话》[美] 瑞恩·卡洛等编，陈吉栋等译，上海：上海人民出版社，2018 年 8 月第 1 版，定价：88 元。
《机器人是人吗？》[美] 约翰·弗兰克·韦弗著，刘海安等译，上海：上海人民出版社，2018 年 8 月第 1 版，定价：68 元。
《谁为机器人的行为负责？》[意大利] 乌戈·帕加罗著，张卉林等译，上海：上海人民出版社，2018 年 8 月第 1 版，定价：58 元。

在许多人心目中，科学技术无限美好，人工智能是科学技术，所以人工智能当然也无限美好；无限美好的东西，当然是发展得越快越好，应用得越多越好。法律缺位，在某些人看来也许反而是好事——在这种情况下应用人工智能就可以肆无忌惮了。等到出了事情，发生了灾难性后果，人们再来亡羊补牢进行法律方面的补救，反正通常也无法溯及以往，在此之前不顾法律或伦理约束已经靠人工智能挣了钱的人，得以逍遥法外，估计是大概率事件。

■　人工智能，确实现在成了一个科学技术的热点。无论是研究者、开发者、投资者、传播普及者，乃至各级官员们，都极为热衷于谈论人工智能，大有不关心人工智能便意味着落伍的感觉。

我也注意到，你近来对人工智能也颇为关注，当然，是持反对立场的关注。其实以往你在讨论各种科幻电影时，也常常会谈到人工智能，不知在这之间是否也有某种联系。其实人工智能只是众多引起争议的科学技术研究与开发应用中的一个话题，它与核能、转基因等话题有着诸多相似之处，只不过是因为近来它变得更加热闹和为人关注而已，当然，这种热门化，背后恐怕不仅仅只是研究的发展与驱动，其中资本力量的驱动应该是更为主要的因素。

至于这套丛书，是以关注人工智能带来的相关法律问题作为切入点的。法律的问题固然重要，但也只是关于人工智能争议的一个子分支而已。我并不否认，在这套书中，作者们在从法律的角度讨论人工智能时提出了许许多多重要的以及一些平常在讨论人工智能时被关注不多的问题，而且也经常会超出法律的范围进入哲学的讨论，但在这些法律问题背后，我想，关于人工智能还是应该有一些作为法律问题根源的、更为根本性的哲学问题吧？你是否这样认为呢？

□ 虽然就比较广泛的意义来说，人工智能和核电或转基因确有相同之处，比如都会引发社会争议等。但人工智能还是有特殊之处，比如，人们至少目前并不担心核电或转基因技术会引发大规模失业，也没有人担心核电或转基因技术会在常规的意义上征服人类，所以人工智能的风险在当下得到快速发展的技术中，确实有资格位居最危险的第一号。

我近年关注人工智能问题，确实与前些年对科幻作品的科学史研究有关。我一直认为，大量科幻作品中对于人工智能应用前景的种种思考和警示，理应成为当下思考人工智能问题时的重要思想资源，特别不应该仅仅因为它们是"科幻文学作品"而置之不理，继续盲目推进和歌颂人工智能。

如你所说，资本的作用无疑是巨大的，更是可怕的。因为资本的增值冲动是盲目而且无法抑制的。现在越来越多的技术研发都是资本推动的，这个现象的极度危险在于，在"科学的纯真年代"曾经存在过的那些推动科学技术发展的动因，比如造福人类的善良愿望，比如探索自然的好奇心等，如今都已经让位于资本增值的原始冲动，或是沦为掩盖资本增值原始冲动的虚饰之辞。

关于这套书在当下的价值，我提供一个比较特殊的看法。我感觉，当许多应该提出的警告都已经被提出，许多可能的危险已经被分析，而比尔·盖茨、霍金、马斯克这样的名人要求警惕人工智能的呼吁也已经问世之后，在近期要将关于人工智能的争议引向深入，似乎已经出现了困难。而不知死活的"业界"则继续在人工智能的研发方面狂飙突进，以实际行动展示着对哲学和伦理思考的极度蔑视。在这种情况下，从法律角度提出对人工智能的思考，无疑具有非常积极的意义。

■ 你说的这些想法，原则上我也都是同意的。但我的确怀疑，在资本的可怕力量驱动之下，这些法律是否真的能制订出来？即使能制订出来，是否真的能理想地实施？

就前者来说，我们仍可以以转基因为例。虽然你说人工智能更加危险，美国是转基因生产的大国，但在法律制订方面，对这项技术和产业，又有多少应该制订而没有制订的法律？而在中国，我不知道这方面是否有人在思考和行动。关于后者，即使有了相关的法律，在转基因领域违法的现象不是依然大量存在吗？

我觉得，之所以有这样的局面，不是因为人们对像人工智能这类东西的风险谈论不多，而是因为另一些更为根本性的对于"新科技"发展观念上的误区。不从根本上解决这些问题，对于避免风险，即使法律之类的东西也是无能为力的。

同时，我还是特别关注另外一些相关的概念问题。比如，人工智能中的"智能"是什么？许多人经常在人类智能的意义上来理解它。其实，这种只是由科学家们以计算模仿的方式搞出来的并不真的等同于人类智能的"智能"，仍然会有如此巨大的风险，正说明这类前沿"新科技"超越以往的力量与风险。

□ 你的担心我完全同意。事实上，在跨国资本可怕力量的作用之下，制订与人工智能相关的法律就很不容易。例如《机器人是人吗？》的作者提出的关于联合国人工智能公约的框架建议，从内容上看是挺不错的，考虑了和人工智能相关的诸多方面，但是作者也清楚地知道："如果像美国这样的国家决定不对其人工智能、无人机的军事利用施加任何限制，那么以上任何条约都只是一纸雄心勃勃却时运不济的纸文。"控制美国政策的资本，当然不仅仅要满足增值的需要，还要维护美国的世界霸权，在这样的"政治经济学"中，人工智能将被滥用，是毫无疑义的。那些人们呼唤中的法律，即使真的被制订出来了，并且在某种范围内被通过了，估计也无法得到真正的执行。就像研发军用人工智能的人从来不会把阿西莫夫的机器人三定律真正当回事一样——阿西莫夫三定律中的第一定律就从根本上排除了一切军用人工智能的合法性，但是在军用人工智能飞速发展的现实面前毫无作用。

　　至于你特别关注的"智能"问题，显然就进入你所喜欢的哲学讨论了。我的感觉，"智能"的定义问题是很难获得理想解决方案的，但在定义尚不清楚完善的情况下，并不妨碍人们先糊里糊涂地研究它、发展它。就像人类在"科学"尚未得到理想定义的情况下，早已毫无节制地发展了科学一样。

　　在一些人的善良愿望中，希望人工智能的算法、深度学习之类，还不能或不会等同于人类所拥有的"智能"，因而人工智能最终将无法奴役或征服人类。这样的愿望当然善良，却只能是自我安慰而已。人工智能即使达不到人类的"智能"，也仍然存在着祸害或征服人类文明的可能。当然，我也希望人工智能的"智能"晚一点到达人类的境界，最好是永远到达不了，这才是人类之福。

■ 这样一来，就像我们以前的某些对谈的结果一样，只是一个非常悲观的结论。在当下这种资本和政治指挥科技的局面下，人们根本无法阻止发展本来并非必要的人工智能（尽管有许多许多人在论证这样的必要性），而只有眼看着人工智能的加速发展，只能悲观地"等死"。而另一方面，同样是在这样的背景下，别人研究，你不研究，似乎也是一种"等死"的策略。于是，也只有一些有识之士（例如就像这套丛书中的一些作者）看破死局却无可奈何。

那接下来的问题依然是，对于人数更为众多既不能在经济上又不能在政治上受益于人工智能的人，该如何办呢？

一种可能的办法，也许是像你这样，极力鼓吹传播自己的反对观点，讲清道理，尽管在讲这些道理的时候也明白其实无济于事。

还有什么别的可能性选择吗？难道只能像你所说的用"希望"来寄托？"希望人工智能的'智能'晚一点到达人类的境界，最好是永远到达不了，这才是人类之福。"先不说这样的希望是否靠得住，在这样说的时候实际上你就已经隐含了极为悲观的预设。难道这样被动的"希望"就是我们唯一的希望？

□ 你的质问是悲愤而有力的。这让我想起你以前和我说过的某些环保人士的心态：他们对于地球生态的未来其实是完全悲观的，但他们仍然孜孜不倦地参加环保活动，是知其不可为而为之。你上面的质问，同样可以用于那种状况。但是在人工智能这个问题上，我只会比环保悲观十倍！我上面那种被动的"希望"就是我们唯一的希望。而我们以及许多对人工智能持悲观看法的人，之所以要孜孜不倦喋喋不休地继续呼吁，而不是坐在家里等死，同样是知其不可为而为之啊！

当然，如果一定要弄乐观一点的说法，我们可以说"有百分之一的希望，就要尽百分之百的努力"等，这和知其不可为而为之也不矛盾。让我们尽人事以听天命吧，你说呢？

■ 你这种态度确实和我以前所说的那些环保人士的心态有一拼了。也许，这种可以让人"死得明白"的立场，也确实是当下能够做的事了。不过，我们也要清醒地认识到，现在能够持有这种立场，看清未来风险的人还不是很多。很多人还是会觉得那是杞人忧天。尽管我们现在经常能够听到"风险社会"这样的说法，但人们又经常会以为未来的风险是可以通过一些政策的调整、可以通过科学技术的进一步发展而避开的。人工智能的案例，就像你所说的那样，却是一个本身就是科学技术发展带来的风险的实例。如果人们不从根本立场上有所改变，恐怕就只有以身试险这一条死路了。

原载 2018 年 10 月 17 日《中华读书报》

决定未来的，是科学还是人文？

□　江晓原　　■　刘　兵

　　□　多年前，我从南京大学天文系毕业时，天体物理专业"塑造"了我的思想，让我成为一个"缺省配置"的科学主义者。那时我相信科学是人世间至高无上的知识体系，也相信科学可以或终将解决一切问题。在这样的"缺省配置"下，如果展望人类的未来，那就几乎等于展望科学发展的未来，因为我们会想当然地认为，只有科学技术的发展才会推动和决定人类的未来。而和科学技术相比，任何知识对于人类未来的影响都是不值一提的。

　　这本《人类未来》*就是一个英国天文学家写的。在这本展望人类未来的著作中，作者始终只在谈论科学技术。他讨论了当代科学技术几乎所有的重要方面，由此出发来展望地球人类的未来前景。可以断定的是，作者仍然处在"缺省配置"之下，在他的心目中，科学技术仍然是决定人类未来的唯一值得考虑的因素。我做出上述断定的理由是：如果作者心目中还有别的可以影响人类未来的因素，而且这些因素可以和科学技术相提并论的话，他显然必须在这样一本书中对这些因素有所讨论。既然他没有讨论科学技术之外的任何因素，我们只能认为，在他心目中，除了科学技术，没有别的因素可以影响或决定人类的未来。

---

*　《人类未来》，[英] 马丁·里斯著，姚嵩等译，上海：上海交通大学出版社，2020 年 3 月第 1 版，定价：58 元。

我相信，一个纯正的科学主义者，对于我上面的议论一定会非常讨厌，因为在他们心目中，"除了科学技术还会有什么因素影响人类未来"这样的问题是根本不存在的，影响或决定人类未来的因素，只有一个，那就是科学技术。

支持上述想法的一个常见论证是这样的：请问没有科学技术，人类社会能发展到今天这样吗？如果答案是"不能"，那么好了，立刻就可以得出"没有科学技术人类就没有未来"这样的结论，于是证毕。但问题首先是，没有科学技术之外的某些因素，人类社会也不会发展成今天的样子；而缺少了某些因素，人类社会同样可能没有未来。

■ 与你的经历类似，多年前当我从北京大学物理系毕业时，自然也是一个典型的科学主义者。这也正是刘华杰提出"缺省配置"时所隐含的意味，即我们的教育正是以这样的方式来培养学生的。至于本书作者，你的判断我基本上是同意的。但我之所以会建议我们谈论这本书，是考虑到，即使作者作为一个科学主义者只考虑到科学技术的因素来展望人类的未来，也还是发现有着众多的"风险"存在。这至少与那些更强的科学主义者坚信科学技术的发展及后果毋庸置疑，无须杞人忧天，或是根本连考虑可能的风险意识都没有的情形相比，还是有一定积极意义。

不过，我想到的是，即使像作者这样只以科学技术因素来考虑人类未来，仍然得出了一些对可能风险的认知，再加上作者的另一身份，英国皇家学会前会长，其观点应该也还是有相当的影响力的。这样，在有约束、有保留的意识下，看看这本书中的说法，也还算是有意义的事情吧。

□　确实如此。即使是从一个科学主义者的立场出发，也仍然能够看到科学技术发展前景中的一些令人忧虑的迹象。本书总体来看是平淡稳健的。许多问题上，作者的见解也无特异之处，基本不出我们大家都熟悉的范围。不过尽管如此，有时候还是有亮点的，这里我先举出一些我注意到的。

比如在讨论核武器问题时，谈到核大战可能带来的毁灭性后果，作者表示："我不会选择 1/3 或 1/6 的风险来赌一场灾难的可能性，那场灾难将导致数亿人丧生……即使另一个选择是接受苏联在西欧的统治地位。"也就是说，宁可接受苏联统治，他也不要核大战。尽管常识告诉我们，如果选项只有"核大战"和"苏联统治"两个，又必须二选一，大部分西欧人也会选择"苏联统治"，但看到一位前皇家学会会长这么说出来，还是让人印象非常深刻的。其实在做这道选择题时，作者依据的恰恰主要是人文，而不是科学技术。

又如在谈论核电能源时，谈到一些研究聚变核能的机构，对于其中的美国"劳伦斯利弗莫尔国家实验室"（Lawrence Livermore National Lab），作者揭露说："这个国家项目主要是一个国防项目，它为氢弹试验提供能在实验室进行的替代品，所谓控制核能的承诺只是一块政治遮羞布。"这样大胆的揭露，还真是一针见血。

另一个有趣的例子是关于"冷冻延寿"。就是将自己交给某公司，让公司将自己冷冻起来，到未来的某个年代再"化冻"复活。本书作者表示，他不愿意参加这种冒险，除公司能不能顺利运营到那个未来的年代、"化冻"后能不能顺利复活之类的正常疑虑外，作者还有一条理由比较新颖：他不愿意"加重后代的选择负担"——他不清楚后代人能不能接受这样的复活者，毕竟这是未经后代人同意而做出的安排，是我们强加给后代人的。

■ 甚至我们也可以说，即使当作者的思考背景中只有科学技术因素时，连带部分人文因素也无可逃避要强行进入其中。或者，也可以说，当我们认真地考虑前沿科学技术的后果时，仅仅只考虑科学技术的因素是根本不可能的。

一个解释是：当科学技术被诉诸实际应用时，就已经突破了本来只限于实验室那种理想的环境（当然对于实验室环境的非理想性、外部因素的介入、科学技术知识的社会建构，也早就有人进行了相当深入的研究），而进入到无法忽略其他非科学技术因素的现实状态。至于在这种情况下能考虑到多少非科学技术的因素，就只能取决于思考者自身的背景、知识储备和眼界了。

以核能为例，从原则上讲，如果只是限于最初发展科学的目的，为了增进人类对自然的了解，当然没有必要造出原子弹这种毁灭性的大规模杀伤性武器，但也正因为在现实世界的格局和"需要"之下，科学的知识就不可避免地要被用来制造这样的武器，而同样由于现实世界上不同国家和民族在意识形态、利益等争端的存在情况下，在一国先有了核武器之后，别的国家也几乎是无可选择地为了自身的利益而参与到这样的竞争之中。在所谓"和平应用"方面的如核电站、人体冷冻或现在越来越热门的人工智能等方面，虽然有差别（例如又加入了发展、资本等方面的因素），但类似之处也还是相当之多。

□ 说到人工智能，作者的想法也有点与众不同。他似乎不仅确信人工智能终将征服人类，而且认为在一切文明中都会如此。

> 通常来说"有机的"人类水平的智慧只是被机器取代之前的小插曲，那么我们也不大可能在外星智慧生命还保持有机形态的短暂时间里"捕获"它们。如果我们探测到外星智慧，它更可能是电子的。

让我稍感奇怪的是，对于人类终将被人工智能取代这一前景，本书作者似乎非常坦然地接受着，居然一点也不"以人为本"。

这样的观念，当然会让本书作者对于搜寻外星文明的行动持完全赞成态度——哪怕因此而引鬼上门，人类文明被外星文明征服或灭掉，也是没什么可惜的，反正早晚都要被"无机"文明灭掉的，灭在哪个手里不是灭呢？

当然，作者也展望了一个让人类有所安慰的前景：假如到目前为止，我们地球人类的文明在宇宙中还是独一无二的，"而人类如果在下一个百年里避免自毁行为，那么新人类纪元就来到了。源自地球的智慧将散布整个银河系，变得丰富和复杂，远超我们的想象"。不过对于这个前景，我又感觉作者恐怕过于乐观了。

■ 其实，作者这样对待人工智能的态度，尤其是对那种人类有可能被人工智能取代前景的"豁达"，那种不在乎，我们也经常可以在一些人的言论中看到。只是，由作者这种身份背景的人讲出来，应该是别具意味的，至少表明这种观点还有一定的普遍性，表明一些高级别的科学家也根本不在意什么以人为本，而只是在意科技是否能够继续"创新"，哪怕这样的创新有毁灭人类的风险。

这让我联想到半个多世纪前萨顿在分析那些为德国纳粹研制屠杀犹太人的毒气室和焚尸炉的工程师时所讲的看法：这些德国科学家和工程师在一定程度上是他们自己的"技术"迷恋症受害者。"他们对技术的专注以及由此而来的麻木不仁和无知无觉达到那样一种程度，致使他们的精神对人性已完全排斥，他们的心灵对仁慈已毫无感觉。"

另一方面，我们也还是能感觉到体现在此书作者身上的一些矛盾，比如仅仅考虑科学技术因素，就可以推论出那么多未来风险的存在，如果要是再考虑到科学技术之外更多、更重要的因素，那未来的风险更是会成倍增加，在这样的情况下，人类又如何能够有把握"在下一个百年里避免自毁行为"呢？

也许，这样的矛盾，在真正诚实的科学主义者身上，竟是不可避免的？

□ 你看，说来说去，科学主义对人文的危害——其实也就是对人类文明的危害，毕竟是无法避免的。类似本书作者这样地位相当高的科学家，面对人类前景这样的终极问题，居然表现得如此漫不经心，这确实让人非常担心。

到这里，我们确实有机会通过本书而加深对科学主义问题的认识。以前我们习惯认为，科学主义者通常都会对人类前景盲目乐观，因为他们通常相信科学可以解决一切问题，人类前景自然光明；而反科学主义者则通常对人类前景感到悲观，因而忧心忡忡。但在这种情况下，无论是科学主义者的乐观，还是反科学主义者的悲观，都还是（或者至少可以是）以人为本的。

然而现在我们看到，像本书作者这样的科学家，对人类前景也不乐观（在他心目中，人类在下个世纪自毁的概率还是相当大的），可是他并不忧心忡忡，而是对于人类被征服、被取代或被消灭的前景，感觉无所谓。科学主义在这里表现为只要科学技术不断发展，哪怕整个地球人类成为发展祭坛上的贡品，仍然可以乐见其成。这就是说，科学主义者可以突破以人为本的伦理底线！这样的科学主义，在实践中将会产生多么可怕的后果！

■ 这个结论令人触目惊心！从这样一本书中，可以看出这样的结论，倒确实是一个意外的结局。我们日常看到的大多数科学主义者，应该还不至于将人类置于不顾吧？此书提供的案例，让我们看到了在科学主义的阵营中，确实是存在着某种极端的、需要我们对之更加警惕的类型。如果这种类型的科学主义者掌握了话语权和决策权，那后果确实是令人恐惧的。

最后还可以想到一个问题：为什么会有这样的科学主义者产生呢？他们是出于什么样的动机和动力才变得如此呢？这真值得各种关心人类未来的人们去认真思考，值得对科学进行人文研究的学者们去深究。

原载 2020 年 6 月 10 日《中华读书报》

哈耶克：半个世纪前的先见之明

□ 江晓原　　■ 刘　兵

□　上次我们谈到的斯诺抨击"对科学的傲慢与偏见"的演讲，作于 1959 年。然而，有些人士却认为科学自身也充满着傲慢与偏见。在斯诺演讲前 7 年，F. A. 哈耶克已经对此忧心忡忡了。他那本《科学的反革命：理性滥用之研究》（初版于 1952 年）*，从书名上就可以清楚感觉到他的立场和情绪。

哈耶克的矛头似乎并不是指向科学或科学家，而是指向那些认为科学可以解决一切问题的人。哈耶克认为这些人"绝大多数不是显著丰富了我们的科学知识的人"，也就是说，绝大多数不是很有成就的科学家。照他的意思，一个"唯科学主义者"，很可能不是一个科学家。这个区分是非常重要的。

■　我想，这要对"科学家"这个概念做些分析。因为，人们也经常是在不同的意义上来使用这个词的。或者说，科学家是可以分成不同的层次的。哈耶克所指的那些显著丰富了我们科学知识的人，大约可以指那些"大"科学家，而我们又可以注意到的是，在那些"大"科学家中，不认为科学可以解决一切问题的人又确实占了相当大的比例。在这种意义上，哈耶克显然说的是有道理的。但另一方面，人们确实也将那些从事

---

* 《科学的反革命：理性滥用之研究》，[英] F.A. 哈耶克著，冯克利译，南京：译林出版社，2003 年 2 月第 1 版，定价 15.20 元。

具体科学研究工作而不一定具备人文意义上理想素质的人也称为科学家。相比之下，那些"大"科学家自然可以作为更多普通科学家们的一种理想榜样。

□　其实哈耶克对此是有明确区分的，他所说的"绝大多数不是显著丰富了我们的科学知识的人"，一部分是指工程师（大体相当于我们通常说的"工程技术人员"），另一部分是指早期的空想社会主义者及其徒子徒孙。有趣的是，哈耶克将工程师和商人对立起来，他认为工程师虽然对他的工程有丰富的知识，但是经常只见树木不见森林，不考虑人的因素和意外的因素，而商人通常在这一点上比工程师做得好。

哈耶克笔下的这种对立，实际上就是计划经济和市场经济的对立。而且在他看来，计划经济的思想基础，就是唯科学主义——相信科学技术可以解决世间一切问题。计划经济思想之所以不可取，是因为它幻想可以将人类的全部智慧集中起来，形成一个超级的智慧，这个超级智慧知道人类的过去和未来，知道历史发展的规律，可以为全人类指出前进的康庄大道。哈耶克反复指出：这样的超级智慧是不可能的，最终必然要求千百万人听命于一个人的头脑。而这样做的结果如何，如今世人早已经领教够了。

■　这确实是一种非常值得注意的观点。把唯科学主义与经济思想联系起来，显然与哈耶克本身的经济学背景密切相关，但他显然不同于某些其他经济学家——甚至可以说目前绝大多数的经济学家，他的思考有着更深刻的思想文化内容，而许多经济学家却像那些只关注具体理论和实验细节的科学家一样，只在进行具体的经济学研究，在当前甚至更多地沉迷于数学模型的构建，而与哲学与社会文化思潮则却保持着相当的距离。

不过，刚刚拿到此书时，我就产生了一个问题，即此书的书名的真正含义，直到读后，这个问题也还没有彻底地想明白。"科学的反革命"，这个标题到底意味着什么？在这里，是两个概念的组合。科学与反革命，当然，连带地，讲反革命，自然要涉及革命。那么，这些概念的所指究竟是什么呢？哈耶克想用这样的标题来表述什么样的核心思想？对此，你是怎样理解的？

□ 从原文并结合书中内容看，《科学的反革命》中，"革命"应该是一个正面的词，哈耶克的意思是科学（理性）被滥用了，被用来反革命了。什么是革命？革命就是创新，哪些地方有缺点有问题，需要人们去革命，去创新。反对创新，压抑创新，就是"反革命"。哈耶克指出，有两种思想之间对立。

一种是"主要关心的是人类头脑的全方位发展，他们从历史或文学、艺术或法律的研究中认识到，个人是一个过程的一部分，他在这个过程中做出的贡献不受（别人）支配，而是自发的，他协助创造了一些比他或其他单独的头脑所能筹划的东西更伟大的事物"。

另一种是"他们最大的雄心是把自己周围的世界改造成一架庞大的机器，只要一按电钮，其中每一部分便会按照他们的设计运行"。

前一种是有利于创新的，或者说是"革命的"；后一种则是计划经济的、独裁专制的，或者说是"反革命的"。这从哈耶克下面的说法中或许可以推断出来："单纯的科学或技术教育未能提供的，正是这种身为社会过程一分子的意识，这种个人努力相互作用的意识。"这或许是理解本书书名的一个可能的思路。

我倒是愿意接受这样的解释。相应地，我们就会注意到，虽然在此书中哈耶克谈论了许多文化、经济、社会等内容，但即使在狭义上，他也还是直接论及了科学方法的局限。他明确地指出："在大约一百二十年的时间里，模仿科学的方法而不是其现象贡献甚微。它不断给社会科学的工作造成混乱，使其失去信誉，而朝着这个方面进一步努力的要求，仍然被当作最新的革命性创举向我们炫耀。如果采用这些创举，进步的梦想必将迅速破灭。"这一方面恰恰印证的你前面的解释，另一方面，在目前的现实情况下，也提示我们，许多唯科学主义者们的做法并不是什么新发明，其受到的批判也不止一日。更拓宽一点讲，在国际上代表两种文化的两个阵营之间依然激烈的争论一些内容，在某种程度上，也正是几十年前哈耶克的分析所指。

除此之外，我们还应该注意到，哈耶克还指出了另一点，即"科学家或迷恋自然科学的人经常试图用于社会科学的方法，与其是科学家在自己的领域中事实上采用的方法；倒不如说，那是他们以为自己在使用的方法。这未必是一回事。"对此，无论是那些唯科学主义者们，还是在争论的另一方面对唯科学主义进行批判的学者们，恐怕都是需要加以注意的。

□ 方法的移用，不可一概而论。确实也有将自然科学方法移用于人文学术而取得积极成果的，但总来说意义不大。那种认为人文学术将来可以全面应用自然科学方法的信念，至少在目前看来还是荒谬的。

眼下最严重的问题，倒不在于自然科学方法之移用于人文学术，而在于工程管理方法之移用于学术研究（人文学术和自然科学种的基础理论研究）管理，在于工程技术的价值标准之凌驾于学术研究中原有的标准。按照哈耶克的思想来推论，这两个现象的思想根源，也就是计划经济——归根结底还是唯科学主义。

哈耶克确实有些深刻的思想，可以说是有大大的先见之明。在哈耶克发表他这些思想的年代，我们正在闭关自守，无从了解他的思考成果。就连 7 年后斯诺发表的演讲，我们也几十年一无所知。如果说哈耶克 1952 年的《科学的反革命》是先见之明的警告，那么斯诺 1959 年的《对科学的傲慢与偏见》就是顺流而下的呼喊。而近二十年前我们热烈欢迎斯诺《对科学的傲慢与偏见》的中译本时，实际上是从唯科学主义立场出发的——至少我本人是这样。当然这不能怪我们，因为当时我们太缺乏科学了。

■ 是的，当年我作为译者之一翻译《对科学的傲慢与偏见》一书时，确实也是出于这样的立场。但我注意到这样一种现象：那些科学背景出身、投身于人文研究的人，更能感到两种文化问题的重要性与迫切性，而且，如果他（她）真的成为一位称职的研究者的话，多半会逐渐离开唯科学主义。

当然，时下也还有另外一种论点，认为中国目前仍然缺乏科学，所以不宜宣传科学的负面效应之类的东西，认为那样会影响科学在中国的传播与发展。我想，持这种说法的人又可大致分成两类，一类仅仅是出于策略的考虑，而另一类，则包括了相当一部分唯科学主义者，他们根本容不得对科学的任何议论——除了赞扬。对于后一类人，其立场的问题无论是在哈耶克的著作中，还是在现在许多可见的文献中，都已有了充分的分析。而对于前一类人，在某种程度上他们的话倒是值得考虑的。

但在这种考虑的同时，我们应该注意到宣传与研究的区别，也要注意到另外一个事实，即中国人对科学的那种非理性的、概念化的崇拜，与科学方法、科学精神的极度缺乏是并存的。这种复杂的局面，是我们今天阅读、思考和研究两种文化问题与唯科学主义问题时所不能不注意的。

□　我完全同意你的观点。问题出在认为科学可以解决人世间一切问题的信念，这就是唯科学主义和哈耶克所说的"理性滥用"。

原载 2003 年 5 月 2 日《文汇读书周报》

埃舍尔：惊奇是大地之盐

□ 江晓原　■ 刘　兵

　　□　很高兴你我都有机会将这本《魔镜》*先睹为快。记得我第一次接触埃舍尔（Escher）的画，是在念大学的时候，是杨振宁一本小书《基本粒子发现简史》（上海科学技术出版社1963）中的插图，那时书中的译名是"爱许儿"。所以中国学者至少在1963年就有机会在中文读物上见到埃舍尔的画。稍后出现了"走向未来丛书"中的《GEB——一条永恒的金带》（四川人民出版社，1984），逐渐有较多的中国学者知道埃舍尔的画了。等到上面这本书的全译本，美国人侯世达（D. R. Hofstadter）的《哥德尔、埃舍尔、巴赫——集异璧之大成》，由商务印书馆出版，已经是1996年了。据我猜想，中国读者大多只是觉得埃舍尔这些画挺怪的，挺有趣的，但是要深入阐发这些画的蕴意，以及相关的思想背景，恐怕还是从这本《魔镜》入手比较好。

　　■　其实，我开始注意到埃舍尔，也是从那条金带开始。由此可见，当时"走向未来丛书"在传播新观念方面曾产生的重大影响。不过，虽然后来的《集异璧》这个全译本以更精良的译文在国内出版，但影响却似乎反而不如原来带有许多问题

* 《魔镜——埃舍尔的不可能世界》，［荷］布鲁诺·恩斯特著，田松等译，上海：上海科技教育出版社，2002年10月第1版，定价：60元。

的节译本影响大。也许，是因为全译本内容太深了吧。相比这下，这本《魔镜》要好读得多——尽管有些内容要想真正读懂，也必须要下些功夫才行。可是，无论那一本书，我想，也都不能彻底地解决每个读者心中关心的问题。这也许是由于埃舍尔的画所蕴含的内容太丰富了，并且需要每个人独立的思考，经过这个过程，才能得出一些个人的结论。比如说，对于在这些画中所蕴含的对这个世界的时间和空间的思考，或者说，对于悖论的形象化反映。

□　在埃舍尔的画中，可以读出许多东西，而且可以见仁见智。这本《魔镜》则是迄今所见对埃舍尔绘画最好或者说，最接近埃舍尔本意的解说。但是每个读者都可以从埃舍尔的画中读出自己的收获。而我读《魔镜》，最大的收获是开始思考一个《魔镜》作者并未提及的问题：我们应该怎样发掘科学的娱乐功能。

我们向来不是将科学神圣化，就是将科学实用化。神圣化，则令科学远在云端，高不可攀，深不可测，公众只能向科学顶礼膜拜。实用化，则将科学混同技术，急用先学，立竿见影，领导只想要科学产出效益。我们似乎从来没有考虑过，科学也可以有娱乐功能。埃舍尔的画，在我看来，其中有许多就是在尝试开发科学的娱乐功能。

■　对于大众来说，科学确实具有娱乐的功能，甚至对于科学家们自己，这种功能也同样存在。开发这种功能应该是科普的重要内容，因为作为娱乐的副产品，可以是一种教育，即使不谈教育，仅仅娱乐本身，也完全可以凭其资格成为科普的重要内容。

开发娱乐功能也好，或者是拓展科普的内容也好，埃舍尔的绘画都可以被包括在内。其实，我想埃舍尔本人在画这些画时，倒并不是为了什么科学的目的，而是通过绘画来表达他作为非科学家对这个世界的一种思考。但人类的思考总有某种相通性，因此，科学家们才会注意到他的绘画，科学哲学家等人也才会去分析和发掘这些画中重要而且深刻的内涵。正是在此基础上，也才为科普将其吸收进来准备了基础。因此，谈到科学的娱乐功能，埃舍尔的绘画只是一个典型的案例，类推开来，基于娱乐的科普的潜在领域应该是非常广阔的。

□　关于埃舍尔作品与科学的关系，你有没有进一步的看法？我觉得这里面颇有文章。按照《魔镜》的说法，有时似乎是一些"暗合"，例如，在周期性平面分割上，对适当的图案进行自我复制，有平移、旋转、反射、滑移反射等，总共可以有17种操作。令人惊奇的是，埃舍尔在没有借助任何相关数学知识的情况下，将这17种操作全部发现了。又如，数学家认为他的一幅画表现了黎曼曲面，但他自己却不知道，也不愿意承认，他自述说："两位博学的先生，凡·丹齐格教授和凡·韦恩加登教授，曾想说服我，我（在《画廊》中）所画的是黎曼曲面，但他们没有成功。……我对什么黎曼一窍不通，对理论数学也一无所知，更不用说非欧几何了。"

■　谈到这个话题，倒让我想起几年前我主编的一套"大美译丛"中的那本《艺术与物理学》中的一个贯穿始终的观点。如果根据我的理解，用我的话来总结，那就是艺术与科学都是人类以不用的方式对外部世界和内心的认识，这两条线索平行展开，其间有相互的作用，但也在相当程度上彼此独立。不过，在这两类认识活动中，艺术家和科学家以不同的方式发现了许多相当类似或者相同的东西。我想，埃舍尔的画和他的说法也许是对这种观点的一种最好的诠释。也就是说，他并不是出于科学研究的动机，而是由于人类思考和认识中某种共通的性质，他也完全有可能用艺术家的方式"独立"地发现许多科学家在科学领域中曾经或者后来做出的发现。这种认识的特征也可以说是科学与艺术之间的一种更为深层的联系。

不过，对于科学家和艺术家在认识中的这种特殊的吻合，又是需要专门的研究的，目前至少我还没有见到更多的有关研究，当然这也许是我见识局限所致。另外，也确实只有那些真正天才的人物、真正善于独立思考的大家，才能达到这种水准。埃舍尔肯定是这样的大家之一。

□ 埃舍尔在透视、反射、周期性平面分割、立体与平面的表现、"无穷"概念的表现、"不可能结构"的表现、正多面体、默比乌斯带等方面，都做了大量探索；而这些都与数学、几何、光学等有关。他创造那些奇妙的作品时，往往事先要做大量研究和探索，他留下的大量设计草图可以证明这一点。而你的联想，又使我联想到另外一些事情。有些当代作品，望之如鬼画符，却硬题出一个和现代科学相关的标题，就被某些人士吹捧为"科学与艺术的结合"，其实只是牵强附会，南方人谓之"硬装榫头"。我觉得在埃舍尔的作品中，我们才真正看到了科学与艺术的有机结合。

埃舍尔：惊奇是大地之盐

■　确实如此。有几次，在一些高校等处我做有关艺术与科学的讲座时，也常常会谈到这个问题。甚至不仅像你说的那么简单，有人甚至只因为某某科学家也有某种意义的爱好，或者只是靠着字面或形式上想象中，就把艺术与科学"联系"了起来。我觉得，艺术与科学这个话题是需要深入的学术研究的。否则，只靠那种表面的联系，肯定不会给人们带来什么有益的新认识。

不过，在诸多的艺术家中，埃舍尔又确实是一个异数，一方面他的作品引起了一些科学家和许多热爱思考的学者的极大兴趣，另一方面，他在艺术家阵营中似乎没有得到如此重视，这里面，似乎也潜在地隐藏着一些有趣的问题。

□　埃舍尔确实是"无法归类"的艺术家。有整整十年，当时主流的艺术评论几乎对他不屑一顾，但这种状况到20世纪50年代以后开始改变。不过，埃舍尔似乎并不是很愿意跻身于艺术家的行列——他认为，艺术家追求的是美，而他追求的"首先是惊奇"。所以他有一句名言："惊奇是大地之盐。"这惊奇，不仅是要让读者看他的作品时感到惊奇，更重要的是他本人在观察、思考中所感受到的惊奇。他用他的作品来表现这些惊奇。

原载 2003 年 1 月 3 日《文汇读书周报》

进步是真实的，但它是一个神话

□　江晓原　　■　刘　兵

　　□　从历史的角度来看，人类文明确实取得了很大的进步，从茹毛饮血发展到飞船电脑，所以我们可以说"进步是真实的"。但是这种进步已经给我们制造了一个神话——我们可以无限进步下去。迄今为止，这个神话不仅尚未破灭，而且已经深入人心，被视为天经地义。许多还停留在科学主义思想观念中的人，会想当然地认为，我们人类文明当然会无限进步下去，而这种进步的动力，就是科学技术的无限发展。

　　记得我们在这个专栏中，至少已经三次（2008 年 3 月、11月、2009 年 7 月）直接涉及科学技术有没有可能发展过头的问题了。这个问题也是我们国内一些学者共同关心的问题，所以我曾说过"有吾道不孤之感"。现在这本《进步简史》*又将我们对这一问题的认识"进一步"引向深入。

　　说实在的，我们已经太熟悉和习惯这个"进步"的观念了，所以我在上面就不知不觉地使用了"进一步"这个我们大家都无数次使用过的措辞。这个"进步"的观念有时又用另一个词来表达，即所谓"发展"。这只是同一个神话的不同表达，这个神话就是"无限进步"或"无限发展"。本书就是要分析这个神话。

---

*《进步简史》，［加拿大］隆纳·莱特著，达娃译，海口：海南出版社，2009 年 9 月第 1 版，定价：30 元。

进步是真实的，但它是一个神话

■　　其实，关于"进步"这一我们几乎无须思考就脱口而出的概念，还是可以再详细些讨论一下的。其构成的前提，而且是隐含在其中的前提，包括设定一种目标，同时设定一种价值，即向着这个理想的、在价值上被认为是好的目标发展变化运动的过程，就被称为进步，反之，则被称为退步、落后等。但问题在于，这样的设定是否就是无可争议的？

在这样的设定下，我们于是赋予进步以正面的、积极的意义。恐怕也正是在这种潜意识中，我们的中国前辈，会把生物学中的"演化论"译成"进化论"。这里的"进"，也有进步的含义。这种对进步无条件地赋予正面意义并努力追求之的认识，也可以说是一种所谓的"缺省配置"吧。

我们经常可以看到的另一件事是，许多有新意且有意义的学术研究，往往是对人们默认的缺省配置提出质疑，进行反思，并发现其中存在却又没有为人们所意识到的问题。像此书对于"进步"的讨论，就属此类。而且，作者把这样的认识，称为"进步陷阱"。甚至，"进步具有一种内化的逻辑，这逻辑会领着我们逾越理性，走向灭亡。那诱人的成功之路尽头可能埋藏着陷阱。"

虽然科学和技术也是作者谈论进步问题的重要话题之一，但作者的讨论又不仅仅只限于科学和技术，而是从根基上，要解构我们过去理解中的进步。这显然是一项目标更加宏大的任务。

□　　我很赞成你在这个问题上再次使用"缺省配置"这个表达。这个"缺省配置"和我们以前说的科学主义的"缺省配置"有着内在的相同之处。

其实从更通俗的角度来理解，此书和我们常说的"可持续发展"也有着良好的接口。"可持续发展"当然仍有"无限发展"的暗中假定,但它毕竟同时也承认了"不能永远发展下去"的可能性,所以要强调"可持续"。而按照本书作者的意见,工业文明迄今为止所取得的一切发展,归根结底都是依赖烧煤烧石油而取得的;而地球上的煤和石油是有限的,在不远的将来就会用完,所以现行的发展模式是不可持续的。作者将这种越来越快的"进步"或"发展"称为"抢劫未来"——而区区地球已经没有多少"未来"可供全人类像如今这样齐心合力、争先恐后地合伙抢劫了。

考虑到你一直积极参与环保运动,我很想就此书问你一个问题:对于此书中因反思工业文明、质疑"无限进步"而带来的不可避免的悲观色彩,你如何评价呢?

■ 其实我也在想"可持续发展"这件事。应该说,这是一个美好的愿望,但隐含着一个可以争议的前提,即无限的发展,是不是一定就能够可持续?至少,在目前我们经常可见的打这个旗号进行的发展,是有不可持续的嫌疑的。这样,我们就尤其应该警惕那些把本不可持续的发展行为打上可持续的标签的欺骗性做法。

对于你刚问的问题,我是这样想的。我们似乎习惯于把人们的倾向分成对立的乐观和悲观,正像习惯于把本体论的问题分成主观和客观,把发展的行为分成进步和倒退,并分出好坏一样。在这当中,也无意掺进价值的判断,即隐含了悲观的就是不好的,而乐观的是好的这样一种看法。那么,悲剧在价值上就一定不如喜剧吗?至少在你讲的语境中,在反思工业文明和质疑无限进步时,那种"不可避免"的悲观立场,要远比对未来发展持盲目乐观的态度要更理性、更现实，也是一种更深刻的认识。这可以让人们从对于进步的长期陶醉中清醒过来。

此书，可以说是一种从历史的视角来看待进步问题的著作，尽管在形式上是非常普及性的历史写作。但在观念上新颖和有颠覆性。作者说："历史每重演一次，代价就上涨一次。"而"我们现在最大的优势、避开古老社会命运的最佳契机，就在于我们对过去社会的了解"。这里，一方面提出了历史研究的价值，另一方面提示我们这种带有"悲观色彩"的历史研究优于过去那种基于传统乐观立场的历史研究。

□ 这本书的写法，与戴蒙德的《崩溃》有某些异曲同工之处，也是从考察一些古代文明的崩溃入手，形成若干个案，来支持他的观点。比如复活节岛、巴比伦城邦、罗马帝国等，都是本书作者使用的个案。作者力图用很现代的术语和观念，来叙述这些已经消逝了的文明"进步过头"的历程。而"进步过头"的结果，其实就是戴蒙德所说的崩溃。

本书这个"进步过头"的观念，很有意义，它不仅指出了"无限"进步之不可能，而且指出了过度"进步"的恶果。至于什么是"进步过头"，作者也给出了非常直白易懂的比喻说明："旧石器时代，猎人们从一次猎杀一头长毛象到一次猎杀两头长毛象，这是进步了。但当猎人们学会……一次猎杀两百头长毛象时，就是进步过了头。他们将享有一时的衣食丰足，之后却只得饿死。"也就是说，超出自己的需求或环境能够承受的限度，对资源进行榨取，就是"进步过头"。

如果尝试用本书这个"进步过头"的观念，来对我们今天的现代化生活进行考察和反思，我想会有很多启发。当资本为了无限增值，雇用科学技术作为帮凶时，利用人类贪欲对我们进行引诱时，许多所谓的"高新技术"，都是超出我们需求或环境承受限度的——尽管这两点都有可能被暂时隐藏起来：前者因为我们接受诱惑使用上瘾或形成依赖，后者因为环境承受的极限需要足够长的时间才会显现。

■ 现在，你的说法已经很环保了。按照上述分析，科学技术也不过只是服务于资本的逻辑，而造成了我们无限追求超过我们所需的各种东西、各种进步，其背后，不过是人们的贪欲。当然，不同的理论也许会把这种贪欲的来源或本质再解释为不同的东西，但是，至少这种解释链条是可以成立的。现在，也经常有人还在努力把科学技术说成是中性的，只是因为被滥用而造成了许多不良甚至极度危险的后果（包括像刚刚提到的崩溃的可能性），不过在我们这里的分析中，可以看到，即便真是如此，那科学技术也无法逃避产生于有这种需求的条件下，因而，也就无法逃避被滥用。

最后可以再次提到的是，这本书还提示我们，在进步的问题上，科学技术经常是起着核心作用的，尽管可能是在对科学技术的广义理解中，对科学技术的反思是必要的，但更加必要的，是对于有时甚至会超出科学技术范围的，对于我们看待和追求进步的误区及这种认识的更深层次的根源的反思。

原载 2011 年 6 月 3 日《文汇读书周报》

2. 科学社会学

科学对迷信：究竟谁胜谁败？

——关于《科学是怎样败给迷信的》[*]

□　江晓原　　■　刘　兵

□　　这本书的书名十分引人注目，甚至可以说是耸人听闻。

我们早已经习惯讲科学取得的一个又一个的胜利了，忽然见到科学"败给"迷信之说，自然会有一些惊奇之感。本书作者认为，19世纪那种科学家积极介入科普领域的局面，到了20世纪就开始改变了，而迷信披上了"科学"的新外衣，采用新闻、广告之类的形式来传播自己。喜爱迷信的媒体开始与传统科普争夺地盘，神秘主义思想，甚至迷信都被广泛容忍。作者认为，到20世纪，科学家逐渐撤出科普阵地，于是，一些记者接管了向外行听众介绍科学的职责。到20世纪中期，科普活动中进一步渗入商业利益，成为广告宣传的附属品。所以作者得出科学"败给"迷信的结论（至少在美国是如此）。

但是，作者的上述结论，至少有两个问题。

首先我想听听你的意见：上述结论能否作为一个事实被认定？

* 《科学是怎样败给迷信的：美国的科学与卫生普及》，[美]约翰·C.伯纳姆著，钮卫星译，上海：上海科技教育出版社，2006年7月第1版，定价：36元。

如何反思科学

■ 我倒是想先来谈谈这本书的书名，以及书名和内容的关系。

初看到这本书的书名时，我也为其所吸引，想看个究竟：科学到底是怎样败给迷信的（或者按照原书英文书名不那么简洁地译成：迷信如何取胜、科学如何战败）。但读过全书，发现这个书名其实可能有一点误导，一般人看了书名的理解可能是认为其中会大量讨论科学与迷信的战斗。其实，这本书基本上可以算是一本美国的科普史，只是在最后一章中，才相对多地涉及了科学和迷信的问题。尽管其中也用只言片语谈到了像占星术、通灵人等问题，但作者在这章中谈论的迷信概念，似乎也不是很明晰，至少是相对比我们的理解要更宽泛。

正因为如此，你说的"结论"，我觉得如果简单地认定的话，虽然也不是完全没有道理，但还不是对此书的主体内容的全面概括。而我，更愿意把这本书作为一本美国科普史来读，就此而言，书中所包含的信息确实是非常丰富的。

□ 如果"科学在美国败给迷信"这个结论不能成立，那本书的书名就不仅是名不副实，而且是歪曲事实了。我想作者自己一定认为这个结论是可以成立的，否则不会定下这样一个书名。但是，如果该结论成立，问题就更加严重了！

我们知道，正是在过去的一百年中，美国从一个二流强国变成了超级强国，而且牢牢占据了世界上科学技术最发达国家的位置。认定这个事实，恐怕比认定本书所说的在过去一百年中"科学在美国败给迷信"这个结论更无疑义吧？

那么现在问题就来了。

如果我们相信一个国家科学技术的发达必然与科普的进展

同步，那我们只能认为本书作者危言耸听，歪曲事实。

如果本书作者没有危言耸听，歪曲事实，那我们将得出更为惊人的结论：本书作者所说的这种"科学在美国败给迷信"的现象，对美国科学技术的发达是有利的！或者稍退一步来说，至少也是无害的，因为这种"科学败给迷信"并未妨碍美国在过去的一百年中成为世界头号科学技术强国啊。

■ 我觉得，以上述说法来做结论，可能会有些简单化。首先，还是本书作者对"迷信"这一概念的使用问题。除了我们在日常语义里经常使用的那层含义，我觉得它似乎包括了作者在中文版序中所说的"某些狭义的迷信思想和广义的非理性信仰"，或者是译者序中所讲的，"一种迷信的功能等效物"。因而，当我们想到作者提出的在美国科学败给了迷信这一结论时，一定要有这样的理解背景才好。

其次，也正如本书译者序中强调的，这种"败"，并非是在实验室和专业领域内的科学的"败"，而是在公众的、普及层面上的"败"。因而，在这样的区分下，我觉得，问题似乎也可以这样问：美国这样一个在科学研究和科学普及方面都很发达的国家的经验，提示我们去思考，科学究竟是否能够在公众层面上普及（尤其是在今天科学日益专深的情况下）；这种在不同层面上的败与不败，在什么意义上提供了一种多元并存的局面，这种局面在美国社会形成的原因是什么，它对于美国社会的发展究竟意味着什么，或者反过来说，公众层面上迷信的胜利，与美国专业科学的发展，究竟是一种什么样的关系。

　　□　你说的两点，相互之间可能是有关联的。随着科学日益专深，在公众层面上的普及可能会越来越困难。而随着向公众普及的日益困难，则迷信在公众那里胜利和科学在专家那里发展，恐怕就可以并行不悖了。

　　不过，虽然本书作者对于他所描述的现状甚为不满，我倒觉得他所谓的"科学（在公众普及层面上）败给迷信"，或许不妨理解为"唯科学主义在公众普及层面上不再一统天下"而已。容忍对科学的质疑和批评——不管是在学院里还是在公共媒体上，只会对科学的发展有利。而如果以迷信之法宣传科学，以信仰宗教的心态崇拜科学，那对科学本身的发展也是有害的。事实上，最不允许从理论上对科学质疑的国家，并不是科学最发达的国家。就像美国能容忍乔姆斯基这样的批评者，批评它的霸权政策和理念，但这并不妨碍（甚至很可能是有助于）它在实际上获得霸权。

　　■　你这样的说法我是同意的。在这里，实际上已经超出了我们传统中就科学说科学的范围，而进入到一个社会体制对待科学的问题了。也就是说，在科学自身层面上，它可以在许多方面显示其力量，但是否为社会和公众所接受，还要受到社会体制和意识形态的诸多制约，而并不天然地会被社会和公众无条件认可。尽管，我们完全可以理解，作为一种利益的代表者，科学一方当然希望完全地战胜迷信，而最终能否战胜，则并不完全取决于科学自身，也并不像一些人所想象的那样，科学只靠自身的力量就一定会大获全胜。当然，我们在这样说时，是在更严格的意义上指那种标准的、主流的当代科学，而如果仅以这样的科学作为唯一标准，其他一些在多元科学观中也可被视为"科学"的东西，反而可能会被认为是迷信。

像在美国社会中，这种社会体制对于多元的意识形态，以及对于多元的"科学"，甚至是对于迷信的宽容的认可，对于科学自身、对于社会发展等等来说，其结果是什么样呢？我想，美国的例子摆在那里，这已经不需要我们更多地讨论了。

随之而来的另一个重要问题，那就是我们这里现实是怎样，以及应该怎样了。我们当然可以说，中国是中国，美国是美国，美国的经历不一定适合于中国。但是，一方面，美国的经历为我们提供了一种可能性，其中部分的道理总是存在的。另一方面，也还有另一种相似性：如果真正就那本书中所谈的科学和迷信来说，在我们这里，在公众的层面上，至少还不能说是科学已经战胜了迷信。

原载 2006 年 11 月 10 日《文汇读书周报》

公众到底怎样理解科学？

——从《优化公众理解科学》* 想到的

□　江晓原　　■　刘　兵

　　□　"公众理解科学"的话头，国内一些学者——包括我们两人在内——已经说了相当长时间了。不过对于这个问题，我们在理论上的建设其实还很欠缺。所以这本研究欧洲"公众理解科学"状况的《优化公众理解科学》在此时引进，真可说是非常及时。

　　本书是在欧盟"第五框架计划"资助下，于2000—2003年间，由"优化公众理解科学"（OPUS）课题组提交的研究报告，长达50余万字。报告中详细介绍了能够代表欧盟各类国家特点的6个国家的有关情况，这6个国家是：英国、法国、比利时、葡萄牙、奥地利、瑞典。同时，报告中也反映了西方学者在科学传播研究领域中新出现的理论成果。

　　我的感觉，报告中的大部分内容，其实已经可以和我们今天的"国情"衔接，或者说对我们今天已经具有现实意义。当然也有一些内容，涉及的可能是我们这里下一阶段才会出现的情形，但这对我们也有非常重要的意义。

---

* 《OPUS：优化公众理解科学：欧洲科普纵览》，［奥］乌里克·费尔特等著，本书编译委员会编译，上海：上海科学普及出版社，2006年12月第1版，定价：48元。

公众到底怎样理解科学？

■ 我想，从理论研究和学术发展的一般规律来说，当一种学说或理论在国际上已经有了相当充分的发展时，如果我们也要进行相关的研究，或者是借鉴人家的经验，首先应该做的是对人家的理论研究和与之相关的实践情况有所了解，最好是有所研究。在以往，国内随着对科学普及的更加重视，关注的焦点也从传统的科普逐渐有所拓展，拓展的方向之一，就是国际上所谓的"公众理解科学"。在这方面，前些年国内已经有了一些引进、翻译和研究的工作，但那些工作似乎主要是对英国、美国等国家情况的介绍和研究，而对于包括范围更广的欧洲整体情况，则仍然非常欠缺。因此，这本针对欧洲情况的研究报告的出版，就有了特殊的重要意义，让我们可以在更广阔的视野中对公众理解科学问题有更进一步的认识。

虽然国内的科普活动仍然有着传统影响的深刻烙印，但我们如今已经不再将自己只限于传统科普的范围，而将视野扩展到包括公众理解科学在内的更多相关的理论和实践。不过，这些传统与更新型的普及传播和"理解"之间，毕竟还是有着密切的关联。也许这正是你说的可以与我们的"国情"相衔接之处吧。那么，在这份研究报告中，最为突出地引起你的注意的"衔接"在什么地方呢？

□ 在发达国家，以往那种在对科学的一味顶礼膜拜的迷信，早已经开始动摇，这也就是前些时候我们谈过的霍尔顿所痛心疾首的对科学的"反叛"，而一个类似的过程，其实在我们这里也已经开始出现。我觉得，这就是可以"衔接"的地方。比如，报告中说，在英国，"科学顾问扮演的角色在公众眼中受到怀疑，科学和政治之间关系的缺陷变得非常明显。……尽管人们对科学有兴趣，但公众对科学的信任在降低"。这种局面，在我们这里也开始出现了。

另一个让我感到有"衔接"之意的地方，是这份报告对待上述情形的态度。报告当然不会像我们这里某些自命的科学卫道士那样，面对公众和有识之士的态度和见解，采取"科学原教旨主义"的态度，甚至采取"科学麦卡锡主义"的方式，舞动棍子，逢人便打。恰恰相反，报告对此采取了反躬自省的态度，主张"科学需要更好地理解社会的变化，从而转变其立场"。这就不是盛气凌人、唯我独尊的态度，这与中国科学院、中国科学院学部主席团发布的《关于科学理念的宣言》中所说的"避免把科学知识凌驾其他知识之上"，不是非常一致吗？

■ 确实如你所说，这些都是可"衔接"的地方。在你说的第一个衔接之处，可以比较出一个非常有趣的现象，即公众对于科学的支持，并不一定与公众所掌握的科学知识的水平成正比，甚至欧洲一些在对公众的科学知识的普及上做得很好的国家，公众对科学的怀疑态度还会有所增加。相反，在我们这里，在几次公众科学素养调查的结果中可以发现，虽然公众对科学知识"达标"掌握的比较很低，但对科学表现出盲目的信仰和支持者的比例却非常之高。固然这里面显然有我们国内传统中对于科学意识形态化的影响，但这一正一反的对比，说明了一个足以发人深省的问题：我们现在在科学普及和传播中经常隐含着一个假定，即让公众掌握越多的科学知识，就会越有利于公众对科学的支持，而这个假定恰恰与上述调查结果相矛盾。

随之而来的问题就是，我们在当下大力倡导提高公众科学素养的背后，究竟预设了什么样的目标，以及这样的目标是否可以实现。或者，也可以反过来想，我们对于公众科学素养的理解，以及对于提高公众科学素养意义的理解，是不是有可能重新反思一下呢？

□ 所谓"科学素养"，我们以前总以为就是对科学知识的记忆（或者主要是如此），比如知道地球绕太阳转一圈的时间是一年、光传播的速度是每秒30万公里之类。现在我们当然知道，真正的"科学素养"，还必须包括对科学技术负面价值的了解，包括对滥用科学技术可能带来灾祸的警惕等。在这本《优化公众理解科学》的报告中，经常谈到公众对科学的担心，以及对科学信任的下降，这未尝不可以视为公众科学素养提高的表现。你上面提到我们这里一些调查报告所揭示的奇怪现象——对科学知识掌握很少的人反而对科学盲目信仰，恰恰可以印证这一点。

从这本《优化公众理解科学》的报告中可以看到，欧洲公众对科学的担心或信任下降，主要集中在两个领域：核电和生物技术。核电作为能源固然很好，但万一发生切尔诺贝利那样的泄漏污染事件，后果确实极为严重。至于生物技术，比如克隆人、嵌合体、转基因食物等，已经引发了许多伦理道德方面的难题，争论愈演愈烈。在这两方面，政府和科学共同体都理应采取谨慎的态度。

这里我们就可以看到"公众理解科学"的重要意义。在传统的单向"科普"概念中，就可以是另一种光景，比如，由科学"精英"出来向公众"普及"，告诉公众核电是多么清洁安全高效，转基因食物又是何等"多快好省"可以养活更多的人，于是芸芸众生就此坚信不疑，科学共同体就可以长驱直入，而不必采取任何谨慎态度来约束自己了。

■ 在争议方面，核能和转基因（以及类似的生物技术）确实一直是两个长期被关注的焦点。如果从关于核能这种实际上是基于一个世纪左右的基础研究才使之成为可能的技术争议来看，类推下去，新兴的转基因技术的争论恐怕也会一直延续下去。只不过，以往的争论只是限于学术界或社会上的一部分人而已。

而在公众理解科学的发展中，使得这样的争端涉及的人群有了极大的扩充，因而，你前面讲的最后一点，恰恰就是在公众理解科学中超越了"缺失模型"之后的公众参与发展新阶段的意义之所在。因为恰恰是在公众参与的过程中，既改变了公众本身，也在某种程度上约束了科学家和政府，从而达到一种新的状态平衡。至于什么样的新的平衡才是理想的？才是对于公众和整个社会最有益的？这将是在此基础之上发展出的新争议所要关注的事情了。

原载 2007 年 5 月 11 日《文汇读书周报》

人类和科学：谁控制谁？

——关于《科学的统治》*

□　江晓原　　■　刘　兵

□　刘兵兄，这是一本相当有趣的书。书名就让人颇生遐想——《科学的统治》（尽管内文对应的这个词都译成"治理"，但在深层意义上这两者没有多大差别），我们是被科学统治着（或治理着）吗？

在我们熟悉的语境中，这应该是一个陌生的说法。我们习惯说"掌握科学技术"。夫"掌握"者，当然是"掌握"的人控制着"被掌握"的东西，我们"掌握科学技术"当然意味着我们控制着、利用着科学技术。但是现在已经有许多人在担忧，这个我们自以为被我们"掌握"着的东西，很可能已经（或将要）反过来控制（或统治、治理）我们了。甚至可以说，电影《黑客帝国》中人类受制于 Matrix 的情形，其实已经在某种程度上开始出现了。

另一个我非常感兴趣的角度，是作者集中力量讨论的一个问题：科学在我们的社会中具有无限的"犯错权"吗？我觉得这个问题和我前些时候在《科学时报》上质疑过的"科学带来的问题只能靠科学来解决"有内在的相通之处。

---

* 《科学的统治：开放社会的意识形态与未来》，［英］史蒂夫·富勒著，刘钝译，上海：上海科技教育出版社，2006 年 12 月第 1 版，定价：20 元。

如何反思科学

■　先顺着你的话题说。关于统治或治理，你说的确实有道理。我也觉得，在这种意义上，此书作为一本科学之政治学的研究著作，是非常有趣的——尽管由于语言和非常专业的内容它并不容易阅读。尤其是，这种对科学的政治学研究，除了传统的政治学理论的基础，又加入了诸多学科，如科学哲学、科学社会学、科学心理学等，对科学进行研究的前沿成果，从而使得它的叙述讨论不同于一般性的议论。

其次，就你刚说到的"犯错权"问题，虽然此书中译本的内容提要中也说该书作者"将论题集中在'犯错权'上来理论构架，我却不完全觉得如此。因为这里所讲的"犯错权"，主要是在一种政治学意义上来讲的，与那种更贴近技术性意味的"犯错"，还不完全是一回事，而且它又是隐藏在作者叙述的背后的。

在我初看此书的印象中，最突出者，是它颠覆了许多我们平常看起来似乎是天经地义而且未加深入思考的概念。从大的方面来讲，似乎像对于大科学问题、对于大学问题、从科学之功能以及它对科学家和科学家与政府和公众对之治理的问题，小到诸多更具体的问题，都基于政治学（而且又不仅仅是政治学）的视角给出了令我们耳目一新的看法。

□　确实如此。书中有许多在我们习惯的语境中闻所未闻的论断。

比如，作者说："科学家的大脑和非科学家的大脑看来几乎没有任何区别。即使得到过'正确'的形式逻辑、统计方法和实验设计等训练，科学家同非科学家一样容易犯错误和抱有思想偏见。"那么，和普通公众相比，科学家为什么能显出知识方面的巨大权威和优越性呢？作者说，这是因为"科学家是有组织的，这种方式使他们在整体上远远超过部分之和"。仔细想想，这真是一个非常惊人的思考。

又如，对于"提高公众科学素养"，作者不以为然。理由是：一，这"建立在将人的智力加以'科学的'和'普通的'区别这种错误观念上"。二，即使两者之间真有区别，"提高民众的科学素养本身不能为民众参与科学行为提供任何新的机遇"。作者拒绝以"科学素养"作为向公众展示科学的策略，因为这种策略"充其量只是保护了（公众）某种被灌输的姿态，而不能提供广大公众（对科学活动）的真正参与"。

再如，作者甚至说："科学技术研究（STS）——研究科学知识的社会成果的跨学科领域——有助于促进公众对科学的不满。"这话听起来似乎十分离经叛道，但是再想想也不是完全没有道理的。

■ 你这里提到的最后一点，其实，在我们平常的工作中，特别是在对国际上公众理解科学等方面的关注中，似乎已经有所感觉了。随着公众对科学规范中怀疑精神的掌握，以及随着 STS 的某些观念通过其他形式而普及传播给公众时，很自然会有这样的结果。这也正是现在国内（乃至于国际上）一些科学主义者要把 STS 中许多学说批判为反科学的理由。以一个国内（而且也与国际有关）的例子，即话剧《哥本哈根》的上演，就可以很清楚地看出这种效果。

你提到的倒数第二个观点，也是很有意思的事。不过，对这个问题，似乎还可以再进一步分析一下。如果我们是抱着通过提高公众的科学素养来提升公众对科学的支持，那么，如前所述，这恐怕不一定会有预期的效果。如果是抱着要让公众参与科学活动（如果这种活动是指科学研究的话），当然，这也是很难实现的目标。但如果是通过提高公众的科学素养而增加对科学决策的参与，这虽然依然困难，倒还是有可能而且有意义的。国际上的"公识会议"即有此意味。当然，还可以提到的是，如果像国内某些科学文化传播的研究和实践者所倡导的那样，是在一种不同的"科学"概念下，例如像对主流科学现在已经相当排斥的博物学传播下，或在一些地方性知识的科学与境中，我觉得，公众还是有可能参与一些科学活动的。当然，这与那本书的作者所说的仍然不矛盾，因为他所指的，还是对于那种主流的、非常专业化的科学的研究的参与。

□ 《哥本哈根》的上演，并不是一个大众事件，所以我想你应该稍微说说，为什么它可以作为你说的例子呢？

我觉得，我们以前因为长期习惯于对科学一味崇拜赞美，大家从未想到从另外的角度去看待科学，自然就会将"科学素养"等同于对科学知识或结论的记忆，或至多再加上对科学方法的应用。现在看来，我们确实应该将对科学的负面价值、对滥用科学技术可能导致的危害的认识和警惕等作为"科学素养"的组成部分才对。我自己也是前不久才有了这一认识。在这一认识的基础上，再来看本书中所说的"科学技术研究（STS）有助于促进公众对科学的不满"之类的说法，才不会感到匪夷所思了。

另外，关于本书中关于"科学家是有组织的，这种方式使他们在整体上远远超过部分之和"的说法，也是大有深意的，如果和我们谈到的《再造"病人"——中西医冲突下的政治空间》一书联系起来看，就会很明白了。有趣的是，这两本书都将科学与政治联系起来，这也绝非偶然。

■ 先说《哥本哈根》。此剧在国外，据说相当轰动，还获得了什么大奖。在国内，自然，作为话剧，当然也不像电视剧那样大众。不过，此剧两周前在清华大学演出了其第98、99场，这样的成绩，就国内当下的话剧来说，已是很不错了。我曾先后三次看过此剧，我在清华为本科生讲授的"戏剧中的科学"的研讨课上，也每次都专门讲此剧，还曾请过在剧中饰海森堡的著名演员梁国庆来在我的课上讲过课。在所有这些事件中，从我对观众、听众反映的观察来看，应该说都是很强烈的，表明这种以出色的艺术手段来展现有STS意味的内容，是很有效果的。甚至我一直认为，此剧此前曾在多所大学上演，而直到现在，才在清华上演，这是很令人遗憾的，而且本身似乎也说明了某些问题——我以为，看此剧应是对于在清华这种氛围中受教育的学生们非常有意义的一种冲击。

至于说到"科学与政治"，如果就学术界来说，而且是放眼国际的话，那现在应该不算是什么新鲜事儿了。好在这样的趋势在国内（我是说像《再造"病人"》那种真正有意味的而不是许多仅仅以这样的名义出现而实质上很老套的东西）也开始渐渐出现。问题在于向公众的传播。人们不是看到了吗？当有STS意味的内容在向公众传播时，那些科学主义的卫道士们不是异常敏感地马上就跳出来批判吗？其实，这样的情形，恰恰说明，我们这里许多从事科学传播或在名义上进行科学传播的人，自己也还需要好好地被传播一下呢！

原载2007年6月1日《文汇读书周报》

坏制度可以把人变成鬼

——从《路西法效应》*谈起

□ 江晓原　　■ 刘　兵

□　1971 年美国著名的斯坦福监狱实验，最终因为局面失控，发生了流血暴力等情况而不得不中途停止。几十年过去，对于这个实验评价尽管莫衷一是，但是它在国际心理学界毫无疑问产生了巨大影响。本书是该实验的主持人菲利普·津巴多首次撰写的回顾研究之作。

实验是招募一群志愿者（都是身心健康、情绪稳定的大学生），在一个封闭的模拟监狱环境中，一部分人扮演囚徒，另一部分人扮演狱警。这个原定两周的实验虽然中途停止，但是已经得出了一些重要的结论，本书的副标题"好人是如何变成恶魔的"就明确传达了这样的观点：不合理的制度会让好人变成恶魔。

这里"变成"一词其实更应该这样理解：我们每个人身上都具有天使和恶魔的成分，但不合理的制度会将"恶魔"成分激发出来，而合理的制度则激发"天使"成分。

斯坦福监狱实验的故事曾不止一次被拍成电影，最新的影片是 2010 年上映的故事片《叛狱风云》（*The Experiment*），在

---

* 《路西法效应：好人是如何变成恶魔的》，［美］菲利普·津巴多著，孙佩妏等译，北京：生活·读书·新知三联书店，2010 年 3 月第 1版，定价：48 元。

134

相当程度上重现了当年的实验。

■ 从原则上讲，我同意你的说法。你拟定的标题也许就是这个实验得出的重要的心理学（当然也就是"科学"的）"结论"了。不过，在此，我倒是想先讲讲我阅读此书的感受。这种感受，与我看过的一部应该是你提到的基于此实验拍成的电影时的感受是一样的。

我们在这个专栏中，到如今，应该谈过一百多种书了，但在这里，因为强烈的感受，我实在忍不住要说这是一本很垃圾的书！是一位很差的心理学家——有时也被归入"科学家"之列——写成的书！它令我极为反感。

虽然此书所写的实验结果很重要，但这个在几十年前所做的心理学实验，却是极度非人性的。而作者，在书中，虽然只在一处轻描淡写地提到"我允许这些事情发生在无辜的男孩们身上真是糟透了"，提到他歪曲了"该提早终止实验的判断"，但在书里各处，他却显然是在津津乐道地享受中讲述他的"实验"。像这样的实验给受试者在精神甚至肉体上带来极大伤害，而实验的控制者却不顾受试者的受害而尽可能地延长而不是及时地终止实验，直到局面失控为止。

在今天科学研究的伦理要求下，要进行这样的实验几乎完全是不可想象的。其结论的重要，绝不能成为进行这样的实验理由！否则，日本731部队在残忍的人体实验中得出的"科学"结果，岂不是也可以成为他们进行那样非人性的实验的理由？在这两者间，其实是颇有异曲同工的意味的。作者说他"竟全然被系统支配"，反身性地想，你拟定的这篇对谈的标题，其实也正可以用于描述这本书的作者本人。

□　你的义愤，涉及一个非常重要的问题，即采用违反伦理道德的方式去获取科学知识是否合理？特别是当获取的科学知识还真是正确的时候，这个问题就更为严重。

通常，对于那些比较明显的案例，比如日本法西斯731部队的实验，或纳粹德国在集中营所做的实验，人们自然持明确的批判态度。即使他们的实验所获得的知识是正确的，也不会构成原谅他们的理由。但对于有些不那么明确的情况，人们就可能因为是"科学实验"而加以原谅了。本书所描述的实验，似乎就属于这种情形。

你的义愤表明，你不打算原谅作者。因为作者在几十年后回顾往事，仍然没有忏悔之意。如果说，作者当年设计这一实验时，因为对于实验结果未能完全预料而"无意中"越过了伦理道德的底线，那么他在多年后回顾此事时，如能有充分的忏悔之意和自我批判的反思，我想也应该有可能获得你的原谅。

那么，作者的态度就很值得我们思考了。他在本书中的态度，其实也很可能就是许许多多其他科学家或学者的态度，认为"科学研究无禁区"，认为对于知识的贪婪是一种可以原谅、甚至值得赞美的贪婪。

■　确实如你所说。此作者这样的态度很值得我们思考。甚至在科学家当中，这样的态度，在我们平常的接触和所见所闻中，并不仅仅是独立的个案。那种认为"科学研究无禁区"的观点，之所以还会有市场，还会在诸多的争议中占有一席之地，也恰恰说明了这点。

那么，我们就有必要反思一下这种观点的危害，产生它的原因，以及应对的对策。

一方面，过去在没有专门考虑科研伦理和社会责任感的教育下成长起来的众多科学家们，正在一线从事着科研工作；另一方面，虽然目前一些高校已有了相关的课程教育，但还远不普遍。因此，从过去的历史和现状来看，科学家们在有关科研伦理和有关社会责任感的培养上，从所受的正规教育来说，是先天不足的。

我们讲科学传播，并非只是传播科学知识，而是包括科学研究的伦理价值在内的；这样的科学传播也并非只是面向公众的，科学家群体也是被传播对象，这恰恰是现阶段最有实际意义和能够体现出直接效果的科学传播。在所受教育并不理想的现状下，科学家群体自身也应努力有意识地接受涉及科研伦理的科学传播，而不是对其有所抵触。而科学传播的首要目标，是培养科学家们的社会责任感，只有在具备了社会责任感的前提下，科学发展与社会发展的协调才会成为可能。

□　在这里，你似乎已经将本书作者归入了"所受教育并不理想"的科学家之列。那么他在设计并实施"斯坦福监狱实验"时，是不是缺乏社会责任感呢？说实话，我在看这本书时，以及在看《叛狱风云》这部影片时，都没你那么强烈的义愤——尽管我承认你的义愤是道理的。

但是，你也承认"此书所写的实验结果很重要"，显然这个实验的结果对社会进步是有帮助的。另一方面，考虑到该实验参加者是纯粹自愿的，从伦理道德的角度来说，它毕竟与日本法西斯731部队或纳粹德国在集中营所做的实验有本质上的区别。换句话说，如果要"审判"的话，本书作者的罪名无论如何总要轻得多。

如果我们愿意思考"斯坦福监狱实验"所得结论——坏制度可以把人变成鬼——的正面意义的话，那么，这个结论对于如何消除我们今天社会上的一系列弊端，确实有明显的启发意义。我相信这一点你是会同意的。

■ 我并不否认这项研究的结论是有意义的，甚至像你所说的，对于消除现在社会上的一系列弊端有明显的启发意义。但是我还是要坚持认为，一项研究结论的重要，并不能反过来就说明这项研究（包括其研究过程）就是合理的，即使它的"结果对社会进步是有帮助的"，否则，同样的论证就也可用于说明像731部队的研究的合理性。虽然与731部队的研究相比，这个项目是有差别，但在讨论科学伦理和科学研究有无禁区的意义上，这只是程度的差别而已。说研究有禁区，既可以指从研究的最终结果的后续效果上来看，也同样可以指从研究的过程及在过程中导致的直接后果来看。你说受试者是自愿的，确实如此，而且许多人是为了金钱而参加的实验，但那些受试者一开始并不真正了解实验的风险和对他们的伤害，而在明显地受到伤害并想要退出时，这位作者，作为实验的控制者，却没有人道地及时终止实验，而是为了其研究的目标在尽量延长实验，这就不仅仅是在设计初期的考虑不同或失误，简直就是为了自己的科学研究要获得结果而不顾受试者受伤害的非人性的不道德了！

    但愿以这种方式来解读这本或许可能被有些人看作"有趣"的著作，能够将它作为一本进行科学伦理教育的反面教材。

原载 2011 年 8 月 5 日《文汇读书周报》

女性主义眼中的中医和性别

——从《繁盛之阴》*谈起

□ 江晓原　　■ 刘　兵

□　刘兵兄，还记得几年前，有一次在北京，你和章梅芳花了快两小时，竭力试图说服我认识到"女性主义科学史研究"的意义和必要，遗憾的是结果因为我"顽固不化"，你们没有成功。近年常见你在文章中提到美国女学者费侠莉（Charlotte Furth）的工作，这本《繁盛之阴》一出来，马上使我想起上述往事。恰好此书又横跨我的两个研究领域——科学史和性学，更因为最近甚嚣尘上的"中医是伪科学""废止中医"之类的争论，这都使我很想和你来讨论此书。

此书作者多年来致力于研究中国妇女解放、中国女性与身体等问题，此书想必也可归入"女性主义科学史研究"的范畴。在本书第一章就提出"黄帝的身体"概念，又使人联想到关于身体的研究，正是当下在国际上相当热门的领域。事实上，现今国际上时髦的学术路数，如性别、身体、文本、建构、解构、后现代……大量出现在这本书中，这是否表现了美国学者与中国学者的差别？

■　是的，我还很清楚地记得我们那次的讨论。只是，不

---

* 《繁盛之阴——中国医学史上的性（960～1665）》，［美］费侠莉著，甄橙等译，南京：江苏人民出版社，2006年7月第1版，定价：25元。

知现在你的"顽固"是否已经"化"了一些？我觉得，从你在前面的两段话来看，似乎是有"化"的倾向了。

不过，在直接回答你前面的提问之前，先容我说几句不算题外的话。早在多年前，我写第一篇有关国外女性主义科学史研究的述评文章时，在快结尾时，曾有这样一段话："在现有的大多数研究中，对社会性别的分析研究主要限于西方文化的传统。1988年，女性主义科学史家希宾格尔谈道：'我们还没有关于中国古典科学的社会性别研究，也没有关于印度次大陆的妇女，及关于非洲或中美和南美洲的科学中妇女（或社会性别）的研究。'当然，如果女性主义科学史确有生命力的话，这些研究的出现也只是时间问题而已。"这虽然算不上什么了不起的预言，但还是给说中了。因此，当我几年前在剑桥的李约瑟图书馆第一次看到《繁盛之阴》这本书的英文原版时，颇有如获至宝的感觉，并赶紧把它复印出来，带回国内。

如今，这本书的中译本能在国内出版，也确实是一件很有意义的事，能够让更多的中国读者更容易地了解西方学者对中国科学史的女性主义研究。我当然无保留地认同此书属于"女性主义科学史研究"的范畴，但觉得需要说明的是，它与你说的"性学"，至少是与那种传统的、狭义上的性学，还是有些区别的。这或许也和书名中的一处误译有关。此书的副标题应该译成"中国医学史上的性别"，而不是"中国医学史上的性"。因为"gender"这一现在已经成为女性主义特有概念的词，如果要译成"性"，那是会给读者带来一系列严重误解的。

□　哈哈，别的地方我倒是"化"过一些，但在上面的问题上似乎仍无进展。

关于此书副标题的译法，我倒觉得并无不妥。此书中确实毫不躲闪地处理了某些"传统的、狭义上的"性学课题。例如，在第六章"养生：明代生殖和长寿的身体观"，作者相当内行地讨论了"内丹"，这正是中国传统性学中的典型题目之一。费侠莉正确地指出了内丹修炼者的宗旨"并不仅限于延年益寿，而是在于返老还童以至长生不老"，当然实际上是做不到的。一个外国人，对与"内丹"这样连许多中国人也搞不清楚的话题，居然能讨论得相当详细深入，谈得头头是道，还基本上没有外行话，那是很不容易的。我看至本书的第六章，开始对这位费侠莉有点佩服起来了。

■ 这恰恰正是问题之所在。也就是说，恰恰是标题的误译使人将注意力更多放在"性学"上，而不是性别上。实际上，虽然此书也大量涉及与性学有关的问题，但却绝不是一本性学著作，而是对于广义的科学史（其中主要是医学史）的性别视角的研究。

说到中外学者的差异问题，或者说，在涉及性别研究，或涉及与性别有关的研究，或涉及可能与性别有关的研究时，显然差异是巨大的。曾有一篇我与我的学生章梅芳合作的文章发表在《中国科技史杂志》上，题为《女性主义医学史研究的意义——对两个相关科学史研究案例的比较研究》，说的就是中外两个在主题上很相似的医学史研究（其中一个恰恰就是费侠莉的研究）之间因有无性别视角而导致的明显差别。虽然像你所说的那样，"身体、文本、建构、解构、后现代……大量出现在这本书中"，但此作者最突出的特点，还是性别的视角和理论，这本来也是在题目中所要点明了的。

但是，我还是想知道，为什么你可以在别的许多方面都逐渐"化"起来，却偏偏在"性别"研究上顽固不化呢？尽管我还是可以用包括在学术中的男权意识的牢固来解释这一现象，不过，还是想听听你本人的说法。

□ 我至今认为"性别"的视角可能不是必要的——"性别"的视角能够给我们带来的好处，在传统的视角中都可以得到。我想我们是不是也可以别对"性别"太在意了？当然，从宽容和多元的立场出发，我即使自己不使用"性别"的视角，也不会反对别人使用。

即使我仍然"顽固不化"地用传统的眼光来看这本《繁盛之阴》，吾兄也不必为费侠莉女士抱屈——因为我即使这样看这本书仍然非常有价值。

例如，在本书的论述中，作者看来是自觉且相当成功地避免了许多西方学者常有的西方中心主义视角。所以她在谈论中国古代的医学时，能够在很大程度上"以中医之是非为是非"，而不是将西方现代科学的某些现成理念简单地往中医身上一套了事。这种简单一套的结果，通常只有两种可能：或者宣称中医就是科学，或者宣称中医是"伪科学"。

这当然会使我们联想到最近甚嚣尘上的所谓"废止中医""中医是伪科学"之类的争论。其实，与其为中医是科学还是伪科学争执不休（这种争执又经常要滑向意气用事），不如采纳费侠莉的做法，将中医当作中医去理解呢？反正有这样一门学问，它能够给人治病，有它的疗效，并且得到民众普遍的信任，那它就值得研究，它是不是科学则并不重要。

如何反思科学

■ 你认为"性别"视角可能不是必要，而且认为其好处在传统视角中都可得到的说法，我无法同意。尽管，我也可以"宽容地"同意你以你的"性学"（而非"性别"）视角来解读此书，这亦有你的价值，但实际上，在许多女性主义著作（当然也包括女性主义科学史著作）中，如果没有了性别视角，一是不再成其为女性主义的研究，二是也绝不可能得出其中许多有新意的结论，这些结论在传统视角中是绝不可能得出的。实际上，这里涉及的是一个几乎是一个理论与观察的基本问题。正像物理学家海森堡曾讲过的，是理论决定了人们能够观察到什么。没有性别视角，就不可能看到在性别视角中看到的许多东西！正如没有人类学的视角，也无法得出人类学影响下的科学史研究的许多东西一样（费氏的此书亦有人类学视角的存在问题，只是没有性别视角那么突出而已）。

说到这里，我倒是似乎明白了你在回答中没有说出的东西：我们在性别视角这个问题上的分歧，其实还是表面的，如上所述，我们之间在此背后更本质的分歧，很可能是在科学编史学层次上的。

仅仅一本书能够引起如此之多的讨论和问题（姑且不说那些我们一致同意的、有新意的结论），这样看来，这本书的价值就已经是颇为重大的了吧。

原载 2007 年 1 月 5 日《文汇读书周报》

斯德哥尔摩不去也罢

□ 江晓原　　■ 刘　兵

□　我们中国人谈论诺贝尔奖已经很久很久了。翻翻历届诺贝尔奖得主名单，在诺贝尔科学奖和经济学奖中，美国和欧洲发达国家当然占了绝大多数，但是也有不少苏联、日本等国人士获得，甚至还能找到印度、匈牙利、阿根廷、巴基斯坦等国的得主。在诺贝尔和平奖得主中更可以看到埃及、伊朗、韩国、缅甸、墨西哥、东帝汶、危地马拉、巴勒斯坦、哥斯达黎加等国的得主。例如匈牙利学者撰写的《通往斯德哥尔摩之路：诺贝尔奖、科学与科学家》。*

■　面对诺贝尔奖这样一个具有特殊影响的奖项，恐怕不仅发展中国家的人们，就是那些发达国家的人，也经常会有一些超出常理的态度和反应。在这本《通往斯德哥尔摩之路：诺贝尔奖、科学与科学家》中，我们也可以看到这点。当然，对于科学技术非常发达的西方国家，与我们相比，在态度上也还有一些差异。例如，从我们的媒体每到诺贝尔奖颁奖之际的兴奋，就可以看出人们对于此奖是多么的期待。这也是国内众多关于诺贝尔奖的书籍会有市场和受欢迎的重要原因之一。

---

* 《通往斯德哥尔摩之路：诺贝尔奖、科学与科学家》，［匈］伊什特万·豪尔吉陶伊著，节艳丽译，上海：上海科技教育出版社，2007年9月第1版，定价：38元。

如何反思科学

我们是不是还是先就此书来谈谈感想？首先一个问题就是，相比国内已经翻译出版或由国人撰写的那些关于诺贝尔奖的书籍相比，这本书有什么特殊之处？就我觉得，此书并非是一种很有纯学术指向的研究性著作，而更像是一本由一个关注诺贝尔奖的科学家所撰写的感想加资料汇编性的著作，当然，作者曾对众多诺贝尔奖获得者做过访谈，并收集了大量的相关资料，以至于在此书中我们可以接触到许多以往所不知道的关于诺贝尔奖的故事和信息。这似乎是我的第一印象。你觉得呢？

□ 最初我曾经希望这是一本带有浓厚科学社会学色彩的著作，期望书中会揭示许多与诺贝尔奖有关的内幕及其背后的东西（就像我们曾经讨论过的《权谋——诺贝尔科学奖的幕后》那样）。然而实际上这是一本带有普及性质的读物，但它可以帮助我们了解许多与诺贝尔奖有关的事情，因而仍然是一本非常有益的读物。

不过，我和你认为本书是"感想加资料汇编"的第一印象有所不同。作者当然是收集了大量资料，但他在此基础上还是做了大量消化、组织的工作，本书有它自己一个相当合理的结构，从这个意义上说，本书还是有相当的学术性。

另外，本书中没有我最初期望的科学社会学指向，这当然与作者的立场观点有关，作者看来并无意去跟上那些后现代的思想潮流。这样也很好，文化是多样性的，当然也不会让后现代一统天下。况且，作者虽没有科学社会学指向，但本书中所记述的那些事情，有许多却具有科学社会学价值，可以给前者提供有益的启发、线索乃至资料。

斯德哥尔摩不去也罢

■ 其实，当我们这里在说学术性，或者研究性著作时，应该是有特殊的指向的。我同意你的观点，即认为此书作者还是对大量的相关资料做了消化和组织工作。不过我想说的，实际上也是指此书不是一本由专业的对科学进行人文研究的学者所做的有指向的那种专业研究。这样的著作当然也有它的长处，因为对于一般读者，那些专业性更强、背后负载着更多学术理念的书可能接受起来要困难一些。而这种比较朴实的写法，也许会让人更有一种亲切感，但代价是震撼力要稍弱一些。而且，尤其是就面向国内诺贝尔奖问题的研究者们，此书更有一种特殊的价值，即提供了非常有参考价值的诸多信息和线索。

说到专业研究，也许就又引出一个问题，即就中国来说，我们现在所最缺少的，恐怕就是那种在专业研究基础上向公众读物转化的图书。因为诺贝尔奖问题毕竟在社会上对于公众也是一个吸引人的话题，这也本应是面向公众的科学传播的一个重要领域。

那么，你觉得，此书对于中国公众理解诺贝尔奖来说，最值得我们注意的是什么内容呢？

□ 我想特别提出作者在本书中得到的几个结论。这几个结论其实以前别的西方科学家也曾对中国学者和媒体讲过，但本书作者说的更为透彻明白。

一是历届的诺贝尔奖并不能全面反映科学的进展。用作者的话来说，就是："科学史能够以诺贝尔奖为基础来编写吗？我想不行。"因为诺贝尔奖是不全面的，作者甚至提出了"可获奖性"（prize-ability）这个概念——不同领域的成就的"可获奖性"是大不相同的。我们在讨论《权谋》一书时曾经谈到，诺贝尔科学奖并未包括很多非常重要的科学领域，比如宇宙学、天文学、地质学、数学、环境科学、非生物取向的医学、海洋学、地震学、农业遗传学等。

二是依据历届诺贝尔奖也不足以预见未来科学的发展，"在这方面，诺贝尔奖的局限性甚至更为严重"。这个结论其实与上面一条有着内在的联系。

三是作者明确指出："从事科学工作的目标直指诺贝尔奖，特别是从科学生涯的早期就这样做，是徒劳的，也达不到目的。"获得诺贝尔奖这件事情是"有意栽花花不发，无心插柳柳成荫"，可遇不可求的。

■ 其实像这样的话，无论中国人，还是外国人，都以不同的方式说过不少次了，但问题在于，这样的道理就是有人不明白，有些人就是执迷不悟。

不过，一些人，特别是一些处在重要位置上的科技政策的决策者和管理者们，以及围绕着他们或是真心或是违心地吹喇叭抬轿子推波助澜的人，包括某些科研工作者。为什么会执迷不悟呢？这背后的原因倒值得分析，只是这样的分析远不是像你我这种对谈的篇幅所能包容得下的。粗略地讲，应该说有些人是真心为国家着急，只是着急的不是地方，这属于认识不清；也会有些人是因为其位置而决定了要政绩，因而想要急于规划出诺贝尔奖来；当然，出于其他各种利益（包括集体和个人利益）的考虑，就更是中外都不乏其人了。对像中国这样的发展中国家来讲，如果我们抛开像虚荣的面子，抛开那些对科学的健康发展来说是非理性的动机，实实在在地把力量用于全面整体地提高科学研究实力，这才应是认真追求的目标。

诺贝尔奖是一个重要的奖，一个有影响的奖，一个科学大奖，一个让许多人坐立不安的奖，一个带有某种标志性的奖，但说穿了，无论如何，它也仅仅是一个奖项而已！

原载 2007 年 11 月 2 日《文汇读书周报》

疯狂实验：科学与非科学的界限何在？

　　□　江晓原　　■　刘　兵

　　□　这是一个"好事之徒"收集各种奇情异想的"科学实验"材料，在瑞士报纸上撰写的专栏文章。原先他在一份瑞士新闻杂志担任科学版的负责人，收集了这些材料，但是那份杂志的主编并不喜欢这些内容——也许是因为它们不属于"严肃的科学内容"？后来作者得到在另一家杂志写专栏的机会，终于可以将他收集的这些材料写成文章发表了。

　　本书*收集了西方世界从1300年至2003年间的111项"疯狂实验"的有关情况和结论。这些实验如果称为"科学实验"，也是没有问题的，因为它们都是采用"科学的"方法来设计和进行的。但是这些实验却又和我们中国公众所习惯的"科学"格格不入，甚至有点搞笑。这恰恰是本书最有意义的地方。

　　■　是啊，我在刚看这本书时，首先就想起了你近些年来倡导的科学传播的"娱乐化"的问题。这本书本身，介绍的恰恰是许多不为正统科学重视，但在面向大众的传播中，颇具娱

_____

* 《疯狂实验史》，[瑞士] 雷托·施奈德著，许阳译，北京：生活·读书·新知三联书店，2009年10月第1版，定价：33元。

乐价值的"科学实验"。

这些实验，看上去，也与当下一些民科有兴趣的"研究"有些类似。不过，中国的民科们似乎对于更"宏大"、艰深的科学"难题"更有兴趣，这也许又与我们传统中面向大众的科学传播所树立的科学形象和导向有关。

另一方面，这些实验有许多是历史上的，而在科学发展的历史中，又有一种现象，即许多像这本书中的本来更具有娱乐意味的实验越来越被边缘化了，而主流科学所关注的东西，却离公众越来越远，对此，你是怎么看呢？

□ 你的问题很有意义。本书中的实验都是今天的"主流科学"所不关注的事情，但这些事情与公众的日常生活非常贴近。

例如，书中有4次实验（不同年代的），都是关于怎样才更容易在公路上搭上便车的，结论依次是：（欲搭车者）显得弱不禁风或伤残；一个女性；注视开车者眼睛的人；欲搭车的女性胸部丰满。

这样的实验及其实验报告，确实颇具娱乐功能。它们让人联想到"搞笑诺贝尔奖"参与提名的那些"科学实验"——关于此一奖项情况的书籍好些年前就已经被引入中国了。但是另一方面，这些实验往往是"一本正经"地被进行、被描述、被报道的。实验者都竭力按照"主流科学"的规范来设计、操作和报告这些实验。事实上，这些实验通常只是在实验内容（对象）上远离了"主流科学"。当然，恰恰是这种远离，使得这些实验与公众的日常生活意外地贴近了。

如何反思科学

■ 　也许，这里我们所说的问题，正好揭示了一个重要的现象，即在实际上，当下的主流科学共同体所关注的问题，并不是普通公众在认知或者精神层面上所关心的问题，也更不会以认真的态度去关心公众在（广义的）科学方面的娱乐，而只是，或者关心科学共同体内部所认可并有兴趣的问题，或者，关心那些会带来有商业利益或潜在商业开发价值的问题。而且，这两类问题，有时还经常会是重叠交叉的。

说到这里，就可以引申出更为严肃的话题了，即当下的科学共同体究竟首先是在为谁服务？

从利益分析的角度来看，如果今天的科学家们只是为了科学共同体自己的利益，那么，在科学研究中使用来自广大纳税人的钱，显然就是不公平的。如果他们只是为了商业开发或者想使自己成为商人（就前些年我们在媒体上经常看到的鼓吹科学家去"转化"成果并创业的说法来看，这也并不是稀奇的事了），一是他们仍然不应使用纳税人的钱，二是他们就不应再用那些"增进人类对真理的认识"之类的崇高说法来标榜自己的工作了。

但是，哪怕在经济利益上并无现成或潜在的收益，而只是在面向大众所关心、感兴趣或称为娱乐的意义上做些科学研究，就像在《疯狂实验史》一书中所写的大多数实验研究那样，恐怕也还可以为科学找回一部分在"为人民服务"的意义上的价值。但现实却显然不是这样。

□ 　《疯狂实验史》中的那些实验者，我估计绝大部分是不拿纳税人钱的，根据是，这些实验"课题"绝大部分不会得到"主流科学"的认可。不过，他们做这些实验，未必有"为人民服务"的动机，尽管可能有"为人民服务"的效果（比如书中的"与中国人一路旅行"）。从道理上说，不拿纳税人的钱，就没有"为人民服务"的义务，完全可以我行我素，自娱自乐。令人忧虑的是，现在我们经常看到"主流科学"共同体拿着纳税人的钱，却在为资本的增值服务，而且同时还被认为比"在商言商"的人崇高百倍。

此书中的那些实验，在中国今天的标准下，几乎没有一个能够被承认为"科学实验"的，在西方它们是不是被承认，也很难说。我特别感兴趣的是，即使它们不是"科学实验"，但仍然有人愿意而且可以将它们付诸实施，而且也可以公布其实验结果（也有个别例外的实验结果过了许多年才得以公布），这是什么原因呢？

我猜想的原因是，首先，在那里"科学"和"非科学"（或"伪科学"）的界限是开放的——我的意思是说不会因为越过这个界限而受到阻碍或批判；其次，在人们心目中，也许并没有如同在我们这里的界限，所以可以容忍这些实验及其报道或报告。

■ 这里，我们再次回到了关于何为"科学"这个一直说不清的问题。其实，在关于究竟何为"科学"，或者用科学哲学的术语来讲，即关于科学的"划界"的问题上，众多的讨论经常会有一些误解。因为一方面，在某种程度上，究竟何为科学更多的是一个"定义"的问题，而多数对此的讨论，又是基于科学共同体自己的理解，预先地把那些不为主流科学共同体所认可的研究划在了科学之外。另一方面，再加上我们这里又在相当程度上把科学意识形态化，就更加剧了对那些不在"标准"科学界内（其实就主流科学共同体认可的科学来说科学哲学的划界任务也做得并不成功）的研究的排斥。

　　反过来想，如果从公正的角度（如前面所说的关于研究经费来源的经济考虑），从公众的角度（即是否有益于公众、是否为公众所感兴趣），从人类认识自然与自身之全面性的角度（主流科学其实也只是这种认识的一小部分而已），改变我们以往基于传统而且并不清晰的科学划界标准，就成为一件很有意义的事。而这样做的一种可能的方案，即是把原来由科学家共同体所限定的科学的范围予以扩大（尽管这种"宽面条"的主张你不一定同意），形成一种多元的科学观，宽容平等地对待不同类型的科学。以这样的立场，对于像《疯狂实验史》中所谈及的那些"科学实验"，也就没有什么可歧视的理由了。

　　　　　　　　原载于 2010 年 3 月 5 日《文汇读书周报》

看西方"民科"怎样做学问

——罗伯特·坦普尔的几种著作

□ 江晓原　　■ 刘　兵

□ "民科"这个词，如今已经渐渐被大家接受了，用来指称那些对科学（以及他们心目中认为属于科学的学问）有兴趣，却又不愿意遵照当下主流科学共同体所奉行的规范来进行研究的人士。通常我们说"民科"时都是指国内的人士，其实"民科"在国外也同样有之，而且其"兴旺"甚至远过于中国，只是我们接触的机会不多而已。

要说将自己的学说发表、出版的"门槛"，对于国外"民科"来说，有可能比我们国内"民科"所面临的要低。不过，也正是由于国内在这方面的"门槛"，使得国外"民科"学说能被介绍进国内的机会很小。在西方"民科"当中，英国人罗伯特·坦普尔（Robert Temple）是相当幸运的一个，因为他已经获得了进入中国的"许可证"。

对于坦普尔这个名字，记性好的中国读者应该不陌生了。多年前，他有一本《中国：发明与发现的国度——中国科学技术史精华》*被译成中文出版，那本小书尽管被李约瑟赞许为是对"中国科学技术史进行了精彩的提炼"，也被一些国内人士推荐为青少年读物，而且是由中国科学院组织了34位学者译

---

* 《中国：发明与发现的国度——中国科学技术史精华》，[英]罗伯特·坦普尔著，陈养正等译，南昌：21世纪出版社，1995。

出的，但实际上书中颇多穿凿附会之处。

从那本书中我们已经可以隐约看到坦普尔写作风格的端倪——这种风格到了他第二本被译成中文出版的书《水晶太阳之谜》*中，就被进一步发扬光大了。这种风格可以称为"渊博而多情的夸张"。在《水晶太阳之谜》中，我已经明显感觉到"民科"的味道（书的副标题"现代人失落的宇宙奥义"也加强了这种感觉），不过即便如此，我认为此书还是堪称"民科"中的上乘之作。现在坦普尔又有了第三本被译成中文出版的书——《神谕：东西方〈易〉卜术揭秘》。在这本书中，他沿着先前的轨迹，向神秘主义方向走得更远了，"民科"风采也更加发扬光大。

不过坦普尔对中国和中国文化极度推崇和热爱，这或许是他的"民科"著作能够得到中国出版界接纳的原因。在《神谕：东西方〈易〉卜术揭秘》**中文版序中，我们可以看到许多热情洋溢的句子，例如："中国古代的原始科学思想，它在理性上是如此超前，着实令人惊叹""中国好运！"等。

■ 是啊，你这个开场白，就已经将坦普尔明确定位了，即西方民科。其实，过去我们两人在《南腔北调》的对谈栏目中，就已经谈过了他的《水晶太阳之谜》一书。在那次对谈中，你曾结合《水晶太阳之谜》一书，总结了"民科"的若干代表性特点，这里不妨再回顾一下那时你的总结。

---

* 《水晶太阳之谜：现代人失落的宇宙奥义》，[英]罗伯特·坦普尔著，徐俊培译，上海：上海科技教育出版社，2006。
** 《神谕：东西方〈易〉卜术揭秘》，[英]罗伯特·坦普尔著，徐俊培译，上海：上海科技教育出版社，2008。

看西方"民科"怎样做学问

你那时提到的特点有：喜欢异调独弹，发表主流学术共同体不愿接受的学说，这些学说通常在主流学术共同体所愿意研讨的领域之外；在叙述自己的发现时，不愿意循序渐进，先叙述证据和理由，而是先要将自己的惊世之说宣示出来，并在假定了这种惊世之说为真的前提下，叙述自己的理由；列举大量"证据"，但是将这些"证据"和自己要证明的论点联系起来时，则经常借助于假想、推测、联想、类比等手法。而我，则补充了一点，即"民科"的自我表扬，或者说，是在身份上和贡献级别上的自我拔高。这次，他仍旧在身份介绍中提到他是清华大学科学技术与社会研究中心的兼职教授，而这正是我现在供职的单位，因而我知道，他早已不再拥有这个头衔了。

在读坦普尔这本《神谕》时，我觉得，一方面，我们以前总结的那些"民科"的特点，仍然在此书中鲜明地表现了出来；另一方面，又觉得这本书与他另外两本已有中译本的著作还存在着一些不同之处。不知你是否感觉到了这点。

那么，也许我们可以先从《神谕》这本书谈起，讨论一下此书的特点，这同样也还是在对国外民科进行分析的话题范围之内。

我甚至完全可以理解，与他另外两本有中译本的书相比，这本书在国内图书市场销售的意义上，可能会更有些吸引力，这是由于其话题所决定的。此书分为上、下两部分。我们先看其讨论"西方文化"（主要是谈神谕宣示所、西方的某些占卜等内容）的第一部分。在这方面，我的知识非常有限，你曾研究过一些相近的问题，你觉得，他说的那些中国人一般不太熟悉的内容是可信的吗？

□　老实说，这坦普尔在《神谕：东西方〈易〉卜术揭秘》的第一部分中，"民科"的味道真是越来越重了。他关于西方那些"神谕"和"内脏占卜"的论述，仅仅停留在对昔日神谕场所遗迹的大量描写（几乎都与本书主题无关）和对有关内脏占卜的历史故事的介绍上。他除了强调古代西方人重视这些神谕和占卜，并未向读者说明这些神谕和占卜到底能不能预知未来，这种说明难道不是本书读者所合理期望的吗？

关于这些内容是否可信，要分两个层次来说。就坦普尔所描述的那些情形和故事（表明古代西方人如何相信这些神谕和占卜）来说，那应该是可信的。但是就这些神谕和占卜所许诺的成效（预知未来）来说，当然是不可信的。关于后面这个问题，我的立场还是比较保守，我一贯倾向于用社会学的方式来解释。

举例来说，书中谈到亚历山大大帝临终前的一些日子，关于他命运的内脏占卜，发现肝脏缺了一叶，这被认为是大凶之兆，不久他果然病死了。然而这并不能证明动物肝脏真的能够预示亚历山大大帝的健康和命运，而是这种预言极大地损害了亚历山大大帝心理健康，因为亚历山大大帝自己就十分相信这类占卜，听说用于占卜的动物肝脏缺了一叶，他自己就十分惊恐，这不就吓出病来了吗？

古代流传的关于占卜之术"应验"的种种故事，绝大部分可以用类似的理论给出解释。对这一点，我以前在拙著《世界历史上的星占学》一书中，分析过若干中外历史上的著名个案。虽然坦普尔宣称，在古代世界的占卜术中，星占学的重要性远不如神谕和动物内脏占卜，但这只是他的一家之言。中国古代的情形，根本没有动物内脏占卜之术，神谕则经常是借助星占学的形式来表现的，神就是上天，它用不同的天象表示它的意见，星占学家解读这些天象的意义和天象所兆示的未来事件，其实就是宣示神谕。

■ 我非常同意你的看法，也即在这一部分的写作中，坦普尔所体现出来的"民科"风格。他总是在讲一些似是而非的"故事"，而不是就这些所讨论的问题，进行那种符合历史研究规范的学理式的考证与分析。当然，这里面是有一定信息含量的，比如，在此之前，我确实不知道古代西方"内脏占卜"的事。但如果我以学术的标准来看坦普尔所叙述的这些故事时，我仍然不敢确切地相信他所讲的内容。从他的讲述来看，似乎"内脏占卜"在古代西方占据了特殊地位，而他却几乎没有提到像星占学之类的"倾听"神谕的方法在预测和决策中的作用。

说到占卜（无论是"内脏占卜"，还是星占，或其他什么方法）的预测功能，当然，站在现代立场上，我们很难找出其"科学"道理。不过，从哲学意义上讲，我们也同样给不出确切的否定性的证明。那么，我们一方面，恐怕只好将其作为一种故事来听，另一方面，如果这些叙述确是史实的话，给出像社会学的、心理学的解释，也是可以作为一种学术研究的方式。但这些，似乎也是在坦普尔的视野之外。

我另外有点想不明白的是坦普尔在这第一部分到底想要向读者讲什么。他说的"内脏占卜"，和他花了大量笔墨来描述的"神谕宣示所"，似乎是两件彼此相对独立的事。而他在解释"神谕宣示所"内种种可能或者曾经发生的活动时，有时又是在采用一种现代科学的理解方式，用致幻等来解释其不同寻常的"奇迹"。似乎,他一直是在某种现代的理解和解释,与有意无意留下的神秘伏笔之间游移不定。于是,读者也就搞不清他的立场到底是什么了。

□ 我很怀疑,坦普尔自己的立场很可能本来就是游移不定的。作为一个对神秘主义兴趣浓厚的人,他不可能完全接受现代"唯物"的科学解释或社会学解释,但作为一个"民科",他又经常试图让自己——至少在形式上——尽量符合科学的规范或风格。对于本书的主题来说,这一点必然造成明显的矛盾。

有必要指出,坦普尔的上述困境,在他的前面一本书《水晶太阳之谜:现代人失落的宇宙奥义》中,相对要轻得多。那本书的主题,是要证明望远镜早在古希腊时代就已经有了。虽然坦普尔在书中的论证风格也是非常"民科"的,但由于那本书的主题本身并不是神秘主义的,因此坦普尔上述"游移不定"的困境,相对来说就不那么严重了。

如前所述,中国"民科"要出版自己的著作相对来说要更困难,但毕竟也有一些人采用自费出版等办法,将自己的成果印成了书。况且从极端的"民科"到严谨的学术著作之间,有宽阔的中间地带,这中间地带中的著作,也呈现类似"连续谱"的状态,也就是说,有一些颇有"民科"风格的著作,偶尔也会获得常规出版的机会。也许是因为科学史学科的边缘性和交叉性,多年来我还是有机会见到过一些国内"民科"的著作。这些著作给我的一个印象是,你前面所注意到的坦普尔的上述"游移不定",在"民科"论著中其实是相当普遍存在的现象。

看西方"民科"怎样做学问

■　你说得挺有道理。这似乎也就是说，在民科中，包括在坦普尔的著作中，"游移不定"似乎是一个共性的特点。而就此是否可以进一步推论说，其实他们对自己究竟要阐明什么并没有形成一种明确、逻辑一致的意识。另外，我前面所说的"游移不定"，还更是特指坦普尔在这本关于神谕的著作中的一个具体表现，即对那些传说中的神秘现象，他有时特意地给出了基于现代科学的某些"解释"，如利用药物致幻、心理暗示（几近乎催眠）等方面，让那些付了钱前去"会见"死去人物的人"看到"想看的人物。但这种"科学"的解释又没有能够贯彻到底，还会经常留下一些仍然神秘的悬念。这倒让我想起，这样的处理方式倒颇有些像国内近来非常火爆的盗墓小说《鬼吹灯》来。但作为小说，更不用说是惊悚类的小说，那样处理其中涉及的神秘传说的问题，虽然也还可以争议，毕竟读者可以当作虚构的想象而不太当真，而在像《神谕》这种以学术形式出现的研究中，这样的不一致性恐怕就成为一种致命的学术上伤了。

也许，我们还可以再进一步推测，即坦普尔在给出那些"科学"的解释时，实际上是其不自觉地表现了其所受的科学主义之影响的一种表现（其实在像《中国：发明与发现的国度》一书中对中国古代科技领先之叙述也同样甚至更鲜明地体现了这样的思想观念）。而作为民科，他又没能在处理神秘主义的题材时把这种科学主义贯穿到底，于是，就形成了这种有些冲突矛盾的不确定的叙事立场和叙事方式。

□　如果说本书第一部分"西方文化传统"中，"民科"色彩已经如此浓烈的话，那么第二部分"中国文化传统"就更玄了。从书名上来看，在这一部分中，坦普尔总该踏踏实实地讨论《易经》了吧？然而他不。

讨论《易经》的著作已经汗牛充栋，老实说要想在这上面谈出一点新意来——哪怕只是纯粹"民科"的档次——也已经大为不易。坦普尔先花费了许多篇幅进行《易经》常识的普及说明。考虑到本书是写给西方读者看的，这些普及说明倒也可以说有一定的必要。但是接下来，我总觉得他应该向读者论证：一、《易经》到底有没有预测未来的功能？二、如果有的话，又是依据怎样的机制？

对于第一个问题，坦普尔的结论似乎是斩钉截铁的："《易经》试图把问卜命运的方法归结为一个体系，而且在其断言及兑现等方面的显著成功都做到了名副其实。"即他认为《易经》确实具有预测未来的功能。然而做了这个断言之后，坦普尔却并未向读者提供这方面的证据来支持这个断言。

对于第二个问题，坦普尔花费了全书第二部分中的一大半篇幅来谈论神谕的六边形网格和高序事件。恕我直言，我觉得《神谕的六边形网格》这一章真是言不及义——完全没有能够对他的"《易经》具有预测功能"的断言提供任何证据。而《高序事件》那一章则是不知所云，除了同样未能为他的上述断言提供证据，连他到底想表达什么，我也不太明白了。所以总体而言，我觉得坦普尔的"民科"特征实在是越来越强烈了。

如果用学术标准来评判的话，我认为他的《水晶太阳之谜：现代人失落的宇宙奥义》不失为"民科"中的上乘之作，毕竟仍然具有一定的实证色彩，收集的许多资料也不无学术参考价值。本书中的第一部分"西方文化传统"就比较差了，而

第二部分"中国文化传统"就更糟糕了。

■ 其实，我正想要问你对坦普尔此书中涉及中国《易经》的第二部分的看法呢！你已经讲了不少了。总体上讲，我想你的观点是，这本《神谕》不如《水晶太阳之谜》，而且，其中关于中国的部分更为糟糕。大致我也是这样感觉的。

但这就带出另一个问题。即我们以前在谈他的《水晶太阳之谜》一书时，曾在承认他的"民科"风格的同时，仍然给予了某种肯定，认为至少是"民科"中的上乘之作，但为什么到了这本书，他的水准就严重下滑，以至于连叙述的逻辑都不连贯，连叙述的目标都不明确了呢？这与"民科"的研究方式是否有某种联系呢？

连带地，我还想与你讨论另一个问题。在近些年来的图书市场中，涉及像《易经》与预测之类的书一直很火爆，连不少书商都热衷于出此类书。其中大量当然是中国人而非外国人所写的，但在这些书中，又有许多显然不是学者的作者们以标准的学术方式而写的（某些学者们写的与此相关的学术研究著作也有一定程度的畅销，其实只是因为在概念上搭了顺风车而已），那些著作，你是否也愿意将其归入"民科"研究呢？或者，还需要在"民科"类图书之外再加一个另外的分类才能更好地描述其特点？

□ 在"民科"类图书之外再加一个另外的分类，我觉得倒是没有必要。

国内出版的关于《易经》的书，数量惊人。其中有许多是坚信《易经》确实可以预测未来的，由此还出现什么用《易经》指导炒股的等，这一类基本上可以归入"民科"。还有许多将《易经》进一步拔高，认为其中隐藏着宇宙之间的绝大奥秘之类，那就更"民科"了。在我的印象中，近年真正按照现今学术共同体所认可的规范来写作的关于《易经》的书，那真是凤毛麟角，非常罕见的。

由于"民科"的研究和写作方式无法得到现今学术共同体的认可。因此用现今学术共同体的标准来看，在严肃学术著作和极端"民科"这两端的广阔中间状态中，那些对"民科"色彩消灭得越多的著作，就相对越好。我认为坦普尔的这两部著作后不如前，其实也是使用这一标准得来的，想来你多半也是如此认为。

至于坦普尔呈现"退步"的原因，我们只能猜测。但是我觉得更重要的一点是，如果坦普尔抱持着"将民科进行到底"的宗旨，那么他将坚信《神谕：东西方〈易〉卜术揭秘》比起《水晶太阳之谜：现代人失落的宇宙奥义》来，不是退步而是进步，因为在我上面所说的广阔中间状态中，《神谕：东西方〈易〉卜术揭秘》显然向极端"民科"更靠近了。说句玩笑话，既然一个严肃的学者随着学术研究的资历逐年增长，他的学术功力通常也会随之增长，那么坦普尔作为一个上进不息的"民科"，随着他"民科"资历的增长，其"民科"色彩当然也就会随之增长，这就能够为他这两本书之后不如前提供一个解释了：归根结底，是因为他和我们的标准不同。

■　看来，你是用"民科"的不同程度来做划分，当然，那也可以解释当下国内在《易经》热中大量的非学术性著作的出现。由此，用你的话来说，既然近年来真正按照现今学术共同体所认可的规范来写作的关于《易经》的书是凤毛麟角，那么，一个推论似乎就是，在《易经》研究领域中，其中还有不少仍然身在学术界的人，其研究和写作方式仍然是"民科"的了。

不过，在这里我们又遇到了一个与其他"民科"有些不同的情况，即在那些以"民科"方式讨论主流科学问题（比如要以某种学术界无法认可的方式推翻相对论，甚至批判牛顿力学等），其著作在社会上是不怎么有市场的。好在现在出版要开放一些，在有经济实力的情况下，这些著作也还是出版了一些。但那些讨论《易经》之类的著作就不同了，那些书还是有相当的市场空间的。或许，这又可以解释为，关心这类问题的"民科"的群体在人数上要更多一些吧。

在我们以往的相关文章和谈话中，我们已经走到对"民科"不那么苛刻的位置了，是将其作为广义的"多元文化"中的一类，甚至认为可以将"民科"看作是一种生活方式。然而，在我们自己进行研究或培养学生时，我想，还是有必要对"民科"有所识别的。这也就是说，多元并不意味着一塌糊涂，并不意味着没有标准。只有当认清了多元中不同的标准时，我们才能知道身在何处。

原载《中国图书评论》2008 年第 12 期

要保护环境，还是要尽快发展？

——《中国环境发展报告（2010）》*

□ 江晓原　　■ 刘　兵

□ 写下这个题目，我就知道有人会在"辩证法"的指导下给出最聪明的答案：当然是既要保护环境又要尽快发展啦。可惜如今的世界上已经没有这么好的事情了。

这本中国环境绿皮书已经是第五本了，前面四本我都没有看过。这主要是因为我个人和环保组织的关系远没有你那么密切，而且以前对环境问题也不太关注。近几年我才开始对这方面的问题发生兴趣，间或也开始发表一些有关的思考和评论。

披阅本书时，萦绕在我脑际的一个问题是：在中国当下的状态，民间的环境保护组织究竟能够产生怎样的影响？发挥怎样的作用？或者说，他们是不是真的能够对中国的环境保护有实际的推动作用？以前我对这些问题的答案，基本上停留在"他们只是说说而已，其实没有实际作用"这样的认识水平。现在看来我以前的认识是过于悲观了。

■ 正如你所说的，这本环境绿皮书是由国内著名的环保 NGO "自然之友"组织编写的。早在"自然之友"成立之初，我就参加了这个组织，而且一直作为其常务理事，直到前

---

* 《中国环境发展报告（2010）》，杨东平主编，北京：社会科学文献出版社，2010 年 3 月第 1 版，定价：59 元。

两年，实在是因为学校和社会上的事情太多，经常无法参加活动，故辞去了常务理事，但仍作为普通会员。因此，我对这个环保 NGO，以及相关的其他一些环保 NGO 的情况，还是有些了解的。

有许多人都曾指出，中国的环境保护与一些发达国家的环境保护有一个重大的区别，即我们这里是"自上而下"——由政府作为主导，而公众只是服从；而众多发达国家，却是"自下而上"，即来自民间的、公众的压力，让政府要更有效地采取保护环境的行动。虽然两种模式各有优劣，但除去优势不说，我们这种自上而下的模式问题也是很突出的，中国长期以来，尤其是当下环境状况的严重恶化，以后果来表现出来的这种模式的不理想。不过，大约在十年前，中国的环境 NGO 组织开始出现，虽然其发展一直处在各种艰难之中，但总的趋势，却是在发展壮大，并发挥着越来越大的实际作用。从 1995 年开始，我曾连续 5 年以自然之友会员的身份为当时由中国社科院社会学所组织的《社会蓝皮书》撰写生态环境报告，如今，自然之友自己就已经连续多年组织编写专门的环境报告（绿皮书），这也从一个方面说明了环境 NGO 组织越来越大的实际影响。

□ 对于这册中国环境绿皮书，我感觉它最大的价值，似乎在于提出问题，或向读者介绍眼下中处于争议中的问题，而不是提供解决这些问题的方法。

例如，书中有两篇直接讨论关于城市垃圾焚烧处理方法争议的文章："2009：垃圾危机走到十字路口"和"垃圾处理的公众参与：程序正义和技术正义"，都介绍了大城市目前以填埋为主的垃圾处理方法难以为继，而改用焚烧处理兼可发电的方案正在成为首选。两篇文章都介绍了冲突的双方：政府部门力主焚烧发电，附近民众因担心造成有害物质而坚决反对焚烧；专家则分成两派，甚至同一个专家仅仅时隔两年就从反对变成赞成。

到此为止，对于一般读者来说，这两篇文章中所提供的信息当然都是很有用的。但是，如果你期望看到作者的立场或观点，比如，究竟是填埋处理好还是焚烧处理好，或者新的垃圾焚烧发电厂到底要不要建设，那你就难免要失望了。这两文的作者自己，似乎完全没有观点，只是将各方的观点摆出来，将有关的情况和背景介绍出来，就完了。这未免让我感到相当失望。

我当然并不是要求每篇文章都必须表明自己的观点，但这两篇文章介绍的是一个和每位都市居民的健康都密切相关的争议，读者当然希望在文章中看到作者在这一争议中所采取的立场，这至少可以作为读者自己选取立场时的参考。而现在这两篇文章，让读者读完后，只知道关于垃圾处理方法有争议，但自己应该站在争议的哪一方，却无法从文章中获得帮助，至少是无法获得直接的帮助。

■ 你说的，确实是存在的问题，但我觉得，这又只是一些个例的问题，而且是问题的一个方面。作为民间环保组织，实际上只有建议的权力，而没有决策的权力，这时，提出问题，本身就是重要的。更何况，关于环境保护，许多具体问题经常并无唯一的答案，将这些可能的、有时甚至可能是对立的解决方案提出来，让公众和决策者去思考，而避免简单化地解决问题带来的风险，这本身也是有意义的。而且，在这个系列报告中更多的文章，还是有着很强的、立场很鲜明的倾向的。就我们现在正在谈的这期环境发展报告，我也可以另举一例，例如"北京：严重缺水城市的奢侈性水消费"一文，就在有着尖锐的批评同时，也有很明确的立场，这种反对在北京这种严重缺水城市为了经济和发展的原因而不恰当地发展奢侈性水消费产业的立场，实际上也就是明确的建议，当然，作为NGO，又只能是以这样的方式，指出问题的严重性。从这样的观察中，我们也可以看到政府在相关问题上的无所作为，至少是作为不够。

环保NGO其实有许多应做及可做之事，在中国，也有许多应做而暂时不可做的事。这两个方面，也都意味着环保NGO未来在中国会有很大的发展空间。仅现实地、具体地就环境发展报告来说，我想，由NGO来编写，它的意义就在于与由政府组织编写的立场不同，视角不同，反思的力度不同。而我们的环境保护，在当下，最缺乏的东西之一（注意我只是说之一），就是这些不同的声音，以及这些不同的声音的广泛传播。

□ 这我完全同意。事实上，有很多问题是很难解决的。例如书中"家电下乡带来的农村新型污染"一文，强调了城市居民习惯使用的家电下乡之后，带来一些原先在城市没有出现的问题，比如洗衣机排出的污水，因为农村并无城市中的污水排放和处理系统，结果导致在农村出现"新型"污染。

又如前面提到的垃圾处理是焚烧还是填埋，也是这样的问题之一。而在这样的状态中，污染的进程则是"龙骧虎步"，一刻也不停留。比如垃圾问题，当政府部门和附近居民在争执时，当垃圾焚烧发电项目在上马下马的博弈时，城市垃圾的产生一分一秒也不会因此而停顿。

所以总的来说，我认为现在揭示环境问题固然重要，但是只停留在揭示上显然是远远不够的，我们应该鼓励各方提出各种各样的解决方案，鼓励各方对各种解决方案进行讨论。而且在这样的讨论中，应该允许各方（哪怕是利益集团的代言人）都能够畅所欲言，应该做到不以言入罪。

■　你说的我也完全同意。只不过，目前的现实离你的希望还相差太远。现在的问题，主要到还不是以言入罪，而更是由于人们无法充分满足的"欲望"，以及基于此的"发展"的巨大动力，所导致的种种不利于环境保护的观念和体制。在我曾接触过的一些献身于环境保护事业的人中，有许多人在环境保护终极目标的实现上，实际是很悲观的，但他们最为可贵的地方，又恰恰在于这种"知其不可为而为之"的努力。现在，我们还无法希望中国的环境 NGO 在现实的种种限制和困难中能够理想地发挥其一切可能的作用（事实上政府也未必就能够，哥本哈根会议的失败就是典型的一例），但只要还有努力，也就还有一线希望，而像由环境 NGO 组织编写的绿皮书的出版，也正是这样的努力之一。

原载 2010 年 6 月 4 日《文汇读书周报》

一轮科学原教旨主义的新攻势吗？

——读《上帝的迷思》*

□ 江晓原　　■ 刘　兵

□ 理查德·道金斯（Richard Dawkins）被称为"目前全世界最著名的无神论者"，他因《自私的基因》一书也在中国颇为知名。而现在这本《上帝的迷思》，则是他向宗教发动的一场新攻势。

道金斯先在书中对宗教的现代社会得到的种种尊重表示了不满，他认为宗教没有理由也没有必要得到这些尊重。接着他开始集中力量发动对上帝的攻击。他将人们对"上帝是否存在"这个问题的态度分成七档，从最虔信的第一档"坚定的有神论者，上帝 100% 存在"，一直到第七档"坚定的无神论者，我知道根本不存在任何上帝"。他把自己归入第六档但"倾向"第七档。然后他开始逐一分析已有的关于上帝存在的证据，并试图逐一将它们驳倒。他要得到的结论是"几乎不存在上帝"。

我固然不是宗教信仰者，平时对宗教也没有特别大的兴趣（只有在与自己的学术研究发生关系时才对相关宗教有所涉猎），但是宗教与科学之间的关系，毕竟是科学史研究中无法根本回避的问题，因此对于这本《上帝的迷思》还是有兴趣读一读的。

---

* 《上帝的迷思》，[美]理查德·道金斯著，陈蓉霞译，海口：海南出版社，2010 年 5 月第 1 版，定价：26 元。

如何反思科学

■ 我在想，如果是几十年前我读这本书，一定会非常有共鸣。那时，我在美国做访问学者时，也曾遇到一些经常会向我"传教"的宗教界人士，甚至于，书中涉及的在许多争论中的相关论据，在不同程度上，我也还拙劣地用过呢。

但是，现在读这本书，感觉就完全不一样了。首先，虽然从原则上，我认为我们应该宽容，应该让不同的观点并存，而且，尽管我至今也仍然不信教，但我还是发现，我实在是不喜欢这本书的作者的这种过于自以为是的风格。

道金斯是一位在生物学中，在生物科学的普及传播中名头极大的国际大牛了，但也正如许多人注意到的，他也是一位坚定甚至于非常极端的科学主义者。或许，在这本谈及有关对上帝的信仰的书中，他的这种立场和倾向，比他在别的书中要表现得更为鲜明。因而，在他论述对上帝的信仰是人类的一种"迷思"时，自然也就采用了非常极端的论证方式。但问题在于，对于已经信仰上帝的人，这样的论说，能够改变他们的信仰吗？对于本来就不信的人，我倒是觉得，除了那些极端的无神论者们，如果真正以合理的方式来思考的话，恐怕道金斯的论证也未必就是很有力的支持。

□ 关于上帝是否存在的问题，我是这么看的：迄今为止没有人能够做出被科学界认可的关于上帝存在的证明，但这并不足以断定上帝不存在，因为也没有人能够做出关于上帝不存在的证明，所以对这个问题只能存疑。要证明世界上不存在某个事物，通常都非常困难，但并不是绝不可能，比如"不存在用尺规三等分任意角的方法"就得到了证明。

所以，道金斯即使将现今关于上帝存在的所有论证（包括宗教人士给出的)全部驳倒了,他仍然未能完成关于上帝不存在的证明。他再怎么使劲,其实也只能推进到他所给出的七档立场中的第四档:"两种可能性各自恰好50%,完全不偏不倚的不可知论。上帝存在和不存在是精确的等概率事件"。

顺便可以指出,在我上面这个"存疑"的理由中,"上帝"这个名词可以置换成"外星人""灵魂""鬼"等,同样成立。

至于你说的"实在是不喜欢这本书的作者的这种过于自以为是的风格",我也有些同感。我觉得一个人对于别人的信仰不能够持足够的宽容态度,必然会导致唯我独尊,而这恰恰是科学主义最鲜明的表现之一。所以我推介此书时,曾将它称为"对宗教发动的新一轮科学原教旨主义攻击"。

■ 其实,当你说"没有人能够做出关于上帝不存在的证明"时,是更为普适的关于证明什么是不存在的逻辑推理立场。因而,你才会提出把"上帝"置换为其他诸如"外星人"或"灵魂"等也是一样的结论。不过,如果不是像道金斯那样试图提出一个极强的有关"不存在"的命题,而是反过来想,为什么宗教信仰者会相信上帝存在,他们是如何得到这种信仰,以及用什么东西来支撑这种信仰,也许还可以发现另外一些东西。

这就是说,对于宗教信仰者认为上帝存在,以及认为有些东西支持了这种信仰,或是一些像道金斯这样的科学家不同意那些宗教信仰者认为支持了上帝存在的理由,恰恰是因为,在科学和宗教这两个领域里,判断什么是存在的,尤其是做出像有关上帝存在这样的重要的判断,其规则是不一样的。借用科学哲学家库恩的话来说,即其"范式"是不一样的。对于宗教信仰者们认为那些已经是对上帝存在的强有力的"证据",一些科学家按照他们的"范式"或者说判断规则,是不承认其合理性的。反过来说,对于一些科学家的这类"否定",宗教信仰者们当然也是不认可的。这里,恐怕就涉及不同领域里"范式"的不可通约性了(当然这已经超越了库恩原来讨论的科学理论的范围而是进入到更大的范围来谈范式和不可通约性了)。

当道金斯极力证明那些认为上帝存在的证据的不可信,并试图以此得出上帝不存在,因而宗教是没有道理的结论的时候,却经常弱化了另一个重要的问题,即科学和宗教除了领域不同,信念不同,认识方式不同(但实际上又都有某些部分的交叠)之外,其功能上的不同,也是一个不可忽视的、重要的而且又成为其各自存在之理由的差异。

□ 你说的最后一点相当重要。科学和宗教有着各自不同的功能,这一点确实度道金斯在书中力图避而不谈的。因为注意到这种功能的不同,显然可以提供为宗教和有神论辩护的理由。道金斯的做法,是竭力将"上帝是否存在"搞成一个科学问题,一个实证问题。而且他仍然在论证暗用了这样的逻辑:如果不能证明上帝存在,就可以断言上帝不存在。所以他认为只要"驳倒"了关于上帝存在的证明,就等于证明了上帝不存在。但是我们已经知道这样的推论是缺乏逻辑依据的。

道金斯搜集了大量关于"上帝存在"论据的质疑,搜集了大量关于科学家不信上帝的事例,这当然也有其价值。如果要寻找一本无神论教材,《上帝的迷思》应该算是相当出色的。不过,在选择使用相关数据和资料时,道金斯激进的无神论立场所导致的"过滤"也是应该引起注意的。例如,他在书中说，在美国，"出色的科学家"中只有 7% 的人相信有一个人格化的上帝，这话很容易给人"只有 7% 的美国科学家相信上帝"的印象，而实际上"出色的"和"人格化的"这两个定语都大有技巧。比如我看到的另一个材料说美国有约 40% 的"顶尖科学家"相信上帝的存在。这些数据相互之间大相径庭，读者应该信谁的？如果没有条件亲自去进行验证，那只能尽量做到"兼听则明"，而不能轻易就完全相信道金斯的一面之词。

■　过去有句俗话，叫"宁和聪明人吵架，不和傻子说话"。道金斯显然是一个聪明人，面对上帝存在这样的难题，他也算是用尽了其聪明。在他自己的生物专业领域中，他的聪明有着充分的展现，但在关于宗教和上帝的这个并非其专业的领域中，他的聪明虽然也表现出来，但却总是显得有点过头。

过去，在一些在科学主义和反科学主义背景下的相关争论中，有人曾很遗憾地说，很少遭遇到极聪明的科学主义者的挑战（这里还有一个前提是愿意介入到争论中来），道金斯应该算得上是一个有力的而且聪明的科学主义者。我们当然可以分析他的观点而且值得这样做，无论同意与否，至少有一点，这可以让我们对自己的观点想得更清楚一些。这就是与聪明的科学主义者在思想上交锋的好处。

原载于 2011 年 1 月 7 日《文汇读书周报》

古道尔的希望能实现吗？

□ 江晓原　　■ 刘　兵

　　□一个英国老太太，今年（2011 年时）77 岁了，1995 年受封为皇家女爵士，2002 年联合国颁发给她"和平使者"称号。她获得这些荣誉不是因为有贵族血统，而是因为她投身野外研究黑猩猩 38 年，以此著称于世，并积极参加环保活动之故。关于这位老太太的故事，其实在中国乃至世界各国早就广为人知了，现在她的著作《希望——拯救濒危动植物的故事》*出了中文版，老太太很高兴，不仅为中文版写了序，还给中文版补充了许多新内容，使得这个中文版比一般国外书籍的中译本又特殊了一些。

　　老太太年轻时，本来和一般的英国女孩也没有什么不同，据她后来的回忆（"成功人士"的这种回忆经常带有"英雄欺人"的建构成分，但是我们通常还是愿意听取），她只是喜欢看有关野生动物和荒野探险的书籍，而"怪医杜立德"和"人猿泰山"的故事则让她渐渐凝成一个梦想——有朝一日到非洲去和野生动物一起生活，并写一本关于野生动物的书。这个梦想在当时看来即使不是荒诞的，至少也是遥不可及的。

　　26 岁那年她去了肯尼亚，这件事情对她一生的意义就是"我正式出发了"——向着她的梦想出发。许多成功者晚年回

---

*《希望——拯救濒危动植物的故事》，［英］珍·古道尔著，黄乘明等译，上海：上海科技教育出版社，2011 年 1 月第 1 版，定价：42 元。

忆自己的成就时，都会说那源于自己年轻时的梦想，其实更重要的也许是机缘。肯尼亚之行对于珍·古道尔来说，就是一个这样的机缘。

■ 现在，我已经不能确切地记得第一次读古道尔的《黑猩猩在召唤》，但那肯定是我第一次读她的书，应该是好多年前。后来，因为经常参加环保活动，也有机会见到古道尔本人，如听她在国内做讲座等，前些年，还曾有一次，我替中央电视台的环保栏目用英文采访她。去年（2010年），她再次来中国，为宣传她的这本新书在中国科技馆与公众互动，我还当了会场的主持人。无论是阅读她的书，还是在各种不同的场合接触她，这位保护动物的英雄人物，都会给人留下深刻的印象，激发起她身边的人的环保激情。

与以前写她自己在非洲研究黑猩猩亲身经历的《黑黑猩猩在召唤》不同，这次她在《希望：拯救濒危动植特的故事》一书，主要是在写其他人献身保护动植物的感人故事。其实，不论写自己还是写他人，这类故事，确实是颇有激起许多人环保热情的作用的。虽然如今更多的人所追求的并非环保，也不会愿意献身于那些不挣钱也不能换权的动物保护事业，社会上流行的主体倾向仍是升官发财，人生享乐，但这些却从另一个方面说明了像古道尔这样的人的珍稀和像《希望》这样的读物的特殊价值。因而，当中文版的出版者在书出版前希望我为封底写上一句话时，我写的是："读罢这本由令人尊敬的学者和环保人士所写的特别的故事书，感动之余，让人对未来世界的和谐发展，增加了一丝希望。"在这里，我还是没有把希望夸大，还是用了"一丝"这样的限制词。

□　你经常对环保人士的"知其不可为而为之"的情怀表示敬意，我们也确实没有什么乐观的理由。不过我更感兴趣的是，古道尔在这本书中，叙述了世界各国一个又一个的保护濒危动植物和保护环境的故事，这些故事固然相当感人，但支撑这些故事中主人公坚持不懈努力的信念，究竟是什么呢？换句话说，这些人士在进行这些努力时，是不是都处于"知其不可为而为之"的心态？他们在这些努力过程中，难道就没有任何世俗的诉求？你时常和这些人士有交往和过从，因此很想听听你在这方面的见闻和见解。并希望你给出一个判断：你所接触的这类人士，和古道尔在这本书中所描绘的情形，有多大程度上的吻合？

■　你提出了一个非常现实的问题。我想，这个问题需要分成两部分来回答。

其一，毋庸置疑，像任何其他领域一样，在环保这个领域中也是鱼龙混杂，随着环保越来越为人们所重视，自然各色人等也出于不同的目的进入这一领域。包括一些以营利和私利为目标，把环保作为一种为个人谋利的手段而从事有关工作的人，在极端的情形下，在这部分人中，当然就会出现许多不那么令人满意甚至很有问题的行为。

其二，就是我说的那种令感动的人群，那种真诚地献身于此的人。我觉得，在古道尔这本书中所描述的那些感人故事的主人公，应该属于这一类。我所说的"知其不可为而为之"的那种心态，其实是按我的观察而得出的在这后一群人中，更为理想化的心态背景。

其实，任何一种对人的分类也都只是一种近似，而且，我

古道尔的希望能实现吗？

上面所说的，也只是在分类的连续谱系中的两个极端，但极端的情形，会更加突出某些重要的特点，可以视为某种理想类型。尽管其间还有很多的中间过渡类型，不过，当有在经过像古道尔的选择判断，并且弘扬了更为理想的一端环保人士的情怀和工作，这总是一种积极的做法吧。

□　你的回答和我原先预想的相当接近。通常，我们对于你所说的第一类人，既很少关注，当然也不会有什么敬意。在这本《希望》中，谈论的无疑都是第二类人和他们的故事。但即使是在这第二类人当中，也有一些问题似乎值得讨论。

例如，我们现在通常将拯救濒危或珍稀动植物的活动，视为环保活动的一部分，或者至少是和环保活动并行不悖、有着共同理念的。而现代的环保活动，通常被认为是发端于20世纪60年代。不过我们如果阅读《希望》中关于中国麋鹿的故事，就会发现这种活动似乎"古已有之"。麋鹿又名"戴维神父鹿"，这个名字当然是为了纪念它的"发现"者，法国传教士戴维神父的。但问题是，戴维神父"发现"麋鹿并将它带往欧洲，是19世纪60年代的事情。于是一系列的问题就来了。

比如，能不能将戴维神父对麋鹿的所作所为视为现代环保活动的先驱呢？又如，在戴维神父之前，中西方的帝王或贵族中，早就有人表现出对于收集、饲养珍稀动物的热情，这种"富贵闲人"的猎奇情怀，能不能视为今天拯救濒危动物的先驱呢？

如果对上述问题的答案都是"能"，那我们就为当代的拯救濒危珍稀动植物活动找到了某种源远流长的源头和精神先驱。而这种源头和精神先驱，立刻会让我们想到一个我们近来经常谈论的话题——博物学。

■ 哈哈,这样谈下去就谈到历史学的领域了,也就是说,谈到了一场运动的源头问题。对此,我是这样想的,因为任何一种向后的历史溯源,差不多都可以无限地追下去,而当我们做一个历史的判断,说某某事件是某段历史的源头时,其实是在做出了某种截断,发现了某种明显的转折。就以我们现在在谈的环保为例,当然,如果向后追溯,像中国古代的护生,西方的博物学等都是其渊源,但当我们讲西方60年代的"发端"时,以《寂静的春天》的出现为代表性事例,其实与以此之前的许多活动、思潮等还是有所不同的,即这本书所代表的,更是一种与现代科学和工业文明相对立的一种环保意识。在此意义上,当然我们也可以选择此事作为代表环保运动的开端之标志。

当然,在这样的开端下,我们要想做好环保,还是需要借鉴和利用各种可能的思想资源,尤其像博物学这样的传统。

但是,对过于优秀的传统的继承和发扬,与对当下更为主流的某种倾向的决裂,相比之下,恐怕后者要更为困难,尤其是在面对更广大的公众的不了解和少数利益获得者的阻拦时。这也许说明了为什么如今环保运动在现实中,仍然如此步履艰难。

原载 2011 年 4 月 1 日《文汇读书周报》

科学圣徒和他对于中国的学术意义

□ 江晓原　　■ 刘　兵

□ 让我们先以一则科学八卦开头吧。安德鲁·布朗在《科学圣徒——J.D.贝尔纳传》*中文版序中说，1954年贝尔纳访问中国时，曾被要求提供一个适合中国大学博士生（研究论文）选题的清单。布朗相信，贝尔纳"显然能够拿出数十个好主意来"，不过他不知道当时贝尔纳的这些主意有没有被中国采纳，也不知道这些主意是否对当时正在快速成长的中国科学界产生过什么影响。布朗认为，此事对于当今的中国科学史研究者来说是一个有趣的课题。这个看法我十分赞成——它本身就可以成为博士论文选题。

引起我对这一则八卦感兴趣的原因，至少有两个。

一是如今在中国，有价值的博士论文选题已成稀缺资源。不信你随便找一位博导，让他当场开列"数十个"博士论文选题试试？当然，在这则八卦的叙述中，布朗的措辞可能会引起一点问题——在1954年的情况下，"中国大学博士生选题"和今天同一措辞的意义显然不可同日而语。如果一定要类比，我想这至少应该相当于今天的"国家自然科学基金重大项目"吧？

---

* 《科学圣徒——J.D.贝尔纳传》，［英］安德鲁·布朗著，潜伟等译，上海：上海辞书出版社，2014年12月第1版，定价：118元（全两册）。

二是更为广阔的历史背景。J.D. 贝尔纳（Bernal）生于 1901 年，那个时代的英国知识青年中，有一个大大的时髦，正如布朗 1 在中文版序中所说的，"就像许多一战后的学生一样，他的政治信仰被塑造成了反帝国主义、反资本主义，并且相信苏联布尔什维克革命的承诺。"当我们谈论贝尔纳时，这应该是一个十分重要的背景。

■ 我倒是真没想到，在我们商定谈贝尔纳的传记之后，你开篇先会提出这个有些"八卦"的话题。当然，这也还没能算是一个完全八卦的话题。因为我们商定要谈贝尔纳，其实也还有另一个背景，即我们这一代在国内学习科学史和科学哲学的人，从一开始，差不多没有没读过贝尔纳书的人——毕竟，那时国内有关科学史、科学社会学等方面的资料奇缺，而贝尔纳的两本书《历史上的科学》和《科学的社会功能》是当时为数不多相对方便找到的读物。

不过，说到你说的这件轶事，还需要再讲一些你还没说清的背景。从你说的那篇序来看，当时贝尔纳来访时，还曾"大多数时间在做报告，经常每天四五个小时，演讲的科学主题也非常广泛"。但作序者却同样没有提及这些报告的题目是什么。把这两个背景再结合起来，也许我们还可以存有疑问的是，在当时那种特定的形势下（当时科学界的国际交流并不多），邀请贝尔纳来访、请他做报告，甚至要求他提供博士论文的选题时，贝尔纳究竟是主要把他当作一位著名的科学家呢？还是主要当作一位以科学作为对象进行历史和社会学研究的专家呢？抑或是两种身份兼具？相应地，我也可以据之猜想，当时想要请他提供博士论文的选题，是想要他提供具体的科学研究的选题呢？还是科学史或科学社会学的选题？

这样的疑问显然是又有一些潜台词的，因为，毕竟我们这次会选择谈贝尔纳的传记，又正是因为他的科学史家、科学社会学家的身份及其在中国的影响。

□　虽然我们是因为贝尔纳的科学史家和科学社会学家身份而选择他的，但我几乎可以肯定，当时中国方面主要——如果不是完全的话——是将贝尔纳视为一位科学家来接待的，对他的期望也主要是在科学方面。因为在那个时期，科学史、科学社会学之类的学科领域，还没有受到人们的重视。

这样的推断是合乎常理的，因为中国当时急于将非常有限因而显得极为珍贵的资源用到"一阶"的科学技术发展上去。这让我想起已故何丙郁教授在谈到李约瑟——注意布朗将李称为贝尔纳的"伟大朋友"——时曾说过的一段话："可是引述一位皇家学会院士对我说的话，院士到处都有，我从来没有听说李约瑟搞中国科技史是英国科学界的损失；可是在20世纪50年代，要钱三强或曹天钦去搞中国科技史，恐怕是一件中国人绝对赔不起的买卖。"我前面将布朗所说的贝尔纳个选题类比为"国家自然科学基金重大项目"，而不是"国家社会科学基金重大项目"，正是出于对这种背景的认识。

现在我想我们可以回到贝尔纳本人身上来了。是不是可以这样说：由于特殊的历史背景，包括那个时代的意识形态背景，类似贝尔纳、李约瑟这样的科学家，总是会在社会主义国家受到特殊的欢迎？如果这个判断可以成立，那么随之而来的，对于他们的学说或著作在中国一两代学人心目中获得的某种特殊地位（例如你上面所说几乎无人不读贝尔纳书的情形，本书中译者在"译后记"中也生动展示了这方面的例证），我们做分析和评价时，也就需要注意这个维度了。

■ 你看，这样说来，就可以将当时的某些背景显示出来了。由于当时我们这个领域的读物的匮乏，可以说我们这一代人从一开始就是在（精神、学术）食品的短缺中成长起来的，是先天的营养不良，当然这种营养不良甚至会有某种后遗症。我还清楚地记得，在20世纪80年代初我在准备考科学史专业的研究生时，要复习竟然几乎找不到什么正式出版的科学史著作。

一个相关的例子时，大约也是在那时吧，丹皮尔的《科学史》的出版，也对我们这个领域影响很大，直到今日，许多论文和著作的参考文献，甚至在一些研究生的考试中，都会见到这个一百多年前首版的"古老的"科学史者作的名字。为什么丹皮尔的书当时也能出版，具体背景我不知道，但发展到后来，似乎出现了另一种情况，即丹皮尔的《科学史》似乎比贝尔纳的《历史上的科学》在中国科学史界和其他相关领域里影响要更大一些。你觉得这又是为什么呢？

□ 我猜想，一个重要原因，是丹皮尔著作中的意识形态色彩比较淡，而贝尔纳是"相信苏联布尔什维克革命的承诺"的人，在他的著作中，或多或少会有这方面的影响吧。当然，要对这样的猜想进行学术论证是非常困难的。

布朗在《科学圣徒》中，对于贝尔纳与社会主义国家之间的特殊关系有不少论述。他说贝尔纳认为自己"是一个世界公民，立志尽他所能，用纯粹的应用科学为发展中地区造福"。

科学圣徒和他对于中国的学术意义

贝尔纳多次到"他喜欢的国家"度长假，这些国家里当然包括苏联和中国，通常都是由这些国家的科学院出面邀请。布朗说，贝尔纳对于这些邀请"他不知疲倦并且容易请到"。在第19章中，布朗也顺便证实了我前面的一个猜想——中国是将贝尔纳作为一位科学家而不是科学史家或科学社会学家来接待的。布朗用稍带夸张的语气写道："对于资源有限的新兴国家，'圣徒'就是物理学、化学、晶体学、材料学和冶金学、建筑业以及农业专家。"

■ 话题到了这里，我会联想到两个问题。其一，是关于贝尔纳的科学史和科学社会学著作对于中国学界的影响，我们应该如何评价。其二，在仔细阅读此书时，人们会发现，在这样一部关于贝尔纳详尽的长篇传记中，除了科学工作、生平、社会政治活动，竟然没有专门的章节对在我们这里更熟悉的贝尔纳的科学史家和科学社会学家的身份和工作做专门的介绍，尽管在不同的地方，曾简要地提到了他的《科学的社会功能》一书中的一些观点。由此，我们是不是能够推论，就连这本传记的作者也根本就没有重视贝尔纳在科学史和科学社会学中的贡献呢？

如果这种推论成立，那么，对于回答我刚提到的第一个联想，也许就提供了另外一种可以参考的评价背景。也即，贝尔纳本人在国际上的科学史和科学社会学领域中，地位和影响究影响是怎样的？就是在当年中国学者很少能够读到西方的科学史和科学社会学著作的中译本，但因为种种原因贝尔纳的著作却得以一枝独秀的情况下，我们在这个领域中，早期被引进的到底是什么样水准的学说？

如何反思科学

□   首先，正如你已经注意到的，《科学圣徒》的作者布朗甚至没有为贝尔纳的科学史和科学社会学工作安排专章——需要注意，本书包括"尾声"在内共有23章之多。对于这一现象，一个最容易想到的合理解释，当然就是：布朗不认为贝尔纳的科学史和科学社会学工作具有任何重要意义，值得在一部有23章的传记著作中为它们安排专章。而且，布朗的这种判断，在西方学术界，好像还不是特立独行力排众议，而是至少还具有一定的普遍性。

■   但随之而来的问题，就是我们如何看待、评价贝尔纳的科学史和科学社会学著作的影响了。

在以科学为对象的人文研究，即像科学史这样的学科的发展初期，一些科学家而非科学史的专业人士的著作，曾在学科的发展中起了重要的作用。其实，当时职业的科学史家还为数甚少，而且与后来不同的是，即使当时的为数不多的职业科学史家也大多是科学家背景，而非受过具有人文倾向的专业科学史教育科学史家。当然，科学家到科学史这类学科客串的传统，直到今天也还在继续着，也仍有少数做得非常出色甚至影响很大的，例如像齐曼的科学社会学著作《真科学》，还有像原来的科学家后来成功转型成为科学史家（研究爱因斯坦和物理学史）的派斯（尽管对其科学史研究也仍有不同的评价），但这些突出成功的事例毕竟是极少数。

在这样的背景下，我们是不是可以这样认为，贝尔纳的科学史和科学社会学研究在这些学科中，就算还有些影响，也不能说是第一流的，以至于连其传记作者都未曾认真看待。但由于被较早地引进中国，对中国的这些学科的发展又是有一定积极意义的。不过，在这些学科发展到今天，我们在前沿学术的意义上，也不必过于高估其学术价值了，而更应关注那些更能反映当下学术发展水平的作者和著作。

我们还可以看到的一个现象是，在中国更新一代的科学史和科学社会学等领域的学生中，贝尔纳的影响已经远远不像在更老一些代际的学者中的影响了。在中国，随着学科的发展，科学史也在告别青涩的少年时代吧。

原载 2015 年 6 月 10 日《中华读书报》

《什么是科学》[*]：向理论深渊踊身一跃

□　江晓原　　■　刘　兵

□　在我的印象中，对科学史和科学哲学之类的学术稍有涉猎的人，通常都会避开"什么是科学"这样的论题，因为这是一个理论深渊，而且可以说是一潭黑水深不可测。只有某些"科学原教旨主义＋科学麦卡锡主义"的狂妄浅薄之人，才会在轻率教训别人时开口闭口给科学下定义。吴国盛教授是我们的老朋友，他当然不是这样的狂妄浅薄之人，可是这一回，他竟然丝毫不躲避"什么是科学"这个问题，而且还将它用作书名，这简直就是"我不入地狱谁入地狱"的大无畏精神啊！

老友如此大无畏献身，我们当然也应该见贤思齐，冒险来谈一谈他的这本新书。

报纸上已有 5 位教授发表了对此书的评论，其中 4 位都表达了商榷的意见，只有何光沪教授没有表达不同意见，不过他基本上仅限于谈论书中关于基督教和科学关系的那部分。而大部分商榷意见聚焦在"中国古代有没有科学"这个问题上——吴国盛教授在书中表达的意见，被认为是"中国古代没有科学"。

我们以前不止一次讨论过"中国古代有没有科学"这个问题，而且"宽面条窄面条"在我们圈子里已成典故。吴国盛教

---

* 《什么是科学》，吴国盛著，广州：广东人民出版社，2016 年 8 月第 1 版，定价：49.80 元。

授在书中再次指出：这个问题"本质上是一个定义问题，而不是历史经验问题；是一个观念问题，而不是事实问题；是一个哲学问题，而不是历史问题"。虽然这三个排比句展示了高超的规避技巧，但他仍然无法避免在"有"和"无"两个阵营之间的"被站队"——而从几位教授发表的意见看，他们认为吴国盛教授站错了队。

■　你的开场就很有力啊！不过，你说对科学哲学之类的学术稍有涉猎的人，通常都会努力避开"什么是科学"这种具备理论深渊特性的论题，我倒觉得也不尽然。其实许多科学哲学家们还都是在津津乐道地谈论这个问题的，在某种意义上，这甚至成为科学哲学家工作的一个重要组成部分。不过科学哲学家们的近亲——科学史家们，确实很少正面谈及这个论题，尽管他们在其研究工作中，也无法真正回避这个问题。这种表面上的差异，其实背后还是有着很多可分析和思考之处的。

你前面引用了吴国盛在书中的三个限定，我觉得这三个限定还是合理的，只不过当此书被热炒、被众人关注时，却未必人人都恰当地注意到了这三个限定。这三个限定还暗示：吴国盛其实也是自己先限定了他心目中的科学，然后再按照这种限定给出了书中的主体论述，即科学是如何从古希腊的传统中发展至今的。

从古希腊讲起，这是书中非常核心的内容，也是吴国盛自己多有研究心得之处，这在形式上似乎就已经是在讲历史了，但如果注意到他的限定中还有这"不是历史问题"一条，人们自然可以推论说，他在讲形式上是历史的内容时，显然只是按他对科学的"定义"选取了相关的线索和支撑点。

你非常关心在"有"和"无"两个阵营之间站队的问题，那么你心目中，对于"有"派，或"无"派的立场和基本判断，又是怎样理解的呢？

□ 其实我现在对于中国古代有无科学这个问题，已经越来越失去兴趣了，因为我感觉争论这个问题并不能带给我们多少新的学术成果和思想空间。我之所以欣赏吴国盛教授在这个问题上的三个排比句"展示了高超的规避技巧"，是因为我乐意看到他规避掉这个问题。然而，"树欲静而风不止"，从吴国盛教授的遭遇看，他也未能规避掉。

既然如此，我想干脆"迎难而上"，再明确表白一次：我赞成吴国盛教授所说，这是一个定义问题，所以，如果对科学采取宽泛的定义（即"宽面条"），那么中国古代也有科学；如果对科学采取狭窄的定义（即"窄面条"），那么中国古代就没有科学。这样一来，"站队"的问题当然仍然存在，但至少可以从逻辑上被转移到对科学定义的选择了。

这个转移并不是毫无意义的。要断定中国古代有没有科学，这个问题的严肃性和某种隐含的道德压力，都明显大于对科学定义的选择——而且这个选择在"面条"的比喻下又变得更为轻松也更为容易了。事实上，就像喜欢面条宽窄不存在道德是否高尚一样，选择一种科学定义同样不存在道德是否高尚。但是要断定老祖宗有没有科学，这马上就会被赋予某种道德色彩。如果有人逼着吴国盛教授站队，甚至强行将他划入某个队伍，很有可能就是出于他们潜意识里的道德压力。

那么你也许会接着逼问我：你到底选哪种"面条"呢？记得我以前明确表示过：我喜欢选"窄面条"。但是现在，我的立场变得更为"不负责任"了，现在我无所谓了：为了讨论问题和加深认识，我甚至可以一会儿选"窄面条"一会儿选"宽面条"——我们为什么不能将这两碗"面条"都买下来，随意挑着吃呢？

■ 哈哈，这倒真是第一次听你讲自己可以两碗"面条"挑着吃的说法。原先我们对于"面条"宽窄的争论，看来是可以告一段落了。我也同意这完全是一个定义问题，而且从原则上说我也不再对此定义的争执有过多的兴趣。但正像你所说，人们总是身不由己地被卷入这样的争论中。有时争议的双方表面上是定义之争，其实背后却掺入了更多其他意味。因此，我们或许可以转换一下方式，去思考一下中国人为什么会如此热衷于讨论"科学是什么"。

如何定义科学，这本身便已经涉及某种科学观，所以人们在给出各自不同的定义时，便已体现出对不同科学观的选择。而且在进一步的讨论中又负载了更多超出定义的弦外之音。这样，何为科学的争论，已经不再是一个简单的只涉及定义的纯学理问题了。

其实人们更多的是在利用这个争论的机会，来表达着对于何为科学，应该如何认识科学，应该倡导什么样的科学理念，以及对科学的不同理解背后所带有的历史与现实意义等不同的看法……由于西方近代科学在传播上的巨大成功和由之而来的对社会发展的巨大影响，以及科学在社会舆论上占有的特殊地位，科学成为"正确""真理""客观""实用"的象征，也让人们会在现实中有意无意地试图争夺和利用"科学"这一标签，并因此而获得某种实际利益。这些内容，也同样可以成为学术研究的对象。

□　我同意你的意见。不过这些背后的东西并不是吴国盛教授打算在此书中讨论的。

另一个我非常感兴趣的问题，是有的评论者指出，在《什么是科学》中，吴国盛教授已经从他当年非常激进的反科学主义立场上后退了。

这让我联想到吴国盛教授的成名作《科学的历程》在北京大学出版社出版增订版（2002）后，遭到另一些人士的指责，说和初版本（湖南科学技术出版社，1995）相比，吴国盛教授在书后装上了一条"反科学主义的尾巴"。这种指责显然没有动摇吴国盛教授坚持自己学术立场的信心，因为在《科学的历程》的新版（湖南科学技术出版社，2013）中，这条所谓的"反科学主义的尾巴"保持不变。

我忆及这些往事，是想说明，一个学术立场往往会遭到两方面的批评和指责。吴国盛教授关于科学问题的立场，看来就遭遇了这样的情形。而使问题更为复杂的是，在此期间，吴国盛教授的立场是不是真的有所变化呢？如果真的有所变化，这种变化背后可能的原因和机制又是什么呢？

■　你的这个问题，也许只有作者能给出解释，但即使他给出了解释，听者或是仍然不一定会承认和接受。而我们这里能够做的，也只是一方面从现象上观察，一方面给出我们认为可能的原因。

首先，作者在书中表现出了从非常激进的反科学主义立场上后退。这种后退，有人不喜欢，自然也就有人喜欢，因为人们从来在此问题上没有一致过。其次，如果让我去猜测可能的原因，我觉得一种可能性是，作者因为自己长期以来对古希腊的关注和研究，形成了一种对古希腊传统的特殊偏爱，而现在书中论述科学的方式，恰恰给了古希腊传统以最高的评价和地位。但是，恰恰又是在这种从古希腊传统到现代科学发展历史的逻辑建构中，既体现出某种逻辑上的一致性，以及渗透了在现代科学中被理想化了的"理性"特征，同时也形成了对此脉络之外的一些东西（我们有时称其为"广义的科学"）的排斥。

令人欣慰的是，吴国盛从非常激进的反科学主义立场上后退了，但江晓原却从原来不那么激进的科学主义立场上"进化"成了至少在形式上颇为激进的反科学主义者。世事此消彼长，没有个个都在一个方向上走极端，没有人人都一面倒，那就不错吧？

□　从内在的学理来推测吴国盛教授可能的转变，当然是我们在这里首先能够进行的努力了。不过他本人是不是认同"从激进的反科学主义立场后退"这一判断，也是有疑问的。

另一方面，古人有"三不朽"之说，"太上立德"可能过于遥远和抽象，其次的"立功"和"立言"相对现实一些。撰写《什么是科学》，当然是"立言"之举，但作者毕竟生活在现实世界中，而且正值春秋鼎盛之际，还远未进入"看破红尘"的消极境界，想必对于"立功"也未能完全忘情吧？既然欲建立事功，就不能不考虑现实环境和周围人群的想法，考虑人们对某些观念的接受程度。以前吴国盛教授曾有名言："哲学家不怕观点荒谬，只怕不自洽。"但在追求事功、处理现实世界的红尘俗事时，恐怕就不能由着哲学家的性子来了吧？从这方面来理解"从激进的反科学主义立场后退",是不是也有一定的合理性呢?

■ 你的说法当然可以作为一家之言,作为一种推测和解释,至于吴国盛教授是否认同这样的推测,是否承认"从激进的反科学主义立场后退",那就是另一件事了。作品一旦问世,也就只能由读者去分析和评论了。

在这本书中,作者虽然以历史的形式讲科学的演进,但主体思路上还是科学哲学的,而科学哲学与科学史的关系,又一直是这两门学科之间纠缠不清的官司。从历史的角度看,如果持多元的"宽面条"立场,显然与其自身研究的传统更加一致。如今,吴国盛教授已经调到清华大学筹建科学史系,他会如何处理科学哲学与科学史的关系,也是一个让人们充满期待的维度。

尽管许多人并不关心"什么是科学"这个问题,但科学的影响,却不可能不涉及每个生活在当下的人。也许有朝一日,当人们更关心另外一些与科学的发展及其应用的问题,是不是一种更好的发展情形呢?当然,即使到了那一天,此书也仍有其阶段性的推进之功。

原载 2016 年 12 月 14 日《中华读书报》

帝国的植物学和性联系在一起

□ 江晓原　　■ 刘　兵

□　这本《性、植物学与帝国：林奈与班克斯》(*Sex, Botany and Empire, The Story of Carl Linnaeus and Joseph Banks*)*，讲的是西方列强的科学家在"未开化"的远方进行科学考察的故事。但从书名上首先标举的是"性"这一点来看，西方人在这种考察中的所作所为是何光景，就不难想象了：sex-science-state，这三者是紧密结合在一起的。

遥想当年，帝国的科学家们乘上帝国的军舰——达尔文在皇家海军"小猎犬号"上就是这样的场景之一，前往那些已经成为帝国殖民地或还未成为殖民地的"未开化"的遥远地方，通常都是踌躇满志、充满优越感的。植物学家班克斯1768年8月15日告别他的未婚妻登上"奋进号"军舰，也是同样场景。

班克斯迹近浮浪子弟，伊顿公学的古典课程他只能勉强通过，牛津大学的学位课程他就无法修完了。不过他迷恋植物学，走门路上了"奋进号"。当军舰停靠在塔希提岛时，班克斯在美丽土著女性的温柔乡里纵情狂欢，连船长库克（James Cook——正是那个西方殖民史上的著名船长）都看不下去了。

通常，在"帝国科学"的宏大叙事中，科学家的私德是无关紧要的，人们关注的是科学家做出的科学发现。所以，尽管

---

* 《性、植物学与帝国：林奈与班克斯》，［英］帕特里夏·法拉著，李猛译，北京：商务印书馆，2017年1月第1版，定价：28元。

一面是班克斯在塔希提岛纵欲滥交，一面是他留在故乡的未婚妻正泪眼婆娑地"为远去的心上人绣织背心"，本书作者也只是相当含蓄地写道，"班克斯很快从他们的分离之苦中走了出来，在外近三年，他活得倒十分滋润"。

■ 这是一部很有新意的科学史。与以往我们较多接触的其他那些更为"正统"的科学史著作相比，这部著作因其视角和切入点的奇特而带给读者颇有新意的感觉。

这又是一部博物学史著作。博物学史作为科学史的一个分支，其合法性当然不成问题，而且近些年来还成为越来越热门的科学史研究选题（甚至不仅限于科学史）。尽管这本书所讲的林奈和班克斯这两个人物，尤其是前者，在传统科学史中也会被提到，但放到博物学史的框架中，这两个人的重要性又会为增加。

就博物学史来说，把植物和帝国联系在一起，顺理成章，因为早期的植物学研究与英国这样的帝国主义的殖民活动关系紧密。但在此之外再加上"性"这个主题，就更有后现代的研究风格了。除你前面提到的班克斯在塔希提岛上纵欲滥交这种直接与"性"相关的史实外，在当时植物学研究的分类、描述等的流行语言中，"性"隐喻的流行也远比我们通常设想的要多得多。这同样可以划归书名中"性"的主题，而且更为鲜明地体现了现在在科学史领域中也越来越被关注的修辞隐喻研究进路的应用。

□ 我确实越来越喜欢这本小书了。植物学和"性"之间有着那么多的语言学和社会学方面的联系，超出了我先前的估计。另一方面，本书作者的写作风格也大得我心——经常表现出某种居高临下的讽刺姿态。

本书作者敏锐地指出：这种"帝国科学"的实质是："班克斯接管了当地的女性和植物，而库克则保护了大英帝国在太平洋上的殖民地。"

■ 虽然在书名中和林奈是并列的，但在内容上，班克斯却似乎是真正的主角。

我本来就猜想你会喜欢这本书的写作风格。与过去常见的那些只讲"核心"科学知识一步步发展的科学史不同，本书更有某种文学，甚至文化的感觉。其实，过去那些"核心"的科学知识，也不过是历史学家们在以某种立场去考察时所建构起来的，但那样的建构，却同时略去了就科学本身来说非常丰富的多种多样的相关联系。

修辞学的历史研究，应该属于这些"新派"的研究视角和研究方法之一吧。正是在这样的视角中，历史学家才会注意到不同时代的"科学语言"中如此丰富的内容，在植物学史等领域中以往人们关注不多的性隐喻，便是这样的内容之一。但这种发掘，并非只是为了娱乐读者，而是为了揭示在其背后一些更深刻的东西。比如前面你提及的几个例子，如果从"性别研究"的角度来看，岂不正是需要大力分析的有意义的话题吗？早期英国与发展殖民地密切相关的博物学研究，再加上常规意义上的"性"和修辞意义上的"性"隐喻，便更加丰富了"权力"和"统治"的含义。

□ 你提到"权力"和"统治"，让我想起一些以前的说法。

在意识形态强烈影响着我们学术话语的时代，本书中的事情通常是这样被描述的：库克船长的"奋进号"军舰对殖民地和尚未成为殖民地的那些地方所谓"访问"，其实是殖民者耀武扬威的侵略，搭载着达尔文的"小猎犬号"军舰也是同样行径；班克斯和当地女性的纵欲狂欢，当然是殖民者对土著妇女令人发指的蹂躏；即使是他采集当地植物标本的"科学考察"，也可以视为殖民者"窃取当地经济情报"的罪恶行为。

后来上面那种的话语被抛弃了，但似乎又走向了另一个极端，完全忘记或有意回避殖民者和帝国主义这个层面，只歌颂这些军舰上的科学家的伟大发现和成就，例如达尔文随着"小猎犬号"的航行，早已成为一曲祥和优美的科学颂歌。

用今天的眼光来看，这些在别的民族土地上采集植物动物标本、测量地质水文数据等的"科学考察"行为，有没有合法性问题？有没有侵犯主权的问题？这些行为得到当地人的同意了吗？当地人知道这些行为的性质和意义吗？他们有知情权吗？……这些问题，在今天的国际交往中，确实都是存在的。

也许有人会为这些帝国的科学家辩解说，那时当地土著尚处在未开化或半开化状态中，他们哪有"国家主权"的意识啊？他们也没有制止帝国科学家的考察活动啊？但是，这样的辩解是无法成立的。

当地土著当时究竟有没有试图制止帝国科学家的"科学考察"行为，现在早已不得而知，只要殖民者没有记录下来，我们通常就无法知道。况且殖民者有军舰有枪炮，土著就是想制止也无能为力。正如本书中所描述的，"在几个塔希提人被杀之后，一套行之有效的易货贸易体制建立了起来"。

即使土著因为无知而没有制止帝国科学家的"科学考察"行为，这事也很像一个成年人闯进别人的家，难道因为那家只有不懂事的小孩子，闯入者就可以随便打探那家的隐私、拿走那家的东西甚至将那家的房屋土地据为己有吗？事实上，很多情况下殖民者就是这样干的。所以，所谓的"帝国科学"，其实是有着某种原罪的。

■　你说得很对。当我们倡导对博物科学史的研究时，既要注意到这样的研究对于科学史学科发展的意义，对于解决我们当下问题的借鉴，同时也应该避免将博物学的发展仅于知识的积累，也应该注意到当时的历史环境，以及当时那些发达国家在拓展博物学探索时背后的利益目标。其实殖民的需要，也正是发展"帝国科学"的重要动力。而且，这样的情形又并不限于博物学，在其他学科的发展中亦常如此。也就是说，近代这种科学探索疆域的拓展，经常伴随着血腥暴力的征服与掠夺。

不过，与传统中只是中性地，而且又经常是以赞扬的方式看待历史上科学探索在疆域拓展和知识发展相比，这种更有外史倾向的研究立场，人们似乎也还不是特别难以接受。毕竟历史研究也是要有根据和讲道理的。历史确实也经常会为我们当下提供一些启发性的思考，提供一些新的观察角度和思考方式。

比如当我们把目光转向今天，除像一些后殖民主义立场的科学史研究者所说的，近代科学在全球的普遍传播其实也是一种"文化殖民"外，那些发达国家在发展中国家进行的某些经济开发取向的"科学探索"，以及在发展中国家里我们那些来自发达地区对不发达地区开发取向的"科学探索",与前面所提到的那段英帝国博物学的开拓性探险研究相比,是不是也有某些相似之处呢?

□ 我觉得那是性质不同的。如果沿用我上一节的比喻,现在的局面是家家户户都不会只有不懂事的孩子了,所以任何外来者要想进行"经济开发取向的科学探索",他也得和这家大人达成共识,得到这家主人的允许,才能够进行吧?即使这种共识的达成依赖于利益的交换,至少也不是单方面强加于人的。国与国之间固然是如此,一国之内的不同地区之间当然更是如此。

这让我想起如今的某些西方人,他们对中国在非洲日益增强的存在和逐渐扩大的利益抱有某种"羡慕嫉妒恨"的阴暗心理,就指责中国在"推行殖民主义"——好像他们自己的祖先没有推行过殖民主义似的。但他们忘记了一个重大的不同之处,或者并未忘记但是假装忘记了:当年西方殖民者在许多情况下正如本书所揭露的那样,"在几个塔希提人被杀之后,一套行之有效的易货贸易体制建立了起来",那么如今中国人到非洲去,是开着军舰去的吗?是靠枪杀当地人来建立"贸易体制"的吗?当然不是。中国人是在和那家主人达成共识的前提下在当地展开各种活动的。

■ 差异固然是存在的,但"性质"是否相同,那要取决于评判的标准。如果按照主权的标准,按照是否以武力征服的标准,那现在表面上看确实与过去有很大的不同,但如果按照经济掠夺和文化渗透的标准,则又确实很有一些相似性。就后殖民主义科学研究（science studies）所说的作为一种文化殖民的科学来说，重点也正是按照后面所说的那两种标准，即基于经济实力的不平等而进行的经济掠夺和文化殖民。这恰恰又是基于对英帝国主义者们那样的所作所为的历史考察而得出的某些启示。而且，今天的科学发展，比起历史上的情形，在对经济发展的关切上，似乎只有更强烈。

当然，就普通读者而言，这些立场可能是通过阅读而潜移默化地发生改变的，就最直接的传播效果来说，阅读这样一本建筑在思想性之上的、很有可读性的科学史，本身也是一种享受。不过，要是在获得这种直接的阅读享受的同时，略为延伸地再有些理论思考，那就是更加理想的结果了。

原载 2016 年 6 月 14 日《中华读书报》

海上丝绸之路研究与"一带一路"

□ 江晓原　　■ 刘　兵

　　□　梁二平本为报人，却有强烈的学术追求，笔耕不辍，著述源源不断，实属报人中的异数。他长期关注海洋文化，多年来行走四方，足迹遍至中国全部省份，向外远涉 40 余国。行走远方虽在报人也不少见，但梁二平好学深思，多年来将自己修炼成了一个中国海洋历史方面的合格研究者，他和供职于著名大学或高端科研院所的学者们坐而论道，同坛讲学，全无"民科"或"民历"的拘执、偏狭、自卑、急切等情状，而是从容淡定，俨然大家——当然不是装出来的，我混迹学界垂 40 年，装不装自谓还是一眼就能看出的。我和他交往多年，这是他给我印象最深刻的地方。

　　若言梁二平的著述，那些突显报人文笔的文集自不待言，但类似我们此次要讨论的《海上丝绸之路 2000 年》*这样的作品，又有其特殊之处。这样的著作，梁二平已经出版了好几种，较著名的有《谁在地球的另一边》《谁在世界的中央》《败在海上》等。这些著述从文本形式上看，大致相当于传统学人在撰写了一堆"学院派"学术文本的基础上所写的"雅俗共赏"之作。不出意料的是，梁二平当然没有写过一堆"学院派"学术文本——作为报人，我估计他也不屑于写这种东西。

---

* 《海上丝绸之路 2000 年》，梁二平著，上海：上海交通大学出版社，2016 年 11 月第 1 版，定价：78 元。

但梁二平跳过了这个学术训练和积累阶段的表现,并不意味着他没有实际经历过这样的阶段。因为他是自学成才的,不会面临学术体制内的刚性要求——发表一堆"学院派"学术文本的目的,不就是为了让人证明自己成功经历了学术训练和学术积累的阶段吗?学历和学位证书就是对这种成功经历的证明。而梁二平已经不需要这些东西了。

以前我曾将爱因斯坦说成"超级民科",更多的是一种修辞策略,梁二平却是我们生活中一个真正成功的"民科"案例。在这个案例中,他没有遭遇到通常在这类事情上表现保守的"专业"学者的轻慢、嘲笑和拒绝。

■ "民科"倒确实是一个非常值得多谈的话题,而且,我们又是就着与当下"一带一路"这个极为时髦的话题相关的书来谈,就更加有意思了。

我们曾在《我们的科学文化》丛刊中专门以"阳光下的民科"为名做过专题。从"阳光下的民科"这种虽然多义但却并非否定性的修辞中,还是可以看出我们的一些基本态度。就在这两天,微信朋友圈中又有许多人在为一个民科起诉科普人的案件争论不休,义愤填膺者大有人在。对此问题,我们还是会比较开放,至少我们不会对民科恶语相加。而就我个人来说,更感兴趣的是民科现象的产生及存在原因等问题。

你颇为欣赏梁二平这位民科,或者说,他是一个成功的民科。那么,你认为他与其他不那么"成功"的民科的差别是什么呢?其原因又是什么呢?

关于这本书的主题,我确实是非常外行的。在我看来,这本书可以说是涉及地理史、交通史、探险史、贸易史、航海

史、外交史等多学科，你觉得更为准确地说应该其中哪门学科
要更为核心呢？还有，在现在"一带一路"话题成为显学，各
种学术与非学术的研究一哄而上的局面下，这本书的特殊价值
又在什么地方呢？按照你的说法，作为"非学院派"的文本，
这本书算学术文本吗？

□ 成功的"民科"与通常"民科"的差别，主要表现在
他们是否愿意遵从主流学术共同体的学术规范。如果遵守了这
个规范，通常就不会遭到主流学术共同体的拒斥，梁二平就是
这样的例子。他虽然没有"历史学博士"之类的头衔，但他会
被主流学术共同体视为自学成才。反之，如果对主流学术共同
体的学术规范不屑一顾，虽然如今也可以玩得很爽，甚至颇受
媒体的宠爱，但仍然难免主流学术共同体的拒斥或轻视。绝大
部分不成功的"民科"，问题都在这里。

这本《海上丝绸之路2000年》，我将它界定为"中间状态
文本"。这种文本讨论的是学术问题，讨论过程中也遵从通常
的学术规范，但文本形式则是较为通俗的。这种所谓雅俗共赏
的文本，有利于吸引更多的读者。事实上，许多在今天被奉为
经典的前贤著作，都采用了雅俗共赏的文本形式。所以雅俗共
赏并不必然妨碍一部作品成为经典。当然，我这么说并不意味
着我已经期许本书将成经典——尽管我们当然也不能排除这种
可能性。

我还对本书的另一个特点相当欣赏：梁二平在本书的论述
中，夹杂了相当强烈的政论色彩。这当然是本书"从丝绸之路
到'一带一路'"的论题所决定的，同时也是和作者的报人身
份及工作背景密切联系在一起的。也许有些正统历史学家会对

本书的政论色彩皱眉，觉得这样就不够"纯粹"，或不够"学术"了。但这倒是本书的一大特色。

■　我们都注意到一个现象，当某个政府大力倡导的口号或政策流行时，直接、间接相关的"学术研究"就会蜂拥而上，其中当然有真正有学术积累、按学术规范的认真研究，但也常会有不少赶时髦凑热闹的应景之作，而且后者往往并没有真正的学术价值，却也打着学术的名义。在学界，大多数人还是可以将这两者区分开的，但在社会普通读者中，就不那么容易了。比如今年国家社科基金的立项，就有一大堆"一带一路"相关的课题立项，但这些立了项、得到了资助的项目，是否真的能做出扎实的学术成果呢？我们还需拭目以待。在这样的情况下，本书这样的选题，既占据某种优势，但也会有被学者们更严格审读的考验。从你现在的判断来说，在你这里是通过了这样的考验的。

从学术研究的传统来说，你说的那些不喜欢政论色彩的学者确有人在，而且是更传统一些的观念，从较新近的学术发展来看，承认学术研究也可以带有政论色彩的观点似乎也为一些人接受。实际上，这要具体地看是什么样的政论，以及以什么样的方式做出的政论。以往许多表面上没有政论的研究，也许只是将其隐藏在字里行间。甚至因观念、立场、眼光、知识上的"缺省配置"，连研究者本人都未曾觉察。但具体到这本书，你可以举出几例你觉得让你欣赏、恰到好处而且又与学术规范不相矛盾的"政论"吗？

□　你说的问题确实存在。不过本书肯定没有这样的"嫌疑"——梁二平研究海洋历史文化，早在"一带一路"倡议提出之前好多年就一直在辛勤耕耘了。事实上，本书恰恰可以作为一个成功的范例：学者坚守自己选择的园地，不忘初心，辛勤耕耘，不管它热还是不热。万一有朝一日它突然热了起来，比如"一带一路"提出后，各种攀龙附凤的"学术研究"蜂拥而来，那也不是梁二平刻意等待的时刻。我经常喜欢用庄子的话来描述这种精神境界——"举世而誉之而不加劝，举世而非之而不加沮"。当然，这是学者在学术追求上的至高境界，也是理想境界，并非轻易可以臻此。

说到本书的"政论"，我必须提醒你注意我的措辞：我说的是"政论色彩"，而非"政论"本身。本书有"政论色彩"，并不意味着就能在书中找到长篇大论的政论。事实上，作者经常将他的议论夹杂在叙述之中。用以前的套话来说，也许就是所谓的"夹叙夹议"。不过有时也会出现稍长一点的议论，例如下面这一段：

> 可以说，郑氏父子先是改写了自己的姓名史，而后又改写了中国史。……一是郑氏海商集团的崛起，中国人第一次有了武装对抗并战胜西方殖民者的庞大海商集团；二是郑成功历史性地改变了中国的海上格局，否则台湾岛是什么样子，还真难说。特别要说明的是，此时的荷兰、英国、西班牙都是海商、海盗、海军三位一体的进行海上扩张，但郑氏父子在海上展示中国锋芒和中国式大航海的机会，最终被马背上的大清王朝给断送了。

我想你会同意，这可以算"恰到好处而且又与学术规范不相矛盾的"政论吧？

■ 这条确实可以算，而且非常典型。那我接下来的问题是：

1. 这部早在"一带一路"倡议提出之前就已多年研究准备的著作，其观点，对于如今"一带一路"倡议，你认为会有什么有价值的影响，或者更学术一点地说，对于我们在这一倡议出台之后再重新思考"一带一路"，有什么新的启发借鉴价值呢？

2. 如果不谈"一带一路"倡议，仅就前面提及的那些类型的学术性质的历史研究来说，此书有一些什么你认为特别有价值的发现？在观点上有什么新的创见？

3. 除你前面提到在选题上有独立见解而不受热与不热的政策、学术和话题环境影响是很值得倡导的做法外，此书作者作为学术界之外的一匹黑马杀入学术圈中，并做出了如此优秀的研究工作，你觉得此事会给我们带来什么启发吗？

□ 关于问题1，我感觉作者在论述中，始终保持着经济和商业方面的思考，这也是作者报人身份带给他的与学院派历史学家的不同之处。可以这么说：如果没有经济和商业上的成功，"一带一路"是不可能真正实施和完成的，这一点当然从今天的常识出发也不难得到，但本书从历史角度进一步论证了这一点。

对于问题2，碎锦式的答案是在书中找出一些"亮点"，这样的"亮点"相当多，整体性的答案，则是本书强调了"海上丝绸之路"的重要性——无论在历史上还是在现实中。这既和作者多年研究海洋历史文化的积淀有关，也有力呼应了中国崛起的新海权时代。

对于问题3，启发是相当多的，我只能挂一漏万地说说我个人的感觉。作者做的这一系列研究，虽然立足于历史，但处处着眼于今天的现实，做到了为现实而研究历史，将历史研究服务于今天的现实。这不仅不是历史研究的耻辱，相反应该是历史研究的光荣。

■　从你的回答中，可以看出，此书关于学术研究与政策制订和实施的关系，以及历史研究与当下现实的关联，都给我们不少重要的启发借鉴。我们也看到，随着围绕"一带一路"倡议的推展，与此相关的各种著作和研究论文会出现数量上的剧增，如何在这些巨量的研究中甄选出真正有价值者，反而成为人们要面临的另一个问题。当然，这一方面与选择者本人的学养和判断力有关，另一方面，也更需要对已有研究的"二阶"研究与评论。

我过去经常和学生们说，其实在学术的意义上，没有什么东西是不可研究的，关键只是在于如何研究。就此来说，阅读此书也启发我们，对那些已经成为热点的问题，对于那些还没有但却存在潜在可能变成热点的问题，对于那些也许无从判断以后是否会成为热点的问题，研究者应该采取什么样的态度、如何选择以及如何进行研究。

面对已经成为热点并且会对未来发展产生深远影响的"一带一路"，本书显然是很值得那些执行者和实施者们认真阅读的。

原载 2017 年 8 月 9 日《中华读书报》

全球变暖真无谓，
气候原来是赌场？

□　江晓原　　■　刘　兵

　　□　这是一本书名相当标题党的书*，书中的内容也非常时尚——讨论全球变暖。我最初在相当程度上被书名误导了，期望在书中看到一些革命性的内容，但是阅读之后发现，我的期望难以实现。不过我们仍然可以从书中获得有益的信息，并让这些信息启发我们思考。

　　用大白话来说，所谓"赌场"，其实就是指"全球变暖"这个议题背后的经济政治博弈。注意到这些博弈，能够让我们对"全球变暖"这个议题的认识更为深化。

　　有必要先指出一个事实——"全球变暖"这个议题是西方人设置的。西方人设置这个议题的动机，是很难猜测和判断的，但我们至少应该先考察这个议题本身的科学依据。

　　对"全球变暖"这个议题的科学依据，本书作者虽然做出了不打算回避的姿态，但这明显不是本书的重点。作者在简要陈述他所相信并采用的"综合气候／经济模型"（DICE）时，完全假定了这个模型本身的科学性、有效性，这个模型中数据

---

* 《气候赌场——全球变暖的风险、不确定性与经济学》，[美]威廉·诺德豪斯著，梁小民译，上海：东方出版中心，2019年9月第1版，定价：78元。

的采集和使用等，都是没有问题的。换句话说，这个模型是有坚实"科学依据"的，对于这个模型所提供的解释和推论，我们完全可以视为"科学事实"而全盘接受。

尽管作者也在某处轻描淡写地提到了"关于气候系统的知识的局限性"，但是在他应用 DICE 模型作为基础来展开讨论时，无不言之凿凿，感觉不到有任何不确定性在困扰他。考虑到全书五个部分中的后面四个部分都是以 DICE 模型所提供的"科学事实"为依据的，这会不会有"在沙滩上建楼"的危险？

■ 我也有同感，我能想象你在阅读时发现自己被书名误导时的感觉。

此书是一部经济学著作，但特殊之处在于它是以气候变暖为主题来写的，在经济学领域里也算是很有独特性的。但气候变暖，首先是一个事实问题，而此"事实"又是以来自"科学"的证据所支撑的。因而这些"科学依据"的可靠性，就成为讨论的必要前提。气候变暖虽然被人们谈论得越来越多，成为热议主题，不过我们也会听到另一种声音，即对此问题在科学上的"确立"，其实也还是有争议的。

那么，这就出现了一个立场选择的困难，即是否相信此书中所说的这些"确凿"的科学证据和结论？恰恰因为这些相关科学研究的复杂性和技术性特点，对于不是此领域专业研究者来说，要想自己进行让人放心的判断是有难度的，似乎只有相信这些科学家。但另一方面，我们又知道在此问题上有争议，按照 STS 领域对科学和科学家的研究，会认为在这其中是有利益相关性的，那么，这些科学家及其所言是否可信，又是一个需要考虑的问题。

在这样的两难之下，人们究竟应该怎样做出判断，究竟应该相信谁，相信什么？

□ 首先，我们必须认识到这些争议的存在。而许多学者在谈论这些问题时，总是倾向于隐瞒这些争议，或对这些争议绝口不提，让读者根本意识不到这些争议的存在。本书在这一点上似乎也未能免俗。作者是一个经济性家，我不知道他是没意识到这些争议的存在，还是对自己采用的模型过于自信，以为这类模型玩出来的东西真的就是"科学事实"了。

其实我们可以问这样一个直截了当的问题：**世界上存在一种客观的"气候科学"吗**？听本书作者的口吻，以及许多谈论全球变暖人的口吻，比如美国前副总统戈尔（Al Gore）在《难以忽视的真相》（*An Inconvenient Truth*，2006）中的口吻，人们都会以为客观的"气候科学"当然是存在的，就像存在着客观的物理学一样。然而这不是事实。

尽管从终极的意义上来说，纯粹客观的物理学也不存在，但"气候科学"毕竟和物理学有着巨大差别。首先，在一般的意义上，物理学、天文学之类的"精密科学"，确实是局限性最小的，或者相对来说是最客观的。而"气候科学"有着巨大的不确定性——我们对一百多年以前的地球温度都是间接推测的，而且地球温度一直在变化，这种变化的规律还没有被我们确切掌握，我们可以从已发现的那些考古、地质等方面证据看出地球温度的变化有多种周期，这些周期是不是真的存在……这些都无法得到精密的描述。所以关于地球温度变化的周期等，归根结底是根据有限的间接证据推测出来的。建构模型只是这种推测的方式之一，模型给出的只是假说和推论，而不是像万有引力那样的科学事实。

■　如果我们认识到尚不存在一种"客观的"气候科学，那么，此书讨论所预设的前提就有了问题。前提有问题，后续讨论自然也就可能会有"在沙滩上建楼"的危险。但是，由于种种原因，全球变暖这一概念还是得到了非常普遍的传播，并因为这样的传播而使许多人对之坚信不疑。

这里涉及两个问题。其一，是属于哲学范畴的"何为科学事实"。一般来说，关于科学事实的概念，在一些大学教程中，都会看到像这样的定义：是指通过观察和实验所获得的经验事实，是经过整理和鉴定了的确定事实。那么，全球气候变暖是否符合这样的定义？当争议存在时，就意味着并非是"确定"的事实。

其二，这里还涉及在科学传播中对于"科学本质"的一种传播立场，既在科学传播中是否会对科学的"不确定性"进行传播的问题。由于比较普遍存在的科学主义影响，人们实际上对科学的不确定性的认识远不是充分的。

如果我们先明确了全球变暖是一个有争议的科学命题，而不是确定的科学事实，那么我们又应该怎样看待此书的讨论，以及我们又该如何去做呢？

□　当我们强调"必须认识到争议存在"之后，无疑会对本书的权威性有所动摇，不过这并不会完全否定此书的价值。因为作为理论探讨，岂止"沙滩上建楼"没有问题，即便是"空中楼阁"也无不可。道理很简单：在认识到前提可能有问题之后，我们考察在某种前提基础上展示的推理过程，仍然可能是有益的。

书中有些推理是如此的显而易见，以至于我们会感觉作者在小题大做或玩学术游戏。比如在确信人类经济增长导致全球变暖之后，作者总结来的第一条，竟然是零经济增长会大大减少变暖的威胁。这样迹近同义反复的推理，任何有点常识的人都能够轻易做出，用得着那些"科学模型"操作半天吗？

当然，作者有时候也有"金句"出现，比如在谈论《哥本哈根协议》中"全球气候升幅不应超过 2 ℃"这一目标时，作者认为美国国家科学院的最新报告中解释这一目标时只是在做循环论证，他揶揄道，"政治家们谈的是科学，而科学家们谈的是政治"。

关于全球变暖这个议题，多年来充斥着许多老生常谈，而且颇多误导。要对这类书籍获得一个正确的看法，使我们能够尽可能的从中获益，需要先有一个基本的认识：

全球变暖议题由三个互相有联系的问题组成：一，地球是不是在变暖？二，地球变暖会不会造成地球环境的灾害？三，这种变暖是不是由工业碳排放造成的？

许多人对这三个问题的答案是"是"，比如戈尔在上面提到的纪录片里就是如此，本书作者的答案也是如此。

但实际上，这三个问题中的任何一个，都不是简单的"是"或"否"能够回答的。

■　你回答了应该如何看待此书的讨论，却没有回答"我们又该如何去做"。

不过，你说上面这三个问题，每一个都不是简单的"是"

213

或"否"能够回答的，那至少意味着一种可能性，即还是存在有因人类的工业碳排放而带来环境灾难的可能。

如今，从环保的角度来说，控制工业碳排放已经是一个重要议题，也是许多人所致力的方向。另外，从资源和能源的角度来看，人类因贪婪的消费欲望已经带来了明显的问题，比如严重的垃圾问题。那么，控制工业的发展，就算没有全球变暖这种可能的危险存在，总也还是值得去努力的一件事吧？

当然，如果仅仅就严格学理意义上的全球变暖问题来分析，我倒是觉得你注意到的此书作者那句"政治家们谈的是科学，而科学家们谈的是政治"颇为耐人寻味，似乎在提示着我们观察和理解现实中政治与科学之复杂关系的某种线索。

□ 开句玩笑，在我看来，我对这个问题能够"做"的，也就是"看待"而已。

作者在本书最后一编展示了某种"迎难而上"的姿态，他打算直面人们对全球变暖这一议题的质疑。他先列举了一些著名人物，诸如总统候选人啦、参议员啦、普京总统的顾问啦，等等，他们全都反对全球变暖这一议题，并认为据此制定政策是毫无必要的。特别是2012年16位科学家在《华尔街日报》上发表的文章《不需要为全球变暖恐慌》，作者认为是反对全球变暖的典型言论，所以拉开架势对此文进行全面批驳。不幸的是，作者的批驳并无足够的说服力。主要原因可能是因为作者对精密科学缺乏基本的体悟——尽管他引用了著名物理学家费曼的一长段话来给自己壮胆，但他的引用本身就不得要领。

这就又得回到气候科学的局限性问题了。由于这种局限性，全球变暖议题中上面三个问题的答案目前实际上都是难以确定的。当然，也正是因此之故，我们确实可以确定这样一点：就是这三个问题的正确答案是"是"的概率也不等于零。我相信，指出这一点肯定能够给热心环保运动的人以一定的安慰。

我还相信，在这个问题上，我和你应该能够取得相当一致的意见，而不必用"君子和而不同"来宽解。我虽然并不相信全球变暖议题中三个问题的答案都是"是"，但我也没有足够的理由确信它们的答案全是"否"。更何况，即使这三个问题的答案全是"否"，我也仍然同意，保护我们的环境是必须的。

在这样的认识基础上，再来考察作者对全球变暖议题中各方政治经济利益的讨论，应该能够更为深入一些吧？

■ 如果作为前提的全球变暖的真实性成为问题，那么随后的各种讨论显然就很有此书标题中"赌"这个说法的特点了。不过既然是赌，就有赌中、赌不中两种可能。从积极的方面来说，如果对人类的未来真要负责任，面对全球变暖问题人类是有些输不起这种赌局的。作为经济学家，作者的出发点显然也是很可赞扬的，他并没有像许多经济学家那样完全陷入为利润、增长等献计献策那样的作为，而是对各种不同利益集团在此问题上的分歧有所认识，更为全人类未来的福祉所忧心。不过，我还是觉得作者设想的对策在复杂的现实中过于理想化了。这也许意味着另外的不确定性和某种悲观主义。如果从乐观的角度来看，由于作者的努力，也算为降低人类未来面临的风险多少做出了一点贡献吧？

原载 2019 年 10 月 16 日《中华读书报》

看一个开明的科学主义者
怎样谈超自然现象

□　江晓原　　■　刘　兵

　　□　以前我就说过，人们对"伪科学"感兴趣是因为它有很强的娱乐功能，在这件事情上我自己也未能免俗，所以一见到这本《古怪的科学》*，一看它是专讲通常被视为"伪科学"的 24 种超自然现象的，就来了兴趣。

　　这里先讨论一下作者的立场。记得我和你提起此书，想将它列入我们对谈的书目中时，你最先的反应是，作者又是科学主义立场吧！其实作者倒是挺想采取某种持平的立场，他表示自己"找到了一个平衡的观点，也养成了开放的胸襟"。尽管他能不能真正做到，还取决于别的因素。比如哲学素养是不是好？思想深度是不是够？

　　为此我首先考察了书中讨论的第 11 种现象——濒死体验。首选濒死体验是因为我感觉这是一个有多重意义的话题，而且多年前我还曾在饭局上听两位人士谈论过自己亲身经历的濒死体验。那天先是已故的田洺博士（按照一般公众的标准他也可

---

* 《古怪的科学——如何解释幽灵、巫术、UFO 和其他超自然现象》，〔美〕迈克尔·怀特著，高天羽译，上海：上海科技教育出版社，2017 年 8 月第 1 版，定价：60 元。

以算"高官"了），回忆了他在车祸后抢救中的濒死体验；接着是台湾影星胡茵梦（她更著名的身份是李敖前妻），叙述了她通过服用致幻药物后获得的"模拟濒死体验"。两人的描述颇有相同之处，和本书作者所陈述的也大致相同，比如飘浮到天花板上俯瞰自己的肉身、明亮的白光之类。

我试图通过这个个案来观察本书作者的立场和叙事风格，发现他还是比较严谨的，他的所谓"平衡的观点"和"开放的胸襟"，主要表现在并未断言濒死体验是不可能存在的或是虚假的，但也指出了，迄今为止人们尚无法获得真正有说服力的证据，来证明哪些濒死体验的陈述是真实的。简而言之就是持一个存疑的态度。这样的态度也出现在本书对大部分超自然现象的讨论中。

■ 这确实是一本挺好玩的书。这样说，当然主要还是由于这本书的话题，即你所说的"伪科学"，而按作者的说法，则被归类为"超自然现象"。也确实像你所说的，这样的话题一直是对于公众颇为具有"娱乐功能"的。而这样一本书出现在"哲人石丛书"中，也是件挺有意思的事，虽然不知出版者是怎样看此书，但相关的各种理解，还是挺值得讨论的。我想，这也是我们会选择这本书来谈的潜在背景之一吧。

你对这本书作者的看法，我基本是同意的。按照我看过的书中一部分来评价，我会把作者定位于"开明的科学主义者"。

之所以这样说，也正像你根据"濒死体验"那一章的写法来分析的一样，即作者对于这些"超自然现象"的存在，并没有根本性地给出断然否定，有时甚至于倾向于相信其存在。也正是因为这点，我才使用了"开明"这个限定词。当然，这里面会涉及一系列相关的问题，如怎样确定某现象的"真实"存在，如何把这种相信建立在什么样的"证据"的基础上，以及什么样的"证据"才算是可靠的证据等。

接下来，此书更为中心的内容，就是对这些"超自然现象"的解释。就我的阅读观察，我发现此书作者在进行"解释"时，所使用的工具或者说所依赖的理论，仍然是西方当代科学的理论，也正是在这种意义上，我把作者仍归为"科学主义"一类。不知这样的评价你是否认可？

□　我总体上是认可的。要验证也很容易。因为本书的结构基本上是平面化的，所以对于 24 个话题来说，阅读起来也没有什么必要的先后顺序，读者完全可以随意挑着读。我发现作者的"开明的科学主义"在这 24 个话题中有不同的表现，可以分成两类。

一类是他倾向于相信这种现象的真实存在，比如在"移山倒海"一章中所讨论的"心灵致动"，作者表示"有越来越多的证据表明这种效应确实是存在的"。对于我们前面谈到的濒死体验，他也有这种倾向，只是更弱一些。

一类是他倾向于否定的，比如最后的一章"失落的大陆"中讨论的"消失了的亚特兰蒂斯大陆"，他倾向于否定真有其事。他否定的方法和依据，正如你所说的，是相当"科学主义"的，比如他认为柏拉图的记述亚特兰蒂斯大陆故事的《蒂迈欧篇》中，"好像把一切度量都夸大了 10 倍"，而他这样将柏拉图记述的数值（比如城墙高度、历史年代等）都进行"除以 10"的操作之后，传说中的亚特兰蒂斯伟大文明就立刻"祛魅"而落实到历史上真实存在的克里特岛的弥诺斯文明了。

不过作者即使倾向于相信某些现象的存在，也很注意强调证据问题。而由于这类"超自然"的话题，证据通常都是扑朔迷离或充满争议的，所以像本书作者这样一个"开明的科学主义者"，几乎无法对这些超自然现象做出明确的结论。

这里我想强调的是，只要作者愿意对这些超自然现象持"存疑"的态度，认为这些现象有可能存在，但目前证据还不足，他就和典型的科学主义者拉开了明显的距离。因为我们这些年来，至少就国内情形看，典型的科学主义者对一切超自然现象的态度是这样的：**由于这些现象是目前的科学理论无法解释的，因而这些现象是不可能存在的；或者说，是我们不可以承认它们存在的**。因为一旦承认它们存在，现在的科学理论又无法解释，这就是给科学抹了黑，就是对科学权威的冒犯。在这样的白痴逻辑中，科学主义者不得不否认一切超自然现象，回避一切对超自然现象的讨论。

记得我们以前谈萨顿的著作时，我曾将萨顿称为"宽容的科学主义者"，认为这样的人有时仍有可能得出某些反科学主义的结论。这和你判定本书作者为"开明的科学主义者"或许有点异曲同工——本书讨论了24种超自然现象，至少客观上就可以视为对上述白痴逻辑的24次冒犯。

■ 从原则上讲，是这样的。这本书中的24个话题，有些是科学主义者们用来反对伪科学的经典话题，如"麦田圈"；也有些是一直有争议的话题，如涉及被我们称为"特异功能"的那种话题，甚至有一些还涉及"替代医学"。当把这些话题并列地摆在一起，而只用一种"科学立场"来寻找"证据"并予以解释时，就带来了某种混乱。

如何反思科学

在这背后，必然地会涉及观察和解释者的哲学立场。按照"观察渗透理论"的观点，其实人们在选择什么进行观察，选择什么作为可靠的证据，以及依据什么理论来解释观察到的现象时，原来已有的理论都在扮演着重要的角色。而在人类的历史上，用来解释"自然现象"（其实仅就什么是"自然"现象也是可以有争议的）时，一直存在着非常不同的理论，而且，按照科学哲学家库恩的"范式"学说，这些理论之间又不是可"通约"的。首先，这就意味着，把什么当作可靠的证据（这是确立某现象存在的必要条件），在不同的"范式"（包括其哲学基础和基本理论）中就是不一样的，因而只用一种"科学的"立场来确定某现象的"真实"与否，这也就成为可讨论的问题。其次，用来解释这些"现象"的理论又是非常不同的，科学，或者更严格地说，是作者心目中所想的那种近现代西方自然科学，也只是诸多理论中的一种。如果我们使用广义的科学概念，从采用证据的标准到解释现象的理论，其实都是"多元化"的。

例如，此书并未专门谈到在我们这里被激烈争论的中医（虽然作者顺带简略的提到过针灸），中医中所说的"气"，按照当代西医的立场和理论，从其存在、证据到理论解释，就都存在严重问题，而当把立场转向中国哲学、传统医学理论，却又非常自然，那么究竟如何才算是对这一"现象"的公正的对待呢？

但当下大多数人的思维方式，还是受到发展迅速的西方近代现科学的影响，会自觉或不自觉地受到这种认识方式的影响，本书作者虽然"开明地稍走出了一小步，没有过于科学化"，但他不仅在理论解释上只采用"科学"理论作为某现象可解释或暂时不可解释的前提，在对究竟何为可靠的自然现象的观察和证据方面，也还是缺少这种多元意识的。

□　你的看法我完全赞同。我还可以补充一个有趣的例子，就是本书的第2章"宇宙中有其他生物吗"。

这一章其实就是讨论"外星人"这个典型的"伪科学"话题的，但作者尽力让自己的讨论显得很"科学"，为此他主要引用了半个多世纪之前的思想武器——"德雷克公式"。这个公式是用来估计宇宙中具有智慧生物的星球数量的，其实它本身充满了不确定性和假象的空间，但是既然有一个"公式"的名称和形式，它就会显得很"科学"的样子。

奇妙的是，主张有外星人的人，和主张不可能有外星人因而谈论外星人就是一种伪科学活动的人，都乐意通过操弄"德雷克公式"来为自己的观点提供证据。这里的关键就是看将各种数据代入这个公式后，答案是大于1的某个数值，比如1 000 000，还是等于1。主张宇宙中存在着智慧外星人的人，竭力要让答案的数值越大越好；主张宇宙中不可能有外星人的人，就竭力要让答案恰好等于1——这个1已经被我们地球所占据，所以宇宙间不可能再有任何别的智慧生物，于是证毕。

本书作者将这个操弄"德雷克公式"的游戏非常认真地玩了一遍。但是作为一个"开明的科学主义者"，他玩游戏的结果当然是可以预见的——他依违于1和某个"千万级甚至亿级的"大数值之间。事实上，我甚至觉得他玩这个游戏的真正目的不是为了求得答案，而只是为了让本书显得很"科学"而已。

如何反思科学

■ 我们在谈话中，似乎已经对这本书给出了一个定位。因为这本书讨论的话题，本是被许多科学主义者们认为与"伪科学"话题有很大的交集，仅就此而言，它应该是有不少人感兴趣并愿意一读的。但我们前面的讨论中，也强调了这样一点，即关于这种话题的讨论，仅仅站在科学主义的立场上进行，是很有局限的。那么，一个自然的结论就是，要想更全面、更理想地思考这些问题，还需要有人文立场的关注，才能突破科学主义的限制。

但是，说起来容易，实行起来却很困难。一个重要的原因，是站在人文立场上对这些所谓"伪科学"问题的研究并不是很多。究其原因，科学主义潜移默化地对人文研究的影响也同样是巨大的。因而，要想对这些有趣的问题真正进行深入的探讨，还需要在人文领域肃清科学主义的影响，让人文研究者也敢于并乐于关注这些公众有兴趣的问题，而不是躲开这些话题，或仅仅让这些话题流于八卦。

当然，这样的路还会很长，不过，有限的进展也是进展，"开明的科学主义"虽然仍有科学主义的局限，但还是要比那些极端的科学主义要好一些，这也许可以是这本书出版的意义之一吧。

原载 2018 年 2 月 14 日《中华读书报》

科学修辞学：
如何开拓科学史研究新进路

□ 江晓原　　■ 刘　兵

□　刘兵兄，这些年你在科学编史学的大方向下，指导学生做了一系列各种方向的研究，成绩斐然，有目共睹，实属可喜可贺。这本《科学修辞与科学史》*就是这方面最新的成果之一。

说实话，"修辞"这个字眼，是我比较常用的"修辞"之一。我比较喜欢将一些别有所指的，言过其实的，空洞的，煽情的……表达方式称为"修辞"。比如"阅读是一种生活方式"这样的文青色彩的空洞话语，就会被我视为"只是一种修辞"。当然，这与古人"修辞立其诚"的说法似乎有相当距离。

但事实上，在当代汉语中，人们在很多情况并没有将"修辞"视为传统文化中的一部分，反而在很大程度上将它当作某种"现代"的表达——在所谓的"现代汉语"中，我们的"语法"都是借用西方术语和概念来表达的，"修辞"也在其中。

数十年来，作为一个科学史研究者，很多时候还是一个拿着"科学史牌"猎枪的越界狩猎者，我经常在各种媒体上谈论与科学有关的话题。在这些谈论中，"修辞"当然是经常会用

---

* 《科学修辞与科学史》，谭笑著，北京：首都师范大学出版社，2017年7月第1版，定价：19元。

到的工具。比如为了加强效果，我会对媒体说"科学已经告别纯真年代"或"科学就是我们厨房里的切菜刀"这样的话语，毫无疑问，这时我使用了"修辞"。

在这样的认知背景中，我翻开了这本《科学修辞与科学史》，它马上让我产生了一些朴素的联想，又很快让我认识到它完全是在讨论另外一些问题。

■ 说实在的，我真是有些迫不及待地想听听你提到的你所阅读此书时产生"朴素的联想"，以及你又"认识到"的它在讨论"另外一些问题"到底是什么问题。

其实，语言总是很微妙的，词义总是很多义的，尤其是对于某些常用词，某些常用概念，在我们最经常使用的语义之外，在专业的学理意义上，经常还有另外的含义和所指。我想，"修辞"这个词也正属此类。

从谭笑的这本《科学修辞与科学史》中，我想你应该已经看到了这个概念的复杂性，及其在悠久的历史中人们对它的认识和理解的变化。或许，在语言学和文学批评甚至哲学研究领域，人们从学术的意义上谈论此词的会相对更多一些。但在科学史领域，至少就我所见，这还是目前从科学编史学的角度对于修辞这一科学史的编史视角或者"进路"所论述最系统、全面和深入的一部专著。

科学编史学的研究对象虽然是科学史著作（及其撰写）和科学史家，但科学史的直接对象毕竟是科学，因而其哲学色彩还是比较浓的，也无法脱离哲学的分析和思考，特别是对科学本身性质的分析和思考。当从修辞这一视角来考察科学时，也就发现了过去人们一直重视远远不够的科学的这个侧面。在传统中，人们通常总是将科学看作是中性的、客观的、与人的意志无关的对自然的真理性认识，而当发现科学竟然与修辞这种作为人类所特有的语言和思维方式密切相关时，自然也就打破了传统看待科学纯粹客观性的那种"神话"。在此意义上，这不也正和你长期以来鼓吹的对于科学的看法有某种不谋而合吗？

□　我注意到，本书大体可以视为两大部分：第1至3章，主要是正面陈述"修辞进路作为一种科学史方法"（第2章的标题）；第4章可以视为本书的第二个部分，也是全书最长的一章，这是一个案例，即清初杨光先指控钦天监负责人汤若望的著名案件，通常被称为"康熙历狱"。

汤若望是来华耶稣会士（德国人），也是清朝任命外国传教士担任钦天监负责人这一奇特传统的开创者，因此杨光先的指控从一开始就具有宗教争议和天文学竞争的两大背景。加之历狱案情又峰回路转，汤若望先是获罪下狱，又被赦出，然后另一位来华耶稣会士南怀仁（比利时人）为汤若望鸣冤，康熙帝为汤若望平反，而杨光先则黯然去职回乡。如今汤若望和南怀仁的墓都完好保存在今北京市委党校的校园中，作为历史文物受到政府保护。

丰富的背景和曲折的案情，使得康熙历狱300多年来广受关注，中外学者考证、论述此事的文章书籍，即使不足称汗牛充栋，至少也可说卷帙浩繁。在这样的情况下，本书选择康熙历狱作为案例，尝试用"修辞进路作为一种科学史方法"，来对这一著名历史事件进行学术操作，是有相当风险的。

风险在于，当我们选择一种新的方法（进路）来对众所周知的历史文化事件进行学术操作时，通常会面临学术界的要求：要么对事件本身操做出新结论，要么从事件中操做出新意义。你作为谭笑的博士导师，我非常想听听你的看法，本书是否能满足上述要求？或者，这种对新结论或新意义的要求是否有不合理之处？

■ 因为一般来说，当在研究引入一种新的方法，如果不能得出与用已有方法进行研究得出的结论不同的新结论，以及新意义，那么这种研究方法的价值就可能会被质疑。现实中，我们也确实经常会看到一些片面追求在方法上的"创新"而却并未得出新结论的、貌似新颖实则平庸的研究。你这里提出的，确实是一个可能非常具有杀伤力的问题。对此我是这样看的：

其一，对此已有长期学术积累的研究论题，谭笑前期并无很理想的学术基础和准备，但她敢于尝试用其新的进路并努力进入这一研究的勇气仍是值得赞赏的。

其二，你对此问题已有研究的了解显然要更多，本应更有做出评判的资格。

其三，从文本上看，我觉得她还是努力地在研究中基于"修辞研究"的策略，引入了一些新的视角，并尝试对之进行探索。如从秩序世界的框架考察杨光先基于儒家文化的修辞建构，又如从准均质世界考察南怀仁基于近代西方思想的修辞建构，并以此展开分析。就像她在书中所说的："本研究对杨光先做了宽厚诠释，他对西方天文学的拒斥，不但是对于传统历法的维护，也是对秩序世界的维护。秩序世界指的是在近代物理学诞生前，宇宙作为一个和谐整体，在各个层面上充满着内在统一的秩序。它所对应的是哲学的思考方式，所产生的知识是垄断在一部分人手中的。这种宇宙观对于当时社会至关重要。更进一步的是，他的知识体系放在秩序世界中能得到完整的合理解释。他对西方历法的误解和无知应当与南怀仁对中国传统历法的误解同等地看待，他在政治和宗教上的诉求不仅是利益上的争夺也是与其知识体系相联系的。"像这样一些新的思考和理解此案的方式，不知是否也可算有所"新意"？当然，以这种修辞进路的研究显然还大有可继续深入的空间。

其四，退到最后一步，还可以辩护说，毕竟此书主要的目标是研究一种新的方法，此案例只是作为一种此法可试用的示例。即使由于前述的种种限制一时还未得出真正让你认可的新结论（其实何为新结论、新意义，对它的判断也经常与判断者的研究范式相关），也不能由此便判定这种进路对未来其他更理想、更深入的研究就没有价值吧？

□　我同意，就像谭笑对杨光先宽厚一样，我们对谭笑也应该宽厚。况且我也能够找出有利于她的理由。这要分两个层次来看。

首先，我们确实可以质疑"这种对新结论或新意义的要求"。就好比做一道数学题或物理题，虽然已经有了标准答案，但我如果能够用新的方法（进路）得出同样正确的答案，尽管这并不构成对这种新方法的必要性证明，但仍不失为对这种新方法的有效性证明——它也能够得到正确答案。你说的第四点，也许我们可以从这个角度来理解。

其次，对一个旧案进行学术操作，只要"创新"意识足够强烈，要操作出一些新结论或新意义来，很多情况下是可能的。

　　就以康熙历狱为例，在以往的论著中，杨光先多处于被谴责、被否定、被鄙视的位置。他的名言"宁可使中夏无好历法，不可使中夏有西洋人"，站在科学主义和开放的立场上来看，就是双重的荒谬和愚昧。站在科学主义的立场上，"好历法"就是科学的化身，它具有至高无上的地位和价值，为了它，哪怕让清王朝政权崩溃也应在所不惜。因为在科学主义者眼中，我们人类只是为了"发展科学"而存在的。而站在开放的立场上，"好历法"是"西方先进科学技术"的化身，"西洋人"将它带进来，正是我们求之不得的事情，有什么理由反对。

　　但是，如果让我们尝试将康熙历狱中的中西历法之争，代换为当下的某个类似情境呢？

　　所以，在康熙历狱上操做出新结论或新意义来，是有学术空间的。如果谭笑能够成功地证明：对于这样的新结论或新意义，科学修辞学进路具有独特的贡献，那就非常理想啦。

　　■　因为前面是就书中的特定案例提到新方法可能带来的创新问题，所以我们的讨论便向那个方向走了。其实，我觉得这项研究，正因为在中国还是初级的引进思考借鉴阶段，还不宜过多先纠缠在这点上，这更应由有兴趣者在以后的探索中去尝试。而目前我觉得更有意义的，还是在科学编史学的立场、视角、方法论等理论的意义上去考虑这本书的价值。

　　就这方面来说，我觉得此书还是很有意义地扩展了我们的视野，涉及许多以往我们并未注意到的研究可能性，而且，不仅限于科学史，对于科学哲学，甚至对于一般哲学，其中对许多已有的研究成果的观察、分析和思考也是很重要的。

正如谭笑在书中的总结部分所说："目前科学史中的修辞学进路在理论方面主要着重于对科学中修辞的交流性、发明性和认识论功能三种性质的分析。这三种性质也代表着修辞从外在性的，到内在性的不同层面贯穿于科学之中，而每一种性质中都包含着修辞比较显在和隐藏的一面。显在的部分是通常能够认识到但却故意忽视或排斥的修辞的表现方法和所在的情境，而隐藏的部分则是在传统对科学的分析中没有被发掘出来的部分。"

更有意义的是，"修辞的认识论功能贯穿于知识产生的全过程，即从个体的经验到共同体所认可知识的过程。"尤其是，"修辞也以语言的形式，内在于科学知识产生、辩护的整个过程中。它象征着科学知识中各种社会因素的塑形作用。科学应当被看作是科学共同体进行的一种文化活动，是对于自然界的某一种认识方式和说明方式。"

仅仅从这些结论部分的抽取，我们也还是可以看到这种新的研究方法对旧有观念的突破，甚至会带来对科学的相当不同的新认识。比如，我们以往并不会将修辞提升到一种从科学研究的一开始便存在并贯穿于整个活动进程中的认识和思考方式。就此而言，随着对科学认识的改变，科学史自然也会出现有新意的变化。

原载于 2018 年 4 月 18 日《中华读书报》

原子弹给予人类的祸福

□　江晓原　█　刘　兵

□　原子弹可能是人类迄今为止发明的对历史进程影响最大、意义最丰富、效果最残酷的武器了。围绕着原子弹的问世，当然可以产生无穷无尽的秘史，这部《原子弹秘史》*中译本厚达 700 多页，当然也就在情理之中了。

本书原文书名朴素得简直乏善可陈，*The Making of the Atomic Bomb*，直译的话就是《造原子弹》。然而书中讲述的故事却又是那么多姿多彩、引人入胜，这个乏善可陈的原文书名实在与书中的故事难以相称，难怪德文译本要弄出《原子弹或创世第八日的故事》这样花里胡哨的书名。中译本取名《原子弹秘史》，算是有所折中兼顾。

原子弹不是一般的武器，造原子弹也不是一般的武器研发，美国造原子弹的"曼哈顿工程"是重大政治决策的产物。从做出决策到将原子弹研制出来并且在日本投放，这个过程中不仅有科学理论、技术手段和工程协调等方面的问题，更多的是军备竞赛问题、伦理道德问题、对科学家的信任问题等。这些问题，都构成了这部"秘史"的不同维度。

本书实际上对这些维度都涉及了，只是——这也正是本书的白璧微瑕之处——本书的标题实在太过简单，全书只有章，

---

*　《原子弹秘史》(图文版·25 周年纪念版)，[美] 理查德·罗兹著，江向东等译，北京：金城出版社，2018 年 1 月第 1 版，定价：168 元。

没有节，在正文中就是如此。而且作者也许是为了追求文采，总共 19 章，好些章的标题是文学性的，看标题根本不知道作者在这一章里到底想说什么，比如"镜花水月""双重意识""长长的墓穴挖好了""新大陆""启示"等。而且这个聊胜于无的目录，还隐藏在翻开此书 30 页之后。对于一本 700 多页的大厚书来说，这样的章节、标题和目录，几乎排除了读者抽阅书中部分内容的路径：要么老老实实从头往下一页页认真读，要么合上这部大书，别假装"读书"了。

■　关于原子弹，确实有太多可说和该说的话题。不过，当我看到你为这次对谈拟的标题"原子弹给予人类的祸福"，还有有些不解，不知此处"福"当何解？也许你后面会说到只是现在还未来得及？

原子弹的出现，对于人类社会历史的影响实在是太大太大了，而且，这种影响直到今日依然不减，近来某国不顾各方压力而研发核武器，进行核试验所引起的关注，应该算是这种影响最新的表现吧。实际上，只从人们认识科学技术与社会的关系这一角度来说，原子弹的制造和使用也是带来决定性影响的转折点。因此，从科学史的角度来详细地考察其历史，无疑是非常重要的工作。但也正因为其重要，人们写过的关于原子弹的书（更不用说文章），已经是太多太多了。那么，对我们要谈的这样一部书究竟应该如何定位，也许是在谈及其他问题之前首先应该做的事。

也正如你所说的，这本书因其巨大的篇幅（其实这样的篇幅应该是远远不够的），会给读者以相当大的压力，没有足够的耐心，不花上足够的时间，肯定是无法一页页认真读完的。

那么，你究竟认为此书是一部学术性的历史著作，还是更为面向普通读者而写的关于原子弹的"秘史"呢？

□ 你最后这个问题不是很容易回答。因为在一部学术著作出版时，出版商通常会要求作者将书尽可能写得通俗些，以便让更多读者可以有兴趣阅读。这种现象在西方很常见，国内不少出版社也会有类似要求。就这部《原子弹秘史》而言，如果将它视为纯粹的"学术著作"，恐怕是不无疑问的，但作者搜集了那么多的史料，分析，剪裁，取舍，表述……每个环节都有"学术"要求，如果视为通俗读物，那是不公平的。所以如果一定要在你给的两个选项中选，那我还是同意"一部学术性的历史著作"这样的定性。

至于原子弹有没有给人带来"福"，这个问题并没有简单的答案。古人云："祸福无门，唯人自召。"强调的是"自召"，即人的作为。要说原子弹带来的"福"，至少可以从两个层面来理解。

第一个层面比较容易理解：如果纳粹德国先造出了原子弹，其他国家很可能就会万劫不复；结果被美国抢先造出了原子弹，而且向法西斯日本投放了两颗，加速了法西斯阵营的灭亡。对其他国家而言，这不就是原子弹带来的"福"吗？

第二个层面相对隐晦一些，但也不难理解：自从广岛、长崎的实战投放，加上稍后几年美国在比基尼环礁的实战测试（投放原子弹摧毁一些大型军舰），人类对原子弹的巨大杀伤力已经没有疑问。命运巧合的是，社会主义阵营的老大哥苏联很快也造出了原子弹。从那以后，原子弹再也没有用于实战了，它变成了一种战略威慑武器。这种武器具有特殊的性质——它实际上不会真的被使用，因为任何一方使用都意味着双方同归于尽。恰恰是原子弹的这种特殊性质，使得它可以为某些相对弱小但又不愿意屈服的国家带来"福"——当年中国的"两弹一星"就是这样的榜样。

■ 你关于原子弹之"福"的第二个解释，在各界还是有一定的流行性的，也就是说，由于核武器的威慑力量，出于不愿同归于尽的恐惧，人们不敢轻易地使用它，从而带来了某种力量的"均衡"和彼此制约，在某种程度上保持了和平和稳定。

但这种解释也还是很难完全自圆其说。因为，其一，这种平衡，用物理学的概念来讲，是一种不稳定平衡，很有可能会因为某些偶然因素而被打破，以致带来人类灭绝性的灾难。其二，也正因为如此，人们一直呼吁的是要推进核裁军，尽量减少上述灾难的风险，可惜这种努力的效果一直非常有限。其三，因为对核灾难的恐惧而不会轻易使用核武器，这只是一种比较"理性"的考虑，而理性却并非总是人类必然的选择。例如，人类也许是因为"理性"和伦理，也提出过限制使用生化武器之类的东西，但那种限制不是也经常无效吗？所以，在许多电影中，疯狂而非理性的人动辄便要使用核武器，难道这种可能性在现实中就不存在吗？其四，人们真的会满足于坐在随时可能因偶然因素而爆炸的核火药桶上的平衡与和平吗？因而，这种"福"的解释，我还是很难同意。

但是，在谈核武器的可怕危险时，人们以往谈论较多的是，如何制成它，如何使用或不使用它，却对人们能够实现制造核武器的真正根源谈论不多。其实不难想清楚，正是因为19世纪末至20世纪初的物理学革命，带来的对物质的微观认识，以及核能的发现，才是使得核武器能成为可能的最原初的根源。

□ 关于原子弹能不能给人类带来"福"，虽然是见仁见智的事情，但"始作俑者，其无后乎"——如果当初效忠纳粹德国的物理学家不为希特勒造原子弹，那其他物理学家们或许也不会去造，那当然更是人类之福。而你所言之祸，归根结底，就是那些效忠纳粹德国的物理学家惹出来的。

当我看到你开始谈论19世纪末至20世纪初的物理学革命，指出核物理的发现才使得原子弹成为可能，我感觉，一段反科学主义的论证即将上演。

核能的发现，迄今主要就是两大应用：核武器（原子弹、氢弹）和核电。如果你不认为核武器带给人类任何"福"，那么对于不赞成发展核电的人士来说，核电也不会给人类带来什么"福"。不论切尔诺贝利或福岛的核电灾难，考虑到正常运行的核电对地球环境的持续污染，核电总体来说也是得不偿失的。

沿着这样的思路，"始作俑者"的罪名，就将从效忠纳粹德国的物理学家延伸到19世纪末至20世纪初在核物理方面做出贡献的所有物理学家身上了——不管他们后来效忠于纳粹德国还是其他国家。

但是这样往前追溯，到哪里是个头呢？是不是一切科学知识和发现发明，都将成为"始作俑者"？

原子弹给予人类的祸福

■ 其实，我讲始作俑者，只是在陈述一个事实而已。这种陈述本可以是中性的，但在不同立场上，再往后的推论当然会有所不同，甚至于就像你说的"一段反科学主义的论证即将上演"。更何况，你还提到了关于核电价值的当下仍在继续之中的争论。

但就像科学史讲某一科学的发现，也会给出一个大致的起始点，而不是都要追溯到人类点起第一把火。就后续的无论是原子弹还是核能之争，把起始点定在19世纪末20世纪初的物理学革命，还是大致说得过去的，至少人们不会认为从牛顿的理论可以演绎出核能问题。至于效忠纳粹德国的物理学家研制原子弹，只不过是后续的加速动力之一而已。在德国纳粹失败之后，虽然还有其他的恶势力，但除了被使用过的原子弹，许多新式武器不也照样还是被不遗余力地开发着吗？

当然，一定要强词夺理地一味再向前追溯根源，逻辑上虽然不是不可能，但那就进入关于人类认识、知识及其正反面影响的另一层次的讨论了。而且，即使像在关于核能研究的这个有限层次上的讨论，不也正是众多反思科学技术的研究所关注的吗？

□ 理论上比较务实的做法，我想还是将"始作俑者"定在那些效忠纳粹德国的物理学家身上，而不要继续往前追溯了。毕竟核能还可能有更多的应用前景，在那些前景中是福是祸尚未可知。利用一种知识，去研发大规模杀伤武器，或更高效的杀伤武器，前者如原子弹氢弹，后者如利用人工智能自行识别攻击目标并自行实施攻击行动的无人机之类，其实都是罪恶行为。如果因此引发了军备竞赛性质的技术进步，那就是

235

"始作俑者"。

结合这本《原子弹秘史》中所叙述的种种故事，我们不难从各种角度领略到"始作俑者"对这个世界的祸害——当然需要透过大量娓娓道来的背景、逸事、档案和技术细节。需要指出的是，在这些娓娓道来的背景、逸事、档案和技术细节中，一个科学主义者会读出对科学的热爱，而一个反科学主义者将读出对"始作俑者"的道德审判。

■ 不管出于什么样的目的，站在什么样的立场，关于制造原子弹这一重大事件，对其历史的了解都是必不可少，也是引人入胜的。而这本《原子弹秘史》，我觉得其实可以面向众多不同领域、不同阅读层次的读者。书确实是厚了些，但厚有厚的好处和价值，否则它也不会成为这一领域中的经典之一。毕竟，只靠阅读微信推送的那些碎片化的信息，绝对无法全面、深刻地理解制造原子弹这样一个给世界带来了如此巨变的事件。

那就读吧！

原载 2018 年 8 月 8 日《中华读书报》

究竟有多少创新值得期待？

□ 江晓原　　■ 刘　兵

□ 记得以前我们在对谈中，你时不时要对"创新"冷嘲热讽一两下。也许你嘲讽的不是"创新"本身，而是我们对"创新"的迷信或不适当的强调，但总是给我一种"创新在刘兵那儿讨不了好"的感觉。这件事情，我本来倒是"不持立场"的，或者说我自认为是一种超然的中立立场：我既不排斥创新，也不迷信创新。

等我读到这本《老科技的全球史》*，我发现我们在这个问题上的思考，完全可以再进一步深入。

作者认为，我们以往习惯的对科学技术发展的描述，往往是以"创新"为中心的，如果我们尝试另一种思路，就可能有大不相同的结果。他主张以"使用中的科技"（technology-in-use）作为思考的出发点，这样，"将会出现一幅完全不同的科技图景，甚至也可能形成一幅完全不同的发明与创新图景"。这甚至让他认同了布鲁诺·拉图尔的激进观点，"现代人所相信的现代，从未存在过"。

我们习惯的以创新为中心来看待科学技术发展的思路，被作者称为"未来主义"。他写道："我们因而把焦点放在发明与创新以及那些我们认定为最重要的科技上，这样的文献是二三

---

* 《老科技的全球史》，［英］大卫·艾杰顿著，李尚仁译，北京：九州出版社，2019 年 3 月第 1 版，定价：48 元。

流知识分子和宣传家的作品，像是韦尔斯（H. G. Wells）的书以及 NASA 公关人员的新闻稿，我们从那里得到的是关于科技与历史的一套陈腔滥调。"这番话还真有点指点江山挥斥方遒的气势。

■　在开始我们的对谈之前，我觉得有必要先对一些概念和说法进行一点说明。诚如你所说，"似乎"我总是时不时要对"创新"冷嘲热讽一两下，当然这是在特定的语境下。因为，毕竟从科学史来看，整个科学史似乎就是一部"创新"的历史，没有"创新"何谈科学的发展？而我们今天所说的创新，本应是在这样的意义上来看的，但在过去很长时间，人们没像今天这样大谈"创新"，好像也没有太影响科学发展，反倒是今天人们过于频繁地让"创新"一词出现在各种场合，甚至形成一种贬值的滥用，这才是真正的问题所在。

本书书名中的"科技"，原文是"技术"，这一译法上的问题，本身就意味深长。

尽管谈论的只是技术（这是有别于通常意义上的"科学"的），但本书确实有趣、有想法、说出了许多与当下主流声音有所不同的观点。不过这本书所讲的，与一开头你所提到的我的说法，在所指对象上并不完全一致，却也从另一个方向切入了我们关心的问题。

□　本书主要讨论的确实不是对"创新"一词的态度和用法本身，但作者其实是希望通过他讨论的那些技术应用情况，来改变人们对"创新"的盲目推崇和迷信。你莫非被"反对创新"的可能罪名吓着了？我觉得你的说明和我上面对你的描述并无矛盾，你只是补充得更为全面了。事实上我们都不赞成对"创新"一词进行"贬值的滥用"，所以才会对本书表示欣赏，我才会推测本书能让你有"吾道不孤"之感。

我很久以来一直在想象（或者说盼望）一种研究成果：告诉我们究竟有多少创新是真正有用的？比如，在足够长的时间段中对某个领域的专利进行统计分析，看到底有多大比例的专利是最终得到应用的？也许这样的研究项目实施起来非常困难，也许是我孤陋寡闻，我一直没见过这样的研究成果发表。

和我上面想象的统计学研究不同，本书近似地采用了个案分析的路径。论述了作者选择的一些比较"老"的发明，是如何被长期使用的，比如美国已经使用了半个世纪的轰炸机B-52；而与此同时，还有许多创新，或者一直得不到实际应用，或者得到了应用也只是云烟过眼，很快就被人淡忘了。

作者主要是采用正面论述，提请读者注意身边许多我们早已习以为常的事物，其实是技术史上的重要发明——它们的重要性主要是以它们的长期应用来背书的。作者希望读者在阅读这些正面论述的内容时，能够引发思考：那些层出不穷的创新中，能够有几项得到广泛持久的应用？人们将太多的赞美给了那些不值一提的创新，却几乎忽视了那些一直在身边造福于我们的发明。

■　我倒不是被"反对创新"的可能罪名吓着了，尽管这样的"罪名"还真是会吓到不少人。也许，很多人根本就不曾想到过居然还可以这样思考问题。

要论证这种科技发展，是需要实际的例证的。科技史，就是提供这种例证的最合适的学科之一。此书作者恰好以这样的身份，以科学史的研究为基础，给出了似乎不那么有利于当下创新热的观点和证据。

此书作者也并不只是中性地立足于科学技术史来谈问题，其论述也有着鲜明的当代意识。例如，他在讨论我们这里非常关注的"国家创新与国家经济发展"的话题时，就提到了"国家经济与科技的表现取决于国家发明与创新的速度，这样的假设隐含了一种极端而广泛的科技国族主义"。而且这原是20世纪50年代晚期出现在美国的一种观点，现今却被我们广泛接受。"这一论点主张，如果想要赶上富裕国家，国家就要有更多的发明与创新；如果不能做到这点，该国就会沦落到最贫穷国家的水平。""我们可以得出的结论是：全球性的创新或许是全球经济增长的决定因素，但这点并不能套用到特定的民族国家。既然国内的创新并不是国家技术的主要来源，那么国内的创新和国家经济增长率之间没有正相关也就不足为奇了。富裕国家彼此之间以及富裕国家和贫穷国家之间的全球科技分享是常态。那么我们是否该抛弃科技国族主义而采取全球性科技的视角来思考呢？"这样的观点，哪怕只是作为一家之言，也还是值得我们注意的。

□ 除"导言"和"结论"外，本书正文的8章，可以理解为作者考察创新的8个方面。应该承认，作者的思虑相当周全，这样从8个方面考察创新，本身就是一种创新，而且具有示范意义。其中的《国族》一章，主要从国家层面讨论对技术创新的看法，涉及意识形态的影响、冷战、跨国公司等多个与创新有关的方面。

不过，对于作者的主要观点，我感觉还有讨论的余地。在理论上，我们可以尝试这样来为那些过眼云烟的创新辩护。

没有量，哪来质？没有那么多的过眼云烟，哪来那些持久应用的发明？例如，没有那些众多的过眼云烟的飞机创新，哪来成功的 B-52？那么人们对所有新出现的创新都歌颂称赞，就有了足够的合理性。我们要采纳的本书作者的意见，应该是它的后半部分——我们确实应该对那些得到长久应用，因而为改善我们的生活做出了更大贡献的创新，表现出更多的敬意和关注。

■　你这样说的时候，我觉得已经从我们开头讨论的问题上有所转移了。我们知道，在历史上，绝大部分科学和技术研究的"成果"，都在大浪淘沙中被淘汰了，只有少数存留下来，这也就是你所说的量与质的问题。这其实并不令人惊讶。按照学术的规则，没有"新"进展的研究甚至都没有资格进入这样的淘汰赛。但在我们的对谈中，我更关注的是，为什么现在我们会比以往更迷恋于大谈创新？甚至是在"贬值的滥用"的意义上言必称创新？以及这样近乎反常的迷恋，会带来什么样的后果？

固然，《老科技的全球史》的主要案例谈的是那些并非最新的"创新"但却被持久应用的发现和发明，在这些发现和发明出现之时连"创新"一词都还没变得流行，但学术的规范也一直在起作用。这表明，至少相当多有用且好用的发现和发明，并不一定就是最新的创新，这是一个层面的问题。而在另一个层面上，我们还会去思考，我们如今大谈创新，又真的就直接带来了更多有用的创新成果吗？抑或更多的只是一种在概念和语言上的装饰，一种表态，一种夸张，一种掩饰，甚至是一种潜在的忧虑？

□　我认为，我们在很大程度上就是如此。其实我们常见的关于创新的论述，通常不外乎两类：一类是口号式的，歌颂的，用意当然是正面的；另一类稍微"深入"一点，基本上是"评功摆好"式的功劳簿，说创新带来了如何如何好的后果。但是和本书作者的论述相比，上述两类都明显缺乏深度。

作者试图区分，到底哪些创新才是重要的？他认为有必要考虑一些更为合理的标准，"根本重点是要区分使用（use）与有用（usefulness）、普遍（pervasiveness）与重要（significance）"。这当然不是文字游戏，作者有比较明确的所指。在他看来，许多昙花一现的创新成果虽然也曾被"使用"过，但很快就成为过眼云烟；而那些真正"有用"的创新和发明则长期发挥着重要作用（当然也是被使用），但人们往往对这些成果熟视无睹，反而不停地去追捧那些过眼云烟。

作为例证，作者特别提到了美国的 B-52 轰炸机（同温层堡垒），这种飞机 1952 年首飞，1962 年停产，前后总共生产了 8 个型号共 744 架，半个多世纪过去了，这种轰炸机至今仍在美国空军中服役，而且仍然是美军远程战略轰炸的主力机种。作者认为这样的技术成果就是"有用"的典范，也就是作者所强调的："关于发明最重要而且有趣的一件事，是它展现出重要的延续性，而这些延续性却从来没有获得充分的认识。"

■　就算你讲的第一种"用意正面"的口号式、歌颂的谈论"创新"（其实要远超出此范围），也仍然需要直面其弊端。这种时时处处谈创新（甚至于带来诸多伪创新）的方式，现在几乎已经渗透到了各个领域、各种场合，甚至影响到教育和研究的方式和评价。其实这样的做法，反而等于消解了创新，让诸多青年学者从一开始便觉得，所谓创新不过是口头上的说法，但又不得不按之行事，以至于"编造"所谓的创新点。对于科研究立项和评价亦是如此。这样的后果是极其严重的，是对真正创新的最大威胁之一。所以，才会有你开头所说的我"时不时要对'创新'冷嘲热讽一两下"。

这本《老科技的全球史》则部分地与我刚说的问题具有相关性，即让人们意识到即使创新重要，也不宜过分地时时挂在口头，反过来，对于"创新"的有限性和局限性也有必要进行一些反思。换言之，我们为什么要创新？这个问题在谈论创新时却往往被人们忽略。其实，创新最终极的目标，不还是为了让"有用"的"创新"使我们的生活变得更好吗？如果以此为目标，那我们自然也就不应该因某种理念的先行而过分地去追求那些很可能是"过眼云烟"的"创新"了。

原载 2019 年 6 月 12 日《中华读书报》

基因面前，还能我命由我不由天吗?

□　江晓原　　■刘　兵

□　刘兵兄，这可是一本相当有意思的书 *，我猜想一定也是你喜欢谈论的。

以前我们谈论历史上的星占学时，经常会提到"性格即命运"这句话，意思是说：一个人的命运是由他在一系列关键时刻的选择造成的；而他在关键时刻的选择，则是由他的性格决定的，所以说"性格即命运"。西方星占学家则宣称，能够根据一个人出生的年、月、日、时推算出他的算命天宫图（horoscope），并从他的算命天宫图中推断出他的性格，甚至推断出他将面临哪些关键时刻。比如，一个人的性格自私卑怯，那么遇到考验时自然就会逃避甚至背叛；而一个慷慨豪迈的人面对考验则团结战友努力工作，结果人生道路就此分叉，最后不啻泥云之别。

现在，基因学家来了，他们发现上面的星占学叙事可以很容易地移用过来：一个人的命运是由他在一系列关键时刻的选择造成的；而他在关键时刻的选择，则是由他的基因决定的，所以说"基因即命运"。自私卑怯的人逃避甚至背叛，是因为他的基因低劣，慷慨豪迈的人团结奋进是因为基因优秀。

---

* 《基因与命运——什么在影响我们的信念、行为和生活》，［加］史蒂芬·J.海涅著，高见等译，北京：中信出版社，2019年7月第1版，定价：68元。

例如，本书花了不少篇幅讨论抑郁症：考虑一下当你得知自己携带有抑郁症基因——通常被认为位于 5-HTTLPR 区域——的时候，你会有何种反应。作者告诉我们的反应之一是"感觉自己受到了永久的诅咒"，"最容易映入脑海的是各种失败、拒绝、困难、损失、羞辱，生活显然充满了苦难"。而这一切，都很可能是基因决定的！所以你再挣扎也是徒劳的。

■ 其实，这个问题还有另外很类似的版本。在近代科学建立初期，曾流行过一种非常极端的机械决定论。大致是说，按当时人们的理解，机械运动的规律已经被发现，而且这种规律决定着后来的一切，人们只要知道了最初每个物质粒子的初始位置和初始速度，原则上就可以计算出其后来的运动。进而按这种思路可以推论，人也不过是众多的物质粒子组成的，那么，其后续的一切所作所为，也不过是由那些构成人的粒子的初始状态所决定的。再进一步推论就比较可怕了，那就是，例如，当你努力进步或选择放弃努力时，其实并不是由你的自由意志所决定的，实际上是在最初的时刻就已经"命定"了的，人们觉得自己的努力由自己决定，只是一种幻觉而已。

由此可见，认为人的命运可以单纯地由服从某种规律的某种物质性的东西来决定（其实星占也不过是由时空参数加上某种预设的规则来进行预言），这样的观点并不是什么新东西，令人惊奇的反倒是这样的思维逻辑总是随着科学的新发现而不断地再现。现在这本《基因与命运》，所言之事同样也是如此。

但是，这也确实是当下科学背后存在着并且经常被表达出来的看法，而实际上，这似乎已经不是一个纯粹的科学问题，而是哲学问题了。你同意这种说法吗？

□ 我同意。我想本书作者在一定程度上似乎也意识到了这一点，这从他多次提到"基因本质主义"可见一斑。

作者认为有4种常见的"基因本质主义"的偏见：一，认为与基因对应的人类特征是不可改变的，比如认为带有"不忠基因"的人就一定不忠。二，将基因视为终极原因。三，认为拥有共同基因基础的群体是同质的。四，认为基因是天然的。

按我的理解，作者在使用"基因本质主义"这一明显具有负面色彩的表达时，他想传达的意思是，基因所指示的人类特征或行为都具有不确定性。如果我们以"不忠基因"（48核苷酸序列在多巴胺受体DRD4基因的第三外显子exonⅢ上重复了7次）为例，他对上述4种"基因本质主义"偏见的陈述，换成大白话就是这样的：

一，有"不忠基因"的人不一定不忠（没有"不忠基因"的人当然也不一定忠诚）。二，基因不是不忠的终极原因。三，在有"不忠基因"的人群中不会人人不忠（这实际上只是第一条的推论）。四，可以认为"不忠基因"不一定是天然的（想想转基因技术吧）。

这样一看，作者对"基因本质主义"的讨论就很有意义了。在此基础上，作者对日益商业化的基因检测持相当消极的态度，也就顺理成章了。在本书第四章《"23与我"公司的神谕：基因测试和疾病》结尾，作者明确表示：

面向消费者的基因检测公司根本无法对常见疾病的健康风险提出具体的科学预测，因为这些疾病没有明确的病因可以直接从基因中准确读取。基因检测的科学真相是，幕后并没有神谕祭司。

这番告诫对于那些迷信基因检测的人来说真是十分及时。

■ 正像你所说的，确实作者对所谓的基因本质主义提出了比较认真的批判："被想象的本质所包围是很危险的，因为这似乎使我们失去了控制感和选择的自由。但使本质更加麻烦的是，它们常常和一些最有争议性的社会话题联系在一起，比如精神疾病、性取向、种族问题等。"而且，"对于常见疾病——能够使全世界大部分人丢掉性命的疾病——来说，它们是内在复杂的相互作用力量的一部分。因此，要提供精确的风险评估是不可能的，至少以我们目前的认识水平来说是不可能的。"

但为什么人们会有这样的对基因检测的希望呢？这就涉及人们对于本质的理解。"本质是深藏于内部的，是天然的，是不可变的，是终极原因，它们构成了自然万物的界限。本质主义似乎是普遍的人类特点。"相应地，人们形成了所谓的"本质思维"。"这种思维在人们调查过的各种文化中都很普遍，而且它在人们生命的早期就会出现，这就说本质主义本质可能是我们的本质的一部分。一些研究人员提出，我们是通过不断进化才具有了本质思维的……不管人类是通过怎样的方式逐渐培养了强烈的本质思维的，依靠本质思维来解释问题已经成为应用广泛而根深蒂固的想法。"对基因检测的希望，不过是人们把这本质思维用在了新的基因研究的进展之上而已。

但对于学者们来说，有价值的研究，恰恰是要对这种作为人类"本质的一部分"的本质思维进行反思，发现其问题，也只有解决了这个更为基础性的问题，才有可能避免对本质思维在像对基因之类或旧或新的"本质"的发现而带来的滥用。

□ 其实用朴素的大白话来说，这就是科学的局限性。当初科学界极力鼓吹人类基因组的"天书"将如何如何造福人类，最激动人心的展望，就是治病、防病甚至改良人类成为"超人"。女星朱莉听说自己患乳腺癌的概率较高，还没等癌上身，就自己先将美丽的乳房割掉，也被视为一曲科学的颂歌。本书作者在书中也提到了这件事，虽然他对朱莉的决定没有说任何表示怀疑的话，但从他对目前基因检测技术的评价来看，既然"基因检测公司根本无法对常见疾病的健康风险提出具体的科学预测"，那朱莉的决定究竟是不是明智，也就大有商榷的余地了。按照本书作者的意见，上面这些展望，其实都言过其实了？实际上我们也只能从"天书"中读到某些事件发生的概率。

在本书第七章，作者小心谨慎地进入了关于优生学的讨论。这一章给人的印象是，作者似乎是将优生学视为一种"政治不正确的真科学"，例如作者一则曰"现在你很难找到神志健全的人愿意公开支持优生学"，再则曰"战后人们不能公开宣扬优生学思想，但是会策略性地改变名称以避免其过去的消极含义"，例如将《优生学季刊》改名为《社会生物学》、将"优生学学会"改名为"高尔顿研究所"之类。在这一章的结尾，作者总结说："优生学的诱惑力从未真正消失过。……现在的优生学意识形态正通过各种治疗、健康检查和疗法等基因工程新科学而涌现出来。"

■ 在关于优生学这一章中，作者更主要地是从科学基础及本质主义思维的角度，讨论了智商的遗传和犯罪基因两个问题。希望人类的后代能够更好，这种愿望本来也是可以理解的，因而优生学会得到一些人的认同，但优生学对此的干预，涉及伦理、种族等问题，从而不可接受，尽管在人们心目中希望后代更好的愿望依然存在。作者通过两个具体的案例，说明这样的优生学在科学上存在问题，即那些被认为是好的或坏的的品质，并非可以单纯从基因的遗传来决定。其次，作者进而认为这种理论观点背后，仍然是本质主义，或者基因本质主义在起作用。这正是此书讨论此问题的特殊有价值之处。

我们可以看出，对本质主义和本质主义思维的分析与批判，是贯穿此书讨论基因与命运论题的主线。与此同时，我们也可以注意到，此书作者的身份实际上是社会与文化心理学教授，而在书中各处的论述和对材料的选取中，也充分体现出了这一学科背景的特色。以这种特殊背景和视角来讨论此书的主题，应该说至少在我们这里以往是不常见的。

□　本书在国内关于基因、遗传等主题的书中，确属罕见品种。也许是科学主义观念对出版社选题的影响吧，我们在国内见到的有关基因、遗传的书籍，绝大多数是完全正面介绍的。例如，介绍关于人类基因组"天书"的释读时，通常都伴随着关于健康、长寿的科学畅想；即使引进桑德尔的《反对完美——科技与人性的正义之战》，从伦理角度对上述畅想提出了异议，也是以对上述畅想信以为真作为前提的。然而本书作者指出："因为大多数的特征并不是通过任何简单的开关出现的，所以我们想象的大多数基因工程的未来无非都只是想象出来的而已。"

斯蒂芬·海涅的这本《基因与命运》，可以当作对上述畅想的解毒剂——再次强烈提醒读者注意科学技术的局限性。无论是"天书"释读，基因测病，基因测祖，基因改造……全都是没有很高确定性的"基因占卜学"，而且作者也没有给出乐观的展望。所以本书给我的一个印象是：我们对人类基因组"天书"的意义和作用可能估计过高了，至少在人类现有科技水准下是如此。

■ 虽然本书作者并非生命科学和生物技术的科学共同体成员，但他从跨学科视角更为超然地审视基因研究和应用的局限性及不确定性，并上升到哲学的高度，从本质主义思维这一层面，来分析人们之所以会盲目相信基因研究及其种种不实许诺和不当应用的原因，这些确实都是不多见的，却带给读者重要的启发和思考。

推而论之，此书又是以基因为主的一个内容丰富的大案例。作者运用的哲学思考，从对基因本质主义的反思，到对更为一般的本质主义和本质主义思维的反思，又让我们可以将这种批判性的反思推广到基因研究之外的其他一些科学前沿问题上。这也许是此书给我们带来的更重要的启发意义。

原载 2019 年 12 月 18 日《中华读书报》

远西奇器：那些科学传播的往事

□ 江晓原　■ 刘 兵

□ "科学传播"虽然是现代的话头，不过科学（和技术）当然早就在传播了。如果我们回顾在中国发生过的科学传播——姑且还是用这个措辞吧——的往事，可以发现其中有些地方对今天仍有教益。

以前有许多人批评过著名的"中学为体，西学为用"——他们批评的出发点是恨中国没有尽快全盘西化。其实中国在历史上，经常接受来自异域的文化和科学知识，而且从来就是以"中学为体，西学为用"的态度来对待它们的，例如徐光启，他所讲论的西学，无论是和利玛窦合作翻译《几何原本》，还是他召集耶稣会士修撰《崇祯历书》，乃至他设法引进的欧洲新式火炮技术，他都只是要发挥其"用"，即提供技术层面的工具。即使是他自己皈依信奉的天主教，他也没有打算让它变成"体"。信奉天主，领洗，成为教徒，那只是个人的"修身"，而不是要用基督教义来取代或影响中国的传统政治理念。事实上，我们中国人从来就是用这种态度对待外来文化和知识的。

联系到本书 * 所研究的《远西奇器图说录最》的作者王徵，也是同样情形。王徵虔心皈依天主教，却在他年轻的妾申氏的

---

* 《传播与会通——〈奇器图说〉研究与校注》，张柏春等著，南京：江苏科学技术出版社，2008 年 12 月第 1 版，定价：120 元（全两册）。

去留问题上大受困扰，因为教义禁止纳妾；王徵在明朝灭亡时自杀尽忠，又使后来的教会人士评价他时大受困扰，因为教义禁止自杀。尽管王徵在"思想道德"层面上有过如此痛苦而惊人的挣扎和努力，他在向中国读者介绍"远西奇器"时，仍然没有丝毫违背"中学为体，西学为用"基本原则的打算。

■ 一上来，你就已经从《传播与会通》这本书的研究内容，谈到中国科学技术史的具体问题上了。既然这样，我也就顺着你的话题继续发挥下去吧，等到后面，再结合这本书有些具体讨论也不算晚。

在过去，在对中国近现代史以及中国近现代科学史的理解中，我也一直默认着这样的观念，即"中学为体，西学为用"的理念，是导致西方科学技术在中国被顺利接纳并且生根发展的重大阻碍。其实，这种观念本身也是很有道理的。不过，在人们默认这个观念的同时，似乎又隐含地预设了另外的判断，即因为有这样的阻碍，而使得西方科学技术在中国的生根发展受阻是一件很糟糕的事。

不过，如果超出上述带有价值色彩的判断之外，我们是不是还可以另有一些奇想呢？例如说，如果说那时的一些中国人（而且是有影响有决策实力的中国人）在倡导"中学为体"，那个"体"究竟是什么？至少，在我的印象里，在结合到科学和技术（在广义上的理解中）的问题上，几乎一直就没有说清那个"体"是什么？这是其一。

其二，是假定有了这样一个"体"，是不是就一定非要用西来的科学将其取代？以及，这样的取代如果真正成功了，好处是什么？代价又是什么呢？

以上两点如果相对搞清了，再来思考为什么西来的东西会在传播到中国后出现变形，恐怕就会更好理解、更好评论一些。你说呢？你对我想的那两问题，持什么样的看法呢？

□　关于你的第一个问题，我最近正好有一些新的想法。我认为"体"和"用"其实有不止一个层面。比如，从《奇器图说》出发，如果说具体的机械装置和设备是"用"，那么其力学原理可以视为"体"；但是如果我们将视野上升一个层面，那我们可以将力学原理之类的视为"用"，而将整个关于自然的观念体系视为"体"；如果再上一层，我们又可以将关于自然的观念视为"用"，而将更基础的哲学体系视为"体"，如此等等。

在这样一层层的"体—用结构"图景中，我们看到的是，中国人自古以来，一直尽力在每一个层面上坚持"中学为体，西学为用"——就是到了今天，我们也没有违背这个原则。所以，只要这个原则没有被放弃，"全盘西化"在中国就不会发生。

关于你的第二个问题，我是这样看的：我并不认为"全盘西化"是一个应该呼唤的局面。如果中国真的"西学为体，西学为用"了，那将是一个荒谬的局面——幸好它是不会出现的。现在我们采纳西方的科学技术，但保持我们的核心文化观念，这仍然是"中学为体，西学为用"。日本人拼命要"脱亚入欧"百余年了，它那"大和魂"也没有完全消散。况且"脱亚入欧"是不是真的给日本带来了福祉，还要再往下看呢。

■　我很高兴地听到你如此回答。正好，有一个日本东京工业大学的科学史教授在这里做报告，讲的仍是西方科学技术如何被引进到日本这样的一个老话题，结合的是东京工业大学在其中的角色。在听此报告的过程中，我也有选择性地注意和想到，日本近现代引入西方科学技术，其实也是坚持日本之"体"而在相当程度上只取西学之"用"。并因此，而带来了日本后来有别于西方但在技术发展上另具特色的局面。

如果是这样，那么，我们是不是还需要关心所谓的体用之争呢？或者，你所说的，只是一种实际的结果，而在此过程中，还是有许多人拼命要以西学之体取代中学之体的。尤其是当把"现代化"作为一个特殊的追求目标时，更是如此。

如你所讲的中国人自古以来一直尽力在每一个层面上都坚持"中学为体，西学为用"，那么，像《传播与会通》这本书的研究对象《奇器图说》在传播西洋技术时，肯定了中国文化的"型塑"，也就显得很自然、很正常了。不过，很遗憾的是，至少在我印象中，写作此书的中、德学者似乎没有这么明确地讲出你的这种看法。

□ 他们确实没有明确地这样说。也许，有些人仍然认为"中学为体，西学为用"是不好的状态？再说对于研究《奇器图说》这样一本书而言，讨论"中学为体，西学为用"的问题毕竟不一定是他们的义务。

回过头来说说这本《传播与会通》，有不少新颖的地方。

首先，国内国外多人合作，根据个人的条件，每人负责一个方面。比如《奇器图说》的两位作者是来华耶稣会士邓玉函和王徵，我们就看到关于邓玉函的部分由西方学者撰写，而关于王徵的部分就由中国学者撰写，这样倒是真做到了古人所谓的"随才器使"。

其次，本书在结构上相当全面，全书内容堪称"内史"与"外史"齐飞，研究共校订一帙。对一部古籍如此作为，确实可以说是"全面而深入"了。

最后，本书在编辑、装帧上花了很大工夫，非但图文并茂，对于一本学术著作来说，简直有点奢侈了（特别是下册的处理）。这也导致本书定价偏高，而且使本书处于一种矛盾状态中：一方面，因图文并茂装帧漂亮，具备了某种程度的大众阅读资质，但另一方面，因主题的学术化和偏高的定价，又使得此书变成一本小众读物。

不过不管怎么说，我还是非常乐意把玩和阅读这部书。不知你的感觉如何？

■　我觉得，你对此书之特点、优点的总结已经很全面了。在此，我只想补充一点，即近些年来，在国际科学史的研究中，有一个发展趋势，即开始以特殊的热情关注对于图形文本的研究，而且，这样的研究也带有当下有些时尚的"视觉文化"研究的味道，又往往需要引入一些新的基础性理论来支撑，例如像修辞学、符号学等。就此来说，我觉得，此书也大致有些这方面的意味（尤其是在出版的版式的编排方面）。当然，在此基础上，进一步运用在目前发展中的视觉科学史研究方面的一些特有的方法，借鉴与传统科学史研究有所不同的基础理论，那将是可期待在未来出现的工作。

原载 2009 年 4 月 3 日《文汇读书周报》

手艺在今天的意义

□ 江晓原　■ 刘　兵

□　最近看一些科幻电影，发现一个奇怪的现象——也可能是我"过度解读"了：作者们喜欢将故事发生的时间定在1900年前后，而不是在科幻作品中通常设定的未来。这种科幻电影中经常有一些令人怀旧的场景和情调。1900年还没有时速几百公里的高铁，也没有互联网和iPad，也没有关于转基因食品的争议，更没有福岛核电站的核泄漏污染。那个年代似乎是一个令人怀念的时代。

这本书差不多也是那个年代。一个德裔美国人，在1921—1930年，深入中国的市民会社，来调查和记录中国的手艺人活计，留下了这部图文并茂的《手艺中国——中国手工业调查图录》*。张柏春教授说本书是"洋人版的《天工开物》"，当然不失为一个妙喻。但更可贵的是，这项调查中的许多工艺，在今天已经不存在了。

我们今天来读这部书，怀旧一番固无不可，猎奇一把亦无不可，但我隐隐约约总觉得还可以有一点另外的什么。

■　你又是在用科幻说事了。不过，这也许有部分的道理

---

* 《手艺中国——中国手工业调查图录》，［美］鲁道夫·霍梅尔著，戴吾三等译，北京：北京理工大学出版社，2012年1月第1版，定价：98元。

吧。但除了科幻外，与这本书相关，我们还可以看到另外两件有趣的事。

其一，是在你说的那个年代，人们因为置身于在当时本来就很非现代化的环境中生活，因而对其周围的那些生产生活场景和生产生活工具也自然会习以为常，见惯不怪。但正是在那个时代，此书的作者霍梅尔，却在1921—1930年，全身心地投身于对中国传统手工业器物的调查，并在此书1937年首版时，说此书的目的即"通过对手工艺物品的研究，可使我们了解一段人类发展与文明的历史"。应该说，这体现出了作者超前的远见。

其二，即在此书出版了几十年后的今天，在有中译本问世的今天，在学术领域，例如像技术史、人类学、文化研究等领域中，传统手工艺器物已经成为人们关注的热点。之所以会这样，自然有许多原因，但在其中，那些在现代化出现之后而消失的"遗物"的珍稀，应该是重要的因素之一。

□　在现代化、全球化的今天，确实有不少学者对以前那些手工艺技术和作品感兴趣，甚至组织了专门机构来进行收集、整理的工作。不过我觉得这种收集和整理工作，恐怕有两种不同的动机。一种是近似于"好古成癖"，对这些如今已成"活化石"的旧时遗物把玩、欣赏，这种动机的背后，也许没有更深的情怀。另一种则是出于对现代化及全球化的反感，从而对"前现代化时代"表现出深深的眷恋，比如田松对纳西族科学技术史的研究就明显表现出这种眷恋。

这两种动机，都可以导致本书中霍梅尔所做的辛勤工作。我想，仅仅阅读本书，也许我们无法判断出霍梅尔有没有田松的情怀——我们之所以能够知道田松的情怀，一是因为他在他的著作中将自己的情怀表达得更为明确；二是因为他是我们的朋友，我们能够从相处中知道他更多的观念和情趣。

不过，霍梅尔毕竟是在 20 世纪 20 年代进行这些收集和整理工作的，那时现代化和全球化还远没有今天这样表现得咄咄逼人，所以他没有表现出田松那样的情怀当然是不难理解的。我觉得或许我们可以猜测的是，如果霍梅尔生在今日，他在从事这一工作时表现出某种类似田松的情怀，又何尝没有可能呢？

■ 你说的这两个方面，也许并非彼此矛盾。当然，任何一种倾向走到极端也都会显示出问题。像你所说的那种"好古成癖"，热衷于对旧时遗物把玩的人，在一种更宽泛的意义上，似乎也还有着某种与"博物"情怀相近的感觉，你我都很熟悉，但物理学史家戈革先生对那些古旧小玩意儿的喜爱，恐怕就属此类。尽管这类关注的对象多为人工物，而传统狭义上的博物学是以自然而非人工物作为对象。

与此同时，即使是那种出于"对现代化及全球化的反感"，从而对"前现代化时代"倍加关注的人，在一种学理的意义上，其关注仍然需要有一种基础和依托，而那些更早些或在当下哪怕是并非出于对现代化和全球化的反感（或反思的需要）而积累起来的对过于旧时那些非现代化器物的关注，则也构成了一种重要的学术准备。因为，在现代化来临之后的今天，那些旧日器物已经再难寻得了。这也正像那些哪怕出于纯粹考据癖而做的考据研究，却也可以成为后来更有意味的历史研究的前期材料的准备一样。

不过，虽然我们现在暂时无法确知此书作者的动机（不过也许对其更多的研究也许可以会得到一些相关信息），但他在那么早就能如此献身于对传统生活手工艺器物的收集整理，还是颇有远见的。因为我们也知道，当身边充斥着习以为常的东西时，人们通常是不会去更多地留心更不用说系统整理那些日常物品的。

□　虽然霍梅尔在本书中，通常都是以平静、客观的态度来描述那些手工工艺的，但是这样细致的描述和记录本身，似乎就透露着某种情绪。

我看本书时，一直在想一个问题：这些手工工艺其实有着相当高的技术含量，它们之所以消亡，最主要的，并不是因为它们效果不够好，或它们不能满足人们的需求，而是因为现代工业生产和它们的竞争——工业化的产品可以批量化生产，成本更低、效率更高，于是人们渐渐不再光顾传统的手工工艺了。那么，这种现代工业的批量化生产，究竟是不是当时的人们所需要的呢？工业化产品出来之后，两相比较，人们当然会说：我需要那个价廉物美的。但在这种价廉物美的工业产品出现之前，人们未必在盼望这些产品吧。所以，是不是也可以说，批量化生产的工业品，也是一种和今天的 iPad 类似的诱惑呢？

于是，我们就回到本文开头，我提到的那个神秘的 1900 年附近了——"过度发展"的临界点，会不会就出现在那附近呢？而我们今天再来回顾这些手工工艺，是不是还能够有更深的意义呢？

如何反思科学

■ 讲这些传统的工艺品与现代化的指生产的工业产品的比较问题，其实只能是在设置了某种价值标准之后才可能的。究竟如何评价是否需要，更是一件比较复杂的事。因为需要，也是有最本原的，以及被建构出来的非必需但却又经常被当作必需的。但至少有一点却是可以肯定的，即基于那种传统技术的生活，显然要更为生态，更为自然，更为可持续。

你在看此书时的上述联系，也是一个带有当下视角的解读。其实在此书作者从事这项可敬的工作时，也许本意上并未有当下如此理解的"高度"，但这种有某种超前意识且成为学术积累的工作，其重要性恰恰在当下更为凸显出来。

至于 1900 年前后是不是一个转折点的问题，也许有些像历史分期的争论，作为一家之说，也未尝不可。更重要的，也许不是确定某个特定的日期（尽管你说的是宽泛的"1900 年前后"），而更是在一个持续相当长的时间段中，出现了现代化的兴起和巨大影响（当然在中国的影响要晚于西方），并带来了诸多严重的新问题。当然人类总是在寻求变革，传统手工艺器物，也非一成不变，但这种变革过于激烈，便会出现本质改变，而且，对于多元传统并存也带来了致命的威胁。带有这样的意识，重新再去回顾那些质朴、可爱的传统手工艺器物，读者自然会有无数感慨、联想和反思。这也正是此书在当下的重要意义之一。

原载 2012 年 3 月 2 日《文汇读书周报》

人们为何对星占学感兴趣？

□ 江晓原　　■ 刘　兵

□　天文学是科学，星占学是伪科学，在今天，这本来是非常明确的事情。然而奇怪的是，在这个已经初步拥有宇宙航行能力的地球上，仍有千千万万的人对星占学抱着浓厚的兴趣。我曾在中国科学院上海天文台工作过 15 年，又一直以研究天文学史为业，这些年来，我已经记不清有多少次，我身边的人们（包括受过最正统、最严格的现代数理科学训练的杰出人士）问我：你说星占学，究竟有没有一点道理啊？

从某种意义上说，这也正是一种"流行"。在这个问题背后，一定有着某种心理因素，或者某种规律性的东西。

■　是的，近来在国内，在中学生中，甚至相当一部分大学生（特别是文科类的大学女生中），"星座文化"也极为盛行。市面上，众多有关的杂志和图书，都涉及这方面的内容，而且颇为畅销，网上有关的信息就更多了。在这背后，肯定有某种道理，尽管它也许不是科学，或者说天文学的道理。作为天文史家，你怎么看这些现象呢？

□　在这个问题上，我的意见比较保守。我认为归根结底是人类"预知未来"这一古老欲望在作怪。不管受过何等严格的科学训练，对于"预知未来"这一诱惑恐怕总难完全无动于衷。尽管有人已经作过进一步的思考，结论是：如果人类真的获得了预知未来的能力，人生将变成一场噩梦。但是因为事实上人类迄今尚未获得预知未来的能力，所以这个欲望仍然能够继续诱惑我们。

从另一个层面来看，号称能够"预知未来"的方术不止星占学一种，为何星占学独受青睐？那就要考虑文化因素了。星座与性格命运关系之类的玩意，本质上与中国古代的八字算命之类并无不同，但星座之说来自西方，又和许多神话攀扯在一起，更有漂亮的艺术形象为之装饰，就显得洋而且美，一些出版物又推波助澜。相比之下，八字算命缺乏神话和艺术的辅助，早已被打上"迷信"烙印，显得又土又劣。结果许多女青年喜欢在各种场合谈论星座，以为会显得挺有"文化"，其实恰恰显出其幼稚，真令人同情。

■　站在科学的、理性的立场上，你说的当然是有道理的。可是，我们这里所谈的"星座文化"现象，恐怕不是只用科学和理性的道理就能完全说明，或者彻底解决问题。因为人之作为人，在生活中，并不仅仅只靠理性就能满足一切需求。情感的需求，也同样有其道理。而"星座文化"，也许正是满足了人们的某种心理的、情感的需求，就像有人所说的，是在安抚心灵中最柔嫩的一面。在面对这种需求时，科学的道理、理性的分析会显得生硬和无能为力。至于为什么女大学生会格外地热衷于此，也许从社会建构的性别（gender）特征上可以得到部分的说明。而且，你把"文化"二字加了引号，实际上，是只把文化限定于科学的、理性的范围，认为符合那些要求的，才是有文化的。可是，换一种立场，文化不也应该是，或者就是多样的、丰富的、多彩的，而且有与情感的需求相适应的部分吗？

　□　这我倒不难同意。事实上，无论中国还是西方，以前在很长时期内，星占学家和算命人都曾经担任着安抚人们心灵的职务，如今有了专业的心理医生，前两者也还没有将这种职务完全让出来。

　　至于我在上面有一处将文化加了引号，当然是指狭义的文化。否则的话，傻瓜有傻瓜的文化，文盲有文盲的文化，试问那些女孩，在那种场合，她们愿意接受这样广义的解释吗？在那种场合（比如面对电视镜头），她们本来就是希望显得有狭义的文化。

　■　那我们就来谈文化问题。其实，你做的这个判断可能也缺乏根据，而且从深层也可以做出不同的分析和解释。首先，文化，特别是体现在公开场合的文化，经常是受到许多社会压力的制约而扭曲地形成和表现出来的。例如，当某女生在参加上海交大科学史研究生入学的面试时，也许会更愿意再现出你说的那种科学、理性的文化。但在内心深处，也许，你所说的许多女孩会更倾向于与星座相关联的那类文化，并把它作为反抗那种她们在内心深处并不真正喜爱，至少是认为并不能充分满足其心理需求的那种科学、理性文化的一种对抗物。再者，当许多认同星座文化的人聚集在一起时，这种星座文化就成为他们认同对方的一种标准，他（她）们彼此间也不会羞于表现自己热爱这种不科学、不理性的文化，甚至于，会认为对此种文化没有了解才是一种"没文化"的表现。其实，许多热衷于谈论星座问题的人，也并不一定就完全彻底地按照星座预言行事，而只是在影响自己做出决策的诸多因素中再加上一个思考的维度而已，并把这种热衷也看作是辨识"同道"的一种判据。这也是代沟现象的一种鲜明的表现。像以上这些现象难道不值得星占学的文化研究者们去探讨其存在的原因与合理性吗？这种探讨，在本质上，也超出了狭义的星占学的范围。

□ 伪科学确实有很多功能，包括你提到的辨识同道之类的功能。但我想这里的问题，在于有不少人并不清楚"星座文化"和科学、理性文化区别之间的区别。这是一个有普遍意义的问题，实际上也就是科学与伪科学的区别问题。

科学家们当然不愿意看到星占学到处泛滥，比如 1975 年，鲍克、杰罗姆和库尔兹拟定了一份抨击占星术的声明，包括 19 位诺贝尔奖得主在内的 192 名著名科学家在这份声明上签名；声明提出三个理由，认为占星术是伪科学：第一，它曾经是巫术；第二，它缺乏物理学根据；第三，人们相信它只是出于寻求安慰的目的。然而也有科学哲学家出来为星占学辩护——这些事你是熟悉的。

这种较高层次上的争论，双方对于星占学究竟是什么，它能作什么和不能作什么，其实都是很清楚的。那些为星占学辩护的科学哲学家，也不会真的靠星占学来指导自己的行动。但是到了在公众中，却可能产生消极作用，产生误导，产生幻觉，使人从一般意义上认为星占学可能是"有点道理的"。

■ 说到伪科学的问题，我想，一般意义上的占星学和我们前面谈论的"星座文化"还是有些微妙的区别的。在承认伪

人们为何对星占学感兴趣？

科学也有某些人类需要的功能的前提下，反对作为伪科学的占星学，这我同意。但我们前面提到的那些"星座文化"的热衷者，其中许多人并没有把它看作是像科学一样的东西。而标准的伪科学的一个突出的特征，是打着科学的旗号来鼓吹明明不是科学的东西。"星座文化"虽然与占星学有着不过分割的联系，但现在许多爱好者却是更多地把它作为一种娱乐和精神安慰，而不是看作对于命运未来等严格的预言，那种"有点道理"的感觉，也与他（她）们对科学的道理的感觉并不一定相同。因此，我们对此大可不必惊慌失措。有那么一些对科学所不具备的功能的补充，也许未必就是一件十分危险的事。正像在历史上和现实中科学无法取代宗教一样，天文学也许同样无法取代"星座文化"，这本可以是同时并存（当然也有部分冲突）的两回事。当然，科学家宣传科学反对伪科学也是值得赞扬的。不过，在公众中，真正地普及科学的、理性的文化，毕竟不是一件简单容易的事。这是要有一个艰巨、漫长的过程的，如果过急了，一上来就拿本是更多地作为一种娱乐的"星座文化"开刀，有可能会反倒带来更多事与愿违的抵触。因此，还是先去重点分析揭批那些直接害人、严重危害社会的伪科学，先放"星座文化"一马，更多地去从心理、社会和文化的方面对之做些研究，这也许是更为适当的做法吧。

□ 看到你这样好心地为"星座文化"说情，那些女生真要感谢你呢！不过我可是从来也没有鼓吹过要拿"星座文化"开刀——只要心里知道什么是科学，什么不是科学（或是伪科学），知道这两者分别能够解决什么问题，不能解决什么问题，就不会被误导。这使我想起昨天在香港城市大学作"日常生活

265

中的伪科学——如何面对？"演讲时，有一位听众提问：据说某大影星之所以和某大导演分手，是因为该大影星逼着该大导演和她结婚；而她之所以如此，是因为听信了算命人的"指导"，这算不算被伪科学所误的例子？我回答说：如果真有此事，那确实是被伪科学所误的例子——要是该大影星早些来这里听讲座，就不会如此了！听众大笑起来。

原载 2002 年 11 月 1 日《文汇读书周报》

3. 科学与文化

关于"科学大战"：有话好好说

□ 江晓原　　■ 刘　兵

□　刘兵兄，看了这本书*，我先是开始怀念电影《有话好好说》，接着开始羡慕本书作者们当年的工作情景：对立的两派学者，聚集在一起，第一天是乘坐一艘小机动船游览南安普敦水上风光，这过程想必将先前的敌意消除了不少；第二天是封闭式的深入讨论，在达成相互信任和理解之后，第三天举行公开讨论。这两派人，一派是 science studies（本书译作"科学论"，国内另有"科学元勘""科学的社会学研究"等译法）学者，另一派是对科学的社会学研究成果和从事者感到不满的科学界人士，或者说是某些秉持科学主义观点的学者。

之所以要搞这样一场温情脉脉的"有话好好说"会议，是因为许多学者感到，上述两派的论战和交锋，在 20 世纪 90 年代后，火药味越来越浓，本来相当纯粹的学术争论，逐渐演变为"主要目的似乎在于公开地嘲笑对方"。所以希望大家有机会面对面坐下来，心平气和地陈述自己的观点，在此基础上充分交换意见，求同存异，各抒己见，以求将有关的研究从理论上向前推进。

回过头来看我们这里，上述两派虽然尚未正式形成，但有

---

*《一种文化？——关于科学的对话》，［美］杰伊·A·拉宾格尔、［英］哈里·柯林斯主编，张增一等译，上海：上海科技教育出版社，2006 年 8 月第 1 版，定价：34 元。

些言论倒是可以说"主要目的似乎在于隐蔽地陷害对方"。不过，近几年一年一度的科学文化研讨会，是否至少在某种程度上与南安普敦会议有异曲同工之处？

■ 正如你所讲，在中国国内，似乎上述两派尚未正式形成，不过，倒也有一些相似的投影。当我们观看大洋彼岸的"大战"时，此地却也有一些局部的"战争"，尽管在队伍、实力、战场、战略和战术上都很有些不同。这样看来，似乎也还不太好进行严格的比较，一年一度的科学文化研讨会，也还很难说能与南安普敦会议直接相比。

虽然哪里都有另具特色的矛盾和冲突，但是科学与人文的分裂仍然是共同的大背景，也是两种文化之分裂在新形势下的新表现。

西方的"科学大战"在打了若干年之后，有人搞了这样一个两派对话的会议，颇有些外交上要沟通和谈的意味，这种用心当然良好，编者甚至基于良好的愿望拟出了一个《一种文化》的书名——尽管后面还是加上了个问号。不过，我倒是很有些怀疑这样的和谈是否能给两派真正带来和解，是否能够真正带来和平。

但是，能否实现和平是一回事，有坐下来"有话好好说"的愿望毕竟是一件好事，也许，在多元的基础上实现和平共处也有可能。但是，这又与西方在学术批评和学术争论中的传统有关。在那种传统中，学术观点不同的争论双方在学术争论之外，以及在学术争论的过程中，基本上还是可以很绅士地共处的。可是，在我们这里就颇为不同了，我们在学术界，似乎很少有西方学术界那种真正限于学术问题而又认真严肃的学术批评。偶有批判，多半很快就涉及学术之外的领域甚至人身攻击了，就像你所说的，在我们这里科学主义阵营一方在批判另一方时，动辄扯上意识形态，因而也就自然地出现了"隐蔽地陷害对方"的那种举动。

☐ 在本书的结语中，两位编者归纳出了论战双方在"有话好好说"会议后得到的三点共识，和一些不同的论点，以及一个问题清单，都很有意思。先看三点共识：

一，科学论对科学的旨趣没有敌意，既不是它要处心积虑地反对科学，也不是它无意中的副产品要反对科学。

二，在这场科学大战的整个过程中，误解和误读扮演了一个重要的角色。

三，科学论是令人感兴趣的，并且可能是有益的研究领域。

这第三个"共识"看起来就相当勉强了，很像两个关系紧张的国家首脑会谈后，发表的字斟句酌的联合公报中的措辞。这正好可以印证你上面的猜测：这样的和谈是否能给两派真正带来和解？

我想，真正的和解恐怕是不可能的，未来和和平（如果能有的话），恐怕只能等待"普朗克定律"慢慢地发生作用。但是开开这种"有话好好说"会议，起码也能对问题进一步澄清，对双方的观点减少"误解和误读"，总还是很有好处的。

■ 这种说法我也同意。或者换一种思维方式，当我们努力地消除两种文化间的隔阂时，其实在深层也有不同的目标，比如，像此书标题显示的那样：一种文化！或者，是虽然能够沟通甚至部分的理解，能够和平共处，但仍然还是两种文化。对前一种目标，仔细想来，实际上是在要消除文化的多元性，而后一种则不是。因此，即使将来普朗克定律产生作用，在现有的两种文化的这种领域中，也未必一定就是只有合一的一种文化，更可能的，仍然会有各自相对独立的科学文化和人文文化——当然，它们的形态也许会与今天大为不同。有理想的情况下，它们之间也许会和而不同，不再像现在这样彼此敌对。那样的话，也许就是一种比较理想的发展了。

其实，抛开更远大的目标不说，这样的和谈也还是有一些好处的。当双方真正以为了让对方理解自身而坦诚交流时，一些观点的表达会更加准确达意。至少，我在看此书时，就经常有这样的感觉，对一些经常有争议、有误解的问题，在双方的解释说明中，看到了许多更好、更明白的表述。

□　姑以欧美的情形言之，科学当然仍然无比强大，总体来说肯定占据着绝对优势，可是我看科学论方面却也丝毫不惧。非但不惧，势头还很强，"导数"是上升的，反倒是科学主义这一面，至少正在逐步丧失公众话语权。

回想当初，幼年期的科学论（如果已经可以这样指称的话），扮演的是科学的赞美者的角色，或者是某种"帮闲"角色，甚至好似主动投怀送抱却遭到轻视和冷遇的女郎——物理学家费曼"科学哲学对于科学家，就像鸟类学对于鸟一样毫无用处"的名言，就是这种轻视和冷遇的典型表现。

可是随着科学论的逐渐成长，它开始自立、自重、自强了，它已经不屑于再扮演"帮闲"角色了，它甚至开始批评起昔日赞美的对象了。最令科学方面感到意外和愤怒的是，在科学为大众的物质生活提供了如此众多的改善和便利之后，忘恩负义的大众和大众传媒，却和已经反叛了的科学论阵营日益亲近起来。

所以，在读此书的过程中，我产生了一个有点恶作剧的问题：在这场所谓的"科学大战"中，现在双方究竟谁更怕谁一点呢？

■ 你提的问题确实很有意思。确实，科学家，或者说科学主义一方（因为并非所有的科学家都投身于这场大战中，更多的人是采取了置身战场外的策略，甚至对大战并不感兴趣，所以讲科学主义一方，或者是好战的科学主义一方也许更为贴切）在这场战争中的激烈反应固然有因过去的高大形象被诋毁而怒从心头起的原因，但细想一下，恐怕还是有些恐惧感在里面的。你想，一个绝对强大的巨人会对一个不堪一击的弱小对手如此在意吗？通常，只有在实力大致相当时，一场大战才会持续打下去甚至难分输赢。因此，这场大战的出现，也确实表现出了一种社会权力结构的变化（这样说也是为了避免使用像社会进步这样的词句）。在新的权力结构中，科学主义者一方也要担心科学的权威和形象（尤其是在公众中的形象——因为正像此书中有人分析的，他们对只限于学术界讨论范围内的分歧要相对不那么敏感），在这背后，当然也有着像对于连带着会对其社会地位，尤其是资源分配带来的威胁。而另一方呢？一旦不再想做"帮闲"，在战争过后，就算输了（不过我们似乎并未看到这种迹象），又会失去什么呢？

　　但话说回来，其实，"现在世界上究竟谁怕谁"也许并不是最重要的。最重要的，还是安定与和平——我个人现在所倾向的是那种多元共存的和平，因为这种和平肯定不应是以科学论（说实在的我还是不很喜欢这种译法）无原则的妥协为代价的。

原载 2006 年 12 月 1 日《文汇读书周报》

两种文化何去何从

□　江晓原　　■　刘　兵

□　刘兵兄，C. P. 斯诺的《两种文化》*的第三个中译本也出版了。十多年来，国内的科学史和科学哲学界人士也没有少谈"两种文化"，但我的感觉是，在很长一段时间里，这两种文化不仅没有在事实上相亲相爱，反而在观念上渐行渐远。而且有很多人已经明显感觉到，一种文化正在日益侵凌于另一种文化之上。作为当年此书第一个中译本的译者之一，你对此有何高见？

■　我觉得，这倒没有什么令人惊奇的，反而从一个方面说明了斯诺所提出的问题的重要意义。说"一个方面"，是指同时也存在着对立的另一个方面，即在某些领域中，两种文化的沟通、融合问题，又确实表现出相当的进步。这里似乎也出现了两种不同的趋势。甚至在国际范围内也是如此。例如，前不久闹得沸沸扬扬的索卡尔事件，以及科学界某些人表现出的对人文研究的蔑视和批判，可以说是一个极端；而在像科学教育改革等领域中，无论国外还是国内（当然国内情况要更复杂些），也都表现出了要沟通两种文化的努力。

---

* 《两种文化》，［美］C. P. 斯诺著，陈克艰等译，上海：上海科学技术出版社，2003年1月第1版，定价：12.00元。

275

□ 在斯诺作讲话的年代（第一次讲话是 1959 年），科学还处于被人文轻视的状况中，科学技术被认为只类似于工匠们摆弄的玩意儿。这倒很有点像中国古代的情形——工匠阶层是根本不能与士大夫们平起平坐的。斯诺是要为科学争地位，争名分，要求让科学能够和人文平起平坐。他的这种主张，自然在随后的年代受到科学界的热烈欢迎。

从那时到现在已经过去了几十年，斯诺去世（1980 年）也很多年了。历史的钟摆摆到另一个端点之后，情况就不同了。斯诺要是在今日的中国，特别是在那些以理工科立身的大学中，我想他恐怕就要作另一个讲演了——他会重新为人文争地位，争名分，要求让人文能够和科学平起平坐。

■ 在新版的由剑桥大学出版社出版的《两种文化》一书（第三个中译本也是据此译出的）中，有一个很长的导言，由科里尼撰写，其篇幅差不多与正文一样长。此导言相当详细地回顾了自斯诺提出两种文化的问题后，就这一问题相关的历史发展。看来，在这几十年间，有关两种文化问题之研究的发展、有关历史境况的变化、这一问题的不同含义等，是带有非常丰富内容的、复杂的研究课题。

不过，你刚讲的看法大致是与那篇序言的观点类似的。对于斯诺若处于今天的中国会怎么样的推测也不无道理。但或许不仅仅是可以设想他若面对今天的中国会怎样讲，实际上，在国际范围内，在今天人文学科及其相关的文化地位也仍是充满争议的，尤其是在那些比较极端的唯科学主义人士的眼中，充满了对人文的蔑视。当然，在中国，这个问题可能表现得更突出，而且在表现形式上也与西方有所不同。

两种文化何去何从

□　考虑到斯诺当年演讲的时代背景，几十年后再来读这本书，除了引发我们世事沧桑的感慨，还有多少现实意义呢？我甚至还担心，在今天，这本书会不会反而被用来为"极端的唯科学主义"张目呢？

■　这种担心也许不是完全没有道理，但也似乎不必过虑。我觉得，考察这一命题提出的历史是重要的，这可以有助于我们更深刻地认识人们观念的发展，但在这种历史的考察中，对这一问题在不同历史时期的不同表现的关注本身，就反映出这样一层含义：重要的是这个问题提出和引起人们的注意与讨论。在不同时期它的含义不同，但却都引起人们的注意，这本身就说明了提出它的重要意义。

尤其是，我们更应该思考它在今天的特殊意义，以及在国际背景下的中国特殊环境中的特殊意义。有了这样的历史与现实的双重思考，阅读此书，特别是包括了新的长篇序言的新译本，不是也同样可以为人文的意义与价值张目吗？当年，科学史家萨顿曾提出"新人文主义"，是指建立在科学的基础上的人文主义。这也可以算是两种文化的沟通。今天，我们是不是也可以考虑一种基于人文思考的科学观（因为科学主义已有了其恶名，故这里用"观"来称之）的建设呢？

□　我也希望能够如此。

你知道，旧书重读，或旧事重提，经常能够得出新意，这也正是经典作品被不断重新出版的根本原因。本书第三个中译本的出版，也可以作如是观。这个译本的重要价值，是正文前面科利尼的长篇序言。

这里我还想提到此书的第二个中译本——三联书店 1994 年出版的纪树立译本，那个译本中包括了一些后续的文献，例如有斯诺回应利维斯的文章《利维斯事件和严重局势》等。这些文献第三个中译本里未曾收入。

如果从旧书重读或旧事重提的角度来思考，那么当年围绕着斯诺的"里德演讲"所发生的一系列争论，比如 1962 年 F. R. 利维斯对斯诺演讲的激烈攻击（被人称为"斯诺—利维斯之争"），在今天看来还有没有意义？或者，能不能赋予它新的意义？

■ 我觉得，当然那场争论是很有意义并值得我们注意的。在今天的回顾中，如果就当时的情形和英国（甚至西方）的具体背景来说，也许那场争论不过是与斯诺相对的另一方站出来表达观点，而且斯诺显然在发展的意义上占有更为人们注意的位置，但确实利维斯似乎也并非全无道理，只不过他的道理也只有在今天才会显示出更多深意。

我也注意到，虽然我们讲这个第三译本最重要之处在于其序言，而这篇序言的最重要的意义，则又在于它对有关两种文化争论的历史的追述。就此书的篇幅而言，此序言所占比例确实是够长的了，甚至有些超出常规。但对于我们来说，也许这样的历史分析仍嫌简单了一些，或许更需要针对我们特殊的历史和现状，进行一些更加详细的分析与解说，比如说像写作出版《两种文化》一书的解读本。当然，更加专门化的研究文章与专著也是迫切需要的。

□ 关于长篇序言的问题，使我想起一则逸事。当年蒋方震写成《欧洲文艺复兴史》一书，请梁启超作序，梁下笔万言，

"不能自休"，将序写得和蒋书一样篇幅，感到"天下古今，固无此等序文"，于是将序言独立为《清代学术概论》一书，反过来请蒋作了序。和梁启超的序比比，科利尼的序言就一点也不算长了。这篇序言若是再进一步充实和展开，那真可以收入"名家解读经典名著丛书"中去了——只是若为四五万字的《两种文化》写一本十余万字的解读，总让人疑心是不是在借题发挥。

■ 不过，像两种文化这种在几十年前就提出，而且在今天仍具有重要影响，并在不同的意义上为人们所关注讨论的问题，其重要性也正在于让人们借题发挥。否则，就不是在研究当代问题，而只是在研究历史了。甚至于，我们可以设想，我们今天在阅读这本经典著作时，在仅有四五万字的内容中，究竟有多少文字是直接与我们的现实直接相关的呢？似乎比例并不很大。最重要的，就在于这个问题的提出，在于这样一个问题不同的时代可以有不同的内涵，但却总是某种核心的社会文化焦点问题。关注这一问题的提出及其争论的历史，除了其自身的史学意义之外，重要的是可以帮助我们理解今天的现状是如何达到的，也更是为了在这种认识和理解的背景中更好地、更恰当地解决当下的问题。那么，剩下的任务，就是对两种文化及其分裂问题在今天的表现与我们相应的对策作为一个大问题来进行认真严肃的研究了。

原载 2003 年 4 月 4 日《文汇读书周报》

今日中国之"第三种文化"

——从《第三种文化》*说起

□　江晓原　　■　刘　兵

□　我们已经是第二次谈布罗克曼（J. Brockman）的书了。记得上次为他的《过去 2000 年最伟大的发明》（上海科学技术出版社，2000），那也是我们首次尝试用网上对谈这种方式来工作。时隔两年多，布罗克曼的《第三种文化——洞察世界的新途径》的中译本又问世了。上次的那本书我说他是"不吃力而讨好"，只是将一众高手的文章编辑成书，这本书他依然如此办理。当然在引言中他发表了自己的见解——为"正在浮现的第三种文化"高唱赞歌。引言中还包括了一众高手同样的观点。

■　对于这本书，我也认真地看过一遍，并写了一篇书评。总体上来说，我觉得，如果作为一本科普书，应该说这本书还是不错的，能请到这么多科学界的大人物来谈自己的工作和彼此评论，做法也比较别致。但问题主要是出在编者，或者说采访者布罗克曼的立意和对此项工作之意义的拔高上了。他并不满足于仅仅普及这些具体的与科学相关的知识与思想的内

---

*　《第三种文化——洞察世界的新途径》，[美]约翰·布罗克曼著（实为主编），吕芳译，海口：海南出版社，2003 年 4 月第 1 版，定价：24.80 元。

容,而是要把这些东西进行一种提升,提升到一种文化,而且是被作者称为"正在浮现的第三种文化"这样一个高度。

其实,他讲的"第三种文化",本来是不可能脱离开斯诺原来理想中的将科学文化与人文文化相融合形成的"第三种文化"的语境的。但他所谈的第三种文化,实际上完全是另一回事。在书中,他将来自于一般公众直接进行交流的科学家们的思想和工作与"正在浮现的第三种文化"相联系。这里的关键点在于,在布罗克曼看来,第三种文化的代表者,并不严格地等同于科学家,而只是科学家阵营中那些乐于直接为公众写作、与公众交流并因而还时常由于这些工作受到某些其他科学家蔑视的人士。布罗克曼也分析说,"第三种文化的引起人们广泛的注意靠的并不仅仅是他们的写作能力,那个传统上被称作'科学'的东西,今天已经变成了'大众文化'"。

□ 这个问题可以从一个更广泛的角度去看。进入现代社会之后,随着教育的普及,公众中有能力接触并理解科学知识的人数大大增加,然而与此同时,科学知识越来越精密,科学分工越来越细化,其结果是科学家与广大公众及人文学者之间的沟通发生了困难。科学要与公众接触、被公众理解,就需要中介人了,而这样的中介人往往是有人文素养的,比如记者、杂志撰稿人、科普作家之类。另一方面,人文学者与公众的沟通却相对要容易得多,他们可以不需要中介人,所以人文学者自然拥有较多的公众话语权。

这里既有理解上的困难,同时还有一个兴趣问题——对广大公众及人文学者来说,那些精密的科学知识,往往与自己的日常生活没有直接关系,甚至毫无关系,既然如此,他们又何必劳神费力去试图理解这些知识呢？所以科学家如果试图和他们谈论这些知识，通常很难引起他们的兴趣，也很难让他们理解。久而久之，科学家似乎丧失了信心，他们中的许多人将与公众沟通的努力视为对牛弹琴，甚至视为是有失身份的事情。这也许就是大部分科学家对于科普不屑一顾的原因。而人文学术相对来说比较容易被公众理解，也比较容易唤起公众的兴趣。

在这样的背景之下，布罗克曼所谓的"第三种文化"，说白了不过就是"科学家直接向公众说话"而已，与我们国内传统的"科普"理念其实是很接近的。

■ 但这里的问题还是可以从几个方面来讲。其一，科学家向公众普及科学知识的困难，这是现实的情况。不过在西方，总还是有些科学家愿意从事这样的工作，并做得比较成功。实际上，布罗克曼在此书中找的这些科学家，大致就属于这类。对此，在传统科普的意义上，这是需要我国的科普工作者们学习的，也是需要我们的科学家学习的。其二，在国外公众理解科学运动的发展中，就做法而言，已经从科学家单向对公众灌输科学知识，转向了关注科学家与公众的对话，即一种双向的交流。这应该是科普的一种高级阶段或者说高级形态。这更应该为我们所学习。其三，仅仅这些依然是不够的。仅仅这些内容还不足以构成斯诺原来所设想的那种充分融合了科学与人文的第三种文化。这才是此书的关键问题所在。布罗克曼所说的以他的书中为例的"第三种文化"，其实人文含量并不是很高。它还远不足以形成涵盖甚至超越科学文化和人文文化这两种传统文化之上的第三种文化。当然，这样的文化形成是非常困难的,也是斯诺之后几十年中许多人努力的方向。至于如何去做,可以有不同的看法,可以有争论,但至少不是以布罗克曼的这种方式来解决问题。

□ 事实上,布罗克曼所讴歌的方式,其实也就是国内科学界所说的"高级科普"而已,要从这上面"浮现"出"第三种文化"来,确实是极为困难的。当年斯诺心目中的"第三种文化",本来也是尚无清晰面目——我觉得倒是有些接近我们近年来所说的"科学文化",至少两者有交集。

本来,在现代科学确立以前,并不存在"科学"和"人文"分野上的"两种文化",从这种意义上来说,本来只有一种文化。是现代科学的巨大成功,以及日益细分的专业,使得科学逐渐成为另一种文化(至少在斯诺的意义上是如此),由此才出现"两种文化"之间的沟通和对话问题。沿着这个思路走下去,我们可以推想,斯诺所呼唤的"第三种文化",实际上应该是科学和人文这两种文化融合而成的一种新文化。换句话说,这是一个"1—2—1"的过程,当然后面那个"1"与前面那个相比,无疑将是更高级的文化。

相比之下,布罗克曼将科学家摆脱对媒体的依赖,试图直接和公众对话的努力,说成是"第三种文化",未免有点拔高了。

■ 我想说的也正是这个意思。不过,要谈到两种文化的分裂及其危害,以及人们对于融合它们的努力,甚至于第三种文化形成的理想,除了这作为一种世界范围学界的主流努力方向之外,也无法回避这种努力仍面临着巨大的阻力。在斯诺那里,虽然在谈两种文化的分裂和第三种文化的理想,但他的主要立场还是更多地站在科学文化这一边，而几十年后，在经历了诸多的争论，包括许多在立场上更侧重人文一方的学者们的观点出现之后，布罗克曼在做这样不成功甚至也不甚合理的尝试，却也还是基本上站在科学这一边，并表现出了对于人文文化的某种轻视。

问题在于，如今，像布罗克曼这样人并不少见，一些人甚至比他还要极端，干脆站在极端唯科学主义的立场，全盘否定人文文化的价值，甚至会说出伦理（学）常常给世界带来浩劫这样荒谬的话。像这样的人和他们的立场，实际上也构成了形成理想中的第三种文化的重要障碍。就像只要有人站在哪怕稍有人文精神的立场来分析一下科学时，就会有人跳出来给扣上"反科学文化"的大帽子一样。如果对文化的研究与发展设置了这样的禁区，那怎么还会有什么第三种文化呢？那就只能回到斯诺之前的时代，只能坚持一种科学文化了。而这恰恰对于这个世界的发展是有着很大的损害，有着很大的威胁。

□　那顶"反科学文化"的帽子，事实上是无的放矢。在被称为"反科学文化人"的群体中，没有任何人企图"反科学"，而且其中大部分人是学精密科学（比如物理学、天文学等）出身的，有的还在前沿做过研究工作，对于现代科学，比那些"制帽专家"有着更真切的了解。有些人士一看见、一听到有人对科学有所议论，就仿佛别人触动了禁脔，并立刻虚构出"有人要反对科学""科学正在受到损害"等等危言耸听的场景，随后就作义愤填膺状，大举讨伐。然而讨伐的行动，却又以无中生有、无限上纲、恐吓谩骂为主，根本不能心平气和地讲道理讨论问题，这对科学和科学文化都毫无贡献。

今日中国之"第三种文化"

■ 我们这里所说的这种现象，实际上也可以理解为两种文化之分裂的一种特殊表现。因为随着科学的发展，对于科学本身更深入的理解，也不可避免地需要有人文的视角，这也恰恰是像科学哲学、科学史和科学社会学等学科存在的重要意义。但有些极端的唯科学主义者，对人文不要说不肯学习，就连一听到这个词都会火冒三丈，却以科学的捍卫者自居，容不得半点对科学的议论，甚至无视科学在实际社会运作中未能令人满意的现实。

相比之外，那位出身于科学家，尽管不很"职业"却并不轻视人文的英国学者齐曼，在《真科学》一书中，倒采取了更为实事求是的态度来描写现实的科学。这又让我联想到另外的一个例子。当有人评论说中国古代没有科学时，便被某些人贴上的"卖国主义"的标签，其实，那些讲中国古代没有科学的人就真的是卖国而不爱国吗？他们中许多人在实事求是地分析过去，不正是为了这个国家未来的科学发展而做自己的努力吗？相反，那些不加分析而且盲目地出于"爱国热情"而宣扬中国古代就有了这个、那个的人，其工作的效果，倒可能正好与其爱国的初衷相反。在这里也是类似地，那些以卫道士的姿态"捍卫"科学，将对科学加以如实的分析、理解和研究的人动辄扣上"反科学"大帽子的人，其行为的后果，倒也正好可以说是在"反"科学。

□ 科学是天下公器，并不是只有科学家才有资格谈论科学，别的人也有资格谈论。如果自己也并非真正的科学家，却认为世界上只有自己才有资格谈论科学，这是一种奇怪的心理。布罗克曼大力主张科学家应该自己直接面对公众，当然也暗含着不喜欢别人充当媒介的意思。只要科学家们确实能将这项工作做好（就像那些为本书撰稿的科学家那样），这当然再好不过。但是如果科学家们无暇及此，或不屑为之，那就只能依靠其他人了，因为公众有理解科学、与科学对话的需要，媒体也会直接反映这种需要。

■　至于布罗克曼所想的科学家直接面对公众的问题，也大可再加分析。在当今这个时代，专业分工，或者说职业化，是一种无可避免的现实。科学家如果愿意在专业工作之余从事科普，当然是值得提倡和鼓励的事，但科学家毕竟其本职工作是从事科学研究，相应地，他们所受的训练，也主要是以此为目的的。因而他们并不一定擅长从事普及和传播工作，尽管事情总有例外。

正如我们所见，一些科学家既不擅长，也不很愿意从事科普工作（这点布罗克曼有其书中也是承认的）。因此，在西方才会有科学作家（science writer）之类的职业，而要从事这样的职业，无论是其基础训练，知识背景，还是工作方式，都有其自身与职业科学家有所不同的特点。这种分工的出现，也可以说是一种进步吧。相比之下，我们会发现，在我国，至少到目前为止，还很少出现这样的——这里不得不加的一个限定语"成功的"——科学作家。

原载于 2003 年 7 月 4 日《文汇读书周报》

科学文化与流行文化

□ 江晓原　■ 刘　兵

□　这个"南腔北调"对话栏目，是专为本报"科学文化"版而开的，第一次对话，开宗明义，自然应该谈科学文化。

科学文化这个提法，近些年在媒体上开始比较频繁地出现。它的边界正在拓展和形成之中。它和科学史、科学哲学、科学社会学、科学传播等都有关系，都有重叠。甚至和流行文化也有相当的关系。因此我们现在不必追求它的明确界定，不妨听其自然。

其实所谓"流行文化"，也没有明确界定。往深处想，会发现很难把握，但表面上却是容易感觉到的，只要最近在某个人群中人人都知道、都在谈论的东西，就是在这个人群中"流行"起来了。我想到两个与科学文化直接有关的例子。

比如关于数学，有《美丽心灵》，有世界数学家大会，有各种各样的数学书出版和重印，弄得连上海的中学生也知道纳什了，这就有点流行了。又比如当年在英国，据说受过教育的人如果不知道霍金和他的《时间简史》，那就成为老土落伍之人，于是人人都去买一本《时间简史》——其实大部分人是读不懂的，结果使这本书成为畅销书，而畅销书正是流行文化中一个非常重要的元素。

287

■　不过，与科学文化相关的流行，迄今为止毕竟还只有少数的例子。这里，我所联想到的，也许倒是更为世俗一些的流行文化。比如，80年代邓丽君的通俗歌曲在大陆的传播，或90年代红火一时的文化衫，或90年代末由"星爷"带动起来的大话文化，或是一度火遍网络上下的《东北人都是活雷锋》及捎带推销的酸菜，或是近来受白领读书人青睐的畿米、让少男少女争相传看的影片与图书《我的野蛮女友》以及作为"拇指文化"的短信息，如此等等，这些，大约可算是更为大众的流行文化，或至少是流行文化在不同人群中的具体体现吧。相应地，连不同类别人士的生活方式也都与流行连在一起，如小资、Bobo、白领、雅皮、格调主义者、新生活人士等等。我以为，这些表面上看上去与科学文化不那么沾边的流行文化，往往为科学文化的传播者们所忽视，但这种忽视，或者说对"公众"的所想所乐的不了解，肯定会影响到科学文化的传播方式。

□　你说的那些玩意，恐怕多数是过眼云烟，当然科学文化的传播者也会注意到它们。我知道你是喜欢"星爷"和"大话"的，那碗"酸菜"也吃得津津有味——但是，你该不会主张对这些也见贤思齐吧？

■　在某种程度上，我可以同意过眼烟云的说法，可是，如果仅仅强调永垂不朽的话，那就不是在谈流行文化了。有关科学文化的产品，又有多少是长久流行不衰的呢？有些东西或许能够成为经典，但绝大多数文化现象恐怕也会随着时间而为人所淡忘，这样说来，曾经能够流行至少是一件好事，眼在我们可见的绝大多数科普作品还远远够不上流行呢！关键在于，在这些或许并不长久的流行现象背后，肯定有某种我们还远未认清的规律或本质，这种无知也许正是目前许多科普或者说科学文化作品难以为大众所喜闻乐见的重要原因之一。在许多学界人士的心目中，往往有一种轻视而且看不起流行文化的心态。前两天，在某报的一次座谈会上，谈到流行文化与科普的关系，就有人担心采取流行的形式会把报纸做俗。我当时反驳说，至少就科学文化界，要想俗得到位还远不是一件容易的事呢。过去，我们不是就有"大俗大雅"之说吗？

□ 雅俗之说，难言之矣。比如《大话西游》，从感性的层面上，我无论如何难以接受，首先是这种语言，我无法忍受。但这只是我个人的好恶，是非理性领域中的事情。而在理性的层面上，我可以不排除《大话西游》有价值的可能性，我甚至可以不排除它有朝一日成为像莎士比亚那样的经典的可能性。当年莎士比亚也是流行文化，也是很俗的，但几百年后，成了高雅的经典。如果《大话西游》能够流行几百年，也可能会有这样的造化。

我想确实有一些学者，会在思想深处潜藏着一个放荡的想法：如果我的学术也能狠狠流行一把，那就俗一次也在所不惜——"为了巴黎，是值得祈祷的啊"。但是，要成功地"俗"一把，"俗"成流行，远非易事。霍金在他的出版商的帮助下成功了，但这背后到底有什么规律，首先是难以捉摸；有时有了一点感觉，却又难以言说。也许这正是流行文化的魅力所在？

■　在你这里的说法里，还是隐藏了一个观念，即在骨子里还是看不起流行的、"俗"的东西。而那些学者只是为了自己的学术的传播，才把流行作为一种权宜的手段，才会"在所不惜"，这也就是为了流行而流行。而这种为了流行而流行的做法，恰恰是许多想要流行但在实践中流行不起来的重要原因之一。流行，固然在背景有其规律，但更重要的，是一种立场，当科学文化的传播者们仍然以清高的心态把自己放在高高在上的位置上，要向那些他们不是很看得起也并不愿意真正理解的"公众"去普及时，那怎么可能让要普及的东西真正流行呢？只有真正地把立场站在公众这边，认同其对流行文化的消费心理的合理性，这才是让科学文化作品流行起来的一种重要前提。

□　我承认，在我看来，好不好才是主要的，流行不流行是次要的。好东西经常不能流行，流行的东西也未必都好。况且公众的口味是随时在变的，一不小心成了流行，费尽心血却遭冷落，都是常见的。做学者的，我想不能将流行作为目标——万一流行了当然也无妨，但是如果从事科学传播工作，恐怕就不宜采取这样"清高"的立场了。

■　说到这里，我们的观点总算有所趋同了。我同意学者的学术研究一般来说不能以流行作为目标，但这只是第一个阶段。理想地讲，成熟的学术迟早有要向公众普及的问题。而在这后一普及阶段，流行与否就变得至关重要了。否则，根本就谈不上普及，就是普及的失败。确实，公众对不同的流行物的口味总在变化中，但在这种变动中，不变的是公众总在保持着追随流行这一事实以及它背后的心态，这里面应当有极为值得研究的规律。我想说的是，作为科学文化的传播者，不能无视这一事实，不能不研究其规律，不能不利用其规律，更不能一概而论地看不起流行。当有了好的学术作为依托，有了骨子里的高雅作为载体，其作品如果能够成功地流行起来，才能说是科学文化传播的理想境界，那就将是经典的流行，也将是流行的经典。

□　听起来着实令人鼓舞，想想却还是玄之又玄。不过我们可以将这种理想境界视为努力的目标。

原载 2002 年 10 月 4 日《文汇读书周报》

我们需要更多的科学文化

□　江晓原　　■　刘　兵

　　□　系列丛书"我们的科学文化"＊终于问世了。这是我们这些朋友们呼唤了好几年的结果。现在想起来，这里头确实有很多问题是值得思考和讨论的。

　　几年前，我们开始在各种场合使用"科学文化"这个词时，对于它的含义有几种不同的理解，我觉得表达得最好的是田松的态度：我们先不要问她是谁，或者她会长成什么样子，且先帮助她成长起来。那时我表示，相信她一定会长成眉目如画的大美人。现在看来，我大概没有说错。"科学文化"已经在中国成长起来了：一本名为《科学文化评论》的杂志已经出版了几年，"科学文化"这个词在学术著述中和大众媒体上都已被频繁使用，成为进入了公众话语的词，甚至出现了"科学文化人"这样的称呼——尽管这种称呼让某些旁观人士感到不爽，不时要找由头来冷嘲热讽一番。

　　避免对"科学文化"做明确的界定，至少迄今为止还是一个正确的策略。这在某种程度上有点像小平同志"不要争论姓资姓社""发展才是硬道理"的精神。田松当初的态度，岂不就是深得小平同志指示精神之旨吗？

　　到了今天，我觉得，这几年发展下来，我们的科学文化已

＊《851^M：我们的科学文化》（1），江晓原、刘兵主编，上海：华东师范大学出版社，2007 年 7 月第 1 版，定价：32 元。

经逐渐形成了自己的面貌，或者说形成了某种主旨，本系列丛书的命名，正体现了这一点。

■ 说到科学文化这个概念，确实是有许多波折的。因为类似地，也还有其他一些概念在被人们使用着，比如像科学人文等。而在从六七年前开始，我们两人，则都一直坚持用科学文化这个概念。我想，这与我们既从事像科学史、科学哲学这样的学术研究，又同时在做着许多以学术研究为基础但又与之颇为不相同的、与科学的人文视角相关的准学术和大众传播工作有关。"科学文化"这个词，虽然到今天仍然在定义上有些模糊，但在指一个领域或一类工作时，却可以同时包容这些学术与非学术性的内容。

不过，在对科学文化概念做了这种概括性的总结之后，我想，我们也许还是应该回过来谈谈我们的系列丛书。"我们的科学文化"这个系列丛书的名字虽然是近来才起的，但要做这套书的想法，却是由来已久的，对其内容的设想，也有了很长时间的酝酿。甚至在多年前，我还曾做过另一套系列丛书，即"三思评论"。三思者，science 也。不过，那套书在只出了两本之后，由于种种不可控制的原因，就停出了。"三思评论"在内容上其实也是科学文化方面的，刚出时，也曾受到好评，被称作科学文化界的《读书》。你觉得，在"三思评论"和"我们的科学文化"之间，有什么异同吗？

□ 首先我想，一个差别是从编"三思评论"到编"我们的科学文化"，中间隔了好几年，在这几年中，我们这群朋友的思想都有了很大的发展，我们对很多问题的认识更深入了，也有许多新的问题进入了我们的视野。但是，某种同仁出版物的色彩，则是共有的。我觉得"我们的科学文化"所关心的问题似乎和现实更贴近，这其实是我们这个群体近年来一个比较明显的趋势。另外，在"我们的科学文化"中，群体合作的特点将会表现得更为明显，像我们现在商定的由一些编委轮流担任执行主编的制度等，就体现了这一点。同时，我们也更注重了某些趣味性，以便能获得更多的读者。

记得几年前我曾经说过"要有形成一个学派的思想准备"这样的话。当时我说这个话的时候实际上不无顾虑，但是此后几年随着同仁们的共同努力和思想的发展，这种现象似乎在客观上确实出现了。作为一种我们的同仁出版物，这也许是"我们的科学文化"与当年"三思评论"最大的不同了。

■ 我同意你关于学派的想法，尽管这样的说法可能会引来一些非议，但我们既然致力于发展我们所称的科学文化，致力于以一种大致相近的理念来从事研究和传播，为什么就不能打出"学派"的旗号呢？有非议就让他非议去吧。毕竟，在国际上关于学派的理论中，大致的要件就包括有出版"同仁出版物"这样一项要求。而且，在那些要件中，这似乎也是我们所欠缺的最后一件了。

除学派的问题外，我想说的是，在我看过第一本"我们的科学文化"的定稿之后，感觉它确实还是很有些可读性的，这也就是你所讲的那种趣味性的体现吧。其实，讲趣味，并非只是为了迎合读者，我们这里所体现出来的趣味性，本是各个作者在对选题的把握和表述中所带来的，是新的、与传统有所不同的理念带来的。否则，就只会有一种形式上的"趣味"而不会有长久的影响力。不过，这也许并不是我们在一开始的特意设计，而是一种群体品味的自然反映。

□ 我非常欣赏我们由编委轮流担任执行主编的制度。一方面，这可以为丛书带来不同的风格和特点，而另一方面，就要想到田松的那句名言了，"我们是由衷地相互欣赏着的"。所以，我们不会追求某种经过妥协而造成的统一风格，我们愿意让丛书的每一本呈现出不同的个人风格，甚至是非常强烈的个人风格。

要说到丛书的主旨，我想主要是反映这个学派在近年所关注问题上的重要思想，从总体上说，这些关注和思想，似乎可以用"换一种眼光看科学"来概括。因为在中国，用传统的眼光看科学的人仍然占绝大多数，而用带有后现代色彩的眼光看待科学的人还是太少了。有的人认为，因为中国的科学技术还不够发达，所以我们还没有到用后现代眼光看待科学的时候，或者换句话说，他们的意见其实就是说我们还没有到告别对科学迷信的时候。但事实上，这种必要性和科学技术发达的程度之间没有必然联系。更重要的是，用新的眼光看科学，对科学技术的发展是有好处的。

■ 虽然我自认自己是很后现代主义的，也同意你上面所说的看法，但我担心，并非为此丛书撰稿的所有作者同会会同意自认为后现代主义者。因而，我想是不是可以稍弱化一点，将"换一种眼光"理解为是用人文的视角和立场来看科学，当然，后现代主义也是国际人文思潮发展的一个新阶段。这让我想到，在美国科学史家职业化的过程中，一个重要的特点，是新一代的科学史家，从接受专业教育开始，与其前辈最大的不同，就在于他们从一开始就接受了更为人文的训练。从我们的丛书的作者情况来看，其中也有不少是"新人"，如刚毕业甚至在读的研究生，他们的加入，以及他们通过接受更为人文的教育并在这种知识背景下对科学进行人文研究，不是也体现出了可喜的新生力量的涌现吗？——而且，这种新生力量的存在可又是"学派"成立的重要标志之一呀！

原载 2007 年 8 月 3 日《文汇读书周报》

重读《小世界》

□ 江晓原　　■ 刘　兵

□　刘兵兄，我们两人都喜欢的小说《小世界》*又出了新的译本，新书想必你也已经拿到了。多年前，《小世界》第一个中译本问世。我最初并未注意到此书，回想起来，还是你向我推荐的呢。记得当时我正在为我的《世界历史上的星占学》一书编索引——那时可是要用手工编的！这活儿非常不好干，无聊而痛苦。我编一会儿索引，读一会儿《小世界》，如此交替进行，一周后索引编完，小说也读完了。有趣的是，我们两人当时不约而同都为《小世界》写了书评。在上海召开的《小世界》新译本研讨会上，我们两人当年的书评都被出版社找出来印在会议的资料中了。

老实说，我当年读《小世界》时，对各种后现代的理论几乎毫无接触。虽然对于戴维·洛奇在小说中所采用的类似"圣杯传奇"的结构，对于人物名字中的隐喻之类，我倒是有一点点相关的知识背景，但我完全没有将这些拼贴、隐喻之类的技巧与"后现代"联系起来。这么多年过去，我对"后现代"有了一些了解，也接触了更多的西方现代小说，现在再重读《小世界》，我的感觉好像与上海一次很不相同。上次读它时的那种类似"惊艳"的兴奋感，这次不见了。这使我略有一点

---

* 《小世界》，［英］戴维·洛奇著，王家湘译，上海：上海译文出版社，2006年12月第1版，定价：28元。

沮丧。

所以，我首先就很想知道你此次重读——如果你重读了的话——的感觉。

■　这次读了一些，但没有读完。不过，在此之前，我可是读过不只一遍。这已经是我见到的第三个中文版本了。记得，第一次读此书，有一定的偶然性，看的1992年重庆出版社的版本，当然，也颇有你所说的那种"惊艳"之感。因而，对洛奇这位作家留下了极深刻的印象。后来当作家出版社又推出洛奇的系列著作时，就一本不漏地全买了回来。而这次，则是在看上海译本出版社出的第三个版本了。

在最初读过《小世界》时，我曾向一些朋友（就像你所记得的也包括你）大力推荐了这部小说，不过，对于被推荐者，还是很有些选择的，因为我觉得并不一定是所有的人都会喜欢这部小说，但能够喜欢它的人，肯定应该是与自己有某种共同的欣赏趣味的。后来的结果也确实证明了这一点。

你问我重读此书的感觉，我想，在不那么有"惊艳"感这点上我们应该是共同的。但经过这些年对后现代的接触，也派生出另外一种不同的感受，即对其中一些内容理解的似乎要更多了一些，有了更多的意会，因而，我不会为读后感觉的不同而沮丧。

□　你说的三个版本我也都有。确实，仅仅这一点，也足以说明我是不应该为惊艳不再而沮丧了——已经是第三次见面了啊！

《小世界》里充满了智慧的洞见，最近戴维·洛奇在接受采访，谈到他构思《小世界》时，一度为寻找一个故事结构而绞尽脑汁，"（后来）当我想到关于亚瑟王、圆桌骑士和圣杯的传奇时，局面就豁然开朗了。因为我所熟悉的学术环境确实与这些传奇不无共通之处"。这段话让我感到十分鼓舞！我多年前成为"金（金庸小说）迷"中的一员，虽然金迷无数，但我之所以迷上金庸，理由与绝大部分金迷不同——我就是"因为我所熟悉的学术环境确实与这些传奇不无共通之处"。

甚至可以说，洛奇借用古代骑士传奇构造了他描绘当代学术生态的《小世界》，金庸则借用当代文坛（当然也可以包括学术界）的结构和机制构造了他的武侠世界。在意识到古代与当代的某些"同构"这一点上，洛奇与金庸是相通的。

因为洛奇上面的话可以印证我先前的看法：洛奇认为古代骑士世界与当今学界相通，而我认为金庸的武侠世界与当今学界文坛同构。当然，无论是亚瑟王和圆桌骑士的世界，还是金庸笔下的武侠世界，其实都是人为建构起来的，但是洛奇上面的话表明，我对于当今学界生态环境的感觉，至少和他的感觉是类似的。

■ 在我的感觉里，阅读《小世界》倒是可以更为加深对于后现代的理解。甚至可以说，这部小说与《红楼梦》有一个共同的特点，即不同的人在其中都可以读出不同的东西来。我尤其感兴趣的是，作者可以通过故事情节的叙述，将各种后现代的要素巧妙地融入其中，大量运用各种象征、隐喻的手法，将整部小说化为对后现代理论的阐述，当然，这种阐述是隐含在故事之中的。

除在学术的意义上阅读、理解和思考《小世界》这种方式外，人们也还可以从其表面上看似荒谬但实则与现实又颇有吻合的情节中获得会心的共鸣，例如像对于那些教授们穿梭在会议中，对学术研究随心所欲地胡来等。这恐怕也就是你所说的在对当今学界生态环境的感觉上的同感吧。当然，这也是一种阅读方式，一种与关注情节背后极强的学术理念有所不同的阅读方式。但在这两种阅读方式之间，似乎又有某种关联，就像对很有些说不清道不明但又实实在在地影响着人们的思考的后现代理论一样，也许后现代观念本身也意味着对自身的反省和解构。

□　说起《小世界》让我们联想到的许多学术界的趣事，我想起在我自己的学术生涯中，就见过一位"扎普教授"。他是×国人，当然远没有《小世界》中的扎普教授那种地位。这位教授有几年时间里，在我遇到他的所有学术会议中，永远都做同一个演讲——关于某个古代仪器的复原。那时还没有流行 PPT，大家演讲时要用透明薄膜做投影，这位教授将薄膜做成 A4 尺寸的幻灯片——有硬质的边框保护，这样薄膜就可以反复使用而不损坏。这当然还算不上"对学术研究随心所欲地胡来"，但在我们当时看来，也就够夸张的了。

在当年的那篇《小世界》书评中，我曾说过这样的话，"中国的扎普教授们已经成长起来，更多的柏斯们则正在攻读博士学位"。现在看来，我们这里的情况"发展"极快，竟已经出现了相当荒谬的情景，比如学术上的"量化考核"导致学术泡沫弥天而来——出版了无数专著，发表了无数论文，召开了无数会议，提升了无数教授，扩招了无数博士……总而言之，许多场景已经极具反讽意味了。

重读《小世界》

那天在上海的《小世界》新译本研讨会上，不止一个学者表示自己曾动过念头写一本当代的《围城》或《儒林外史》，也就是写一本中国版的《小世界》。这种想法其实是相当普遍的，当我们目睹身边学术界的种种可笑之处时，很容易产生类似的冲动，只是通常我们都没有洛奇（或钱钟书）的文学才能，所以也就只是冲动一下而已。

■ 我想，我们之所以对《小世界》中的情节如此感兴趣，有共鸣，也许与我们身处学界，更为熟悉学界现状有关。尽管学界现实存在的问题与《小世界》中虽有夸张却体现了其最荒谬之处的描写如此一致，但在我们生活的大千世界中，学术界毕竟还只是一个"小世界"，在这个"小世界"中也上演着与此外的大世界里其他小世界类似的剧情。洛奇以后现代的视角所描述的小世界的种种境况，其实只是在后现代的有色眼镜下看到的一个具体的圈子内形形色色的场景，倘若将这样的写作延及其他领域，恐怕也会写出一系列的《围城》和《儒林外史》。

这样的思路也让我想到另一个问题：如果作者不是一位出色的后现代学者，没有了后现代的理论准备，他是否还能写出对学术界如入木三分地精彩描述吗？也许能，但肯定会有所不同。我们经常讲理论如何抽象、脱离实际，但在这里，我们还是看到了一个理论融入文学写作的实例。这也许是后现代的意义及其与现实生活有密切联系的一个有力例证吧。

原载 2007 年 3 月 2 日《文汇读书周报》

科学时代的一丝人文主义

□　江晓原　　■　刘　兵

□　我们两人共同的一些朋友们——所谓的"科学文化人"——近年在集中关注科学主义问题之后，对这个问题的认识不断深化。就我个人而言，当我试图追溯中国现代的科学主义源头时，我曾经相当赞成美国学者郭颖颐《中国现代思想中的唯科学主义》一书的结论，即认为"五四"以后，特别是"科玄论战"以后，科学主义在中国已经取得了胜利。这个结论我现在觉得还是可以成立的，只不过先前我们可能忽略了（或者是歪曲了）这场战斗中失败一方的努力和论点。

现在这本《"科学时代的人文主义"》*，恰恰是要发掘当年那些提倡"科学时代的人文主义"的学者们曾经做出的努力。当然，指出这些努力，并不意味着可以改变当年科学主义在中国的胜利。这种胜利及其持续，也离不开世界范围的思潮演变背景。当这种胜利在 20 世纪下半叶的西方理论界和传媒中逐渐消失时，尽管中国一度闭关锁国，但是如今改革开放已经 30 年之久，反对唯科学主义的思想潮流"青山遮不住，毕竟东流去"，还是在世纪之交进入了中国学者、公众和媒体的视野。

■　我在看这本书的时候，也曾想过，在我们现在的背景

---

*　《"科学时代的人文主义"——〈思想与时代〉月刊（1941—1948）研究》，何方昱著，上海：上海书店出版社，2008 年 8 月第 1 版，定价：55 元。

下，你肯定会有像上述的联想，尽管此书的主旨，也许与我们平常的关注又有一定差异。

也许正是由于这种差异，我注意到，此书作者在绪论中的一个说法，或者说判断，可能就与我们的看法有所不同。作者认为，以往学界，例如像以郭颖颐、林毓生等人的观点有把科学主义在中国的强势有夸大的成分，而作者则是要"展现与此不同的一个面相"，"探究这一人群在一个科学的时代，如何重新认识科学的价值与人文的传统，以及他们为打通科学与人文之间的壁垒所做的种种尝试与努力"。

该书作者的努力是有意义的，但若要把这种"在已经发黄变脆的纸张背后，寻找那些渐渐被遗忘的学人"的历史，推及代表一个时代的意义，却同样有某种夸大之嫌。也许在《思想与时代》这个杂志以及这群作者来说，并不一定都是科学主义的，甚至是有积极意义的对科学主义的抵抗，但就那个时代（更不用说今天）而言，这样的阵营又不一定是主流的，否则，他们为什么会被绝大多数人"遗忘"了呢？而这正像你所说的，那些人的努力并不意味着可以改变当年科学主义在中国的胜利。

□　我忍不住又来搞一点我喜欢的"庸俗统计学"。

此书末附有《思想与时代》杂志的全部目录，共有各种文章389篇（包括了述评、纪念文章等），从目录上来看，有可能涉及科学主义问题的文章只有21篇，占全部文章的5%多一点。况且这些文章是不是都站在科学主义的对立面，也还不一定。也就是说，在这群学人所关注的问题中，科学主义问题（或"科玄论战"问题）只是很小的一部分。这一点其实在本书的结构上也得到了正确反映：全书包括"绪论"在内共七章，其中只有第四章《沟通文质》是涉及科学主义问题的。

本书第四章中列出的《思想与时代》杂志"科学家学人群"，总共只有6人：竺可桢、卢于道、陈立、洪谦、钱宝琮、张其昀，其中陈立、洪谦列为"科学家"，还是有点勉强的。从目录看，这六人中也只有竺可桢和钱宝琮关注过科学主义问题（另外的《思想与时代》学人中，关注该问题较多的是钱穆和谢幼伟）。

这些都提示我们，在那个时代，关心科学主义问题的人（无论是人文学者还是科学家），其实非常之少。所以汪晖那个被本书作者称为"并非如此简单而绝对"的论断，实际上还是可以成立的，"当第二次世界大战期间有组织的或民族—国家的高技术暴力震惊世界之时，中国知识分子正在为民族解放而奋斗，那些针对科学霸权及其技术运用的反思性的思想和概念没有引起人们的丝毫兴趣"。"没有引起人们的丝毫兴趣"当然是一个修辞，对于整个时代而言，即使找到了寥寥几个学人有时曾经表现过一点兴趣，也不会使这个修辞变得无法容忍。

当然，作者对科学主义投注了较多的注意力，给出了（相对于上述5%而言）较多的论述，还是值得欢迎和欣赏的。

■ 我觉得作者在其绪论中，似乎要对其他人关于中国在意识形态方面之科学主义的总体情况的看法有一种适度的颠覆，即认为中国在那个时代（当然那时对现在是有影响的）的科学主义倾向并非那么强，而这个刊物则证明了这一点。而我的看法，则是认为从那个时代开始，中国的科学主义的整体倾向就已经是很强的。虽然这个刊物科学主义色彩并不强，包含有大量关于人文、对于民族—国家问题的更加关注，并且即使有涉及科学的内容比例也不大，而这正好说明了，此刊物在整体的科学主义倾向中，并非特别有意地强调反科学主义的立场。即使有些这样的立场（如钱宝琮对萨顿观点的介绍），因为这个杂志的影响力有限，也很难说曾起到了多大的作用。

因而，中国当时（及现在）在整体上科学主义倾向是怎样（如汪晖的看法）是一回事，而这个刊物的科学主义（或反科学主义）倾向是怎样是另一回事，再考虑到其有限的影响，要从这份杂志来扩大讲对中国科学主义的整体判断，可能就会有以偏概全的问题了。

□ 我完全同意你的看法。不过，无论如何，这本书让我们注意到这份刊物，和围绕在这份刊物周围的当年学人，终归还是功德一件。况且，那些学人那时的各种思想和论述，在今天看来有些也相当有价值。

其实，对历史上的人物、事件、思想等的价值判断，在每个时代都是不同的。所谓"一切历史都是当代史"，应该就是包含了这层意思的。

■ 是啊，而且从史学来说，历史上的事情，也经常是有某种相似性的。虽然我们与《思想与时代》杂志处在不同的时代，虽然我们也不敢与那些大师们相比，但是在我们为科学与人文的交融、为反对科学主义而做着我们今天可能的努力的时候，那些前人的工作也未尝不是我们的榜样，这也是我们重温历史的一种意义吧。

原载 2009 年 1 月 2 日《文汇读书周报》

人性：来自基因还是来自文化？

——关于《社会生物学：新的综合》*

□　江晓原　　■　刘　兵

　　□　刘兵兄，相信你最初也是从当年的摘译本了解《社会生物学：新的综合》一书主要内容的。如今这部皇皇巨著的中文全译本终于问世，实在是大大的功德一件，我们少不得要讨论一回的。

　　却说爱德华·威尔逊已经有 8 种著作出版了中译本，其中第一种就是《社会生物学：新的综合》的摘译本。我一直怀疑，威尔逊后来有那么多书出了中译本，和这个摘译本在中国造成的影响有关。

　　谈到威尔逊在《社会生物学：新的综合》一书中引发巨大争议的观点，人们首先会想到 1977 年的那次"湿身事件"。此事被认为是近代美国历史上因为科学家表达自己的理念而遭到人身攻击的唯一事件。那时《社会生物学：新的综合》已经出版了两年，他出席在华盛顿举行的美国科学促进会的年会，正准备演讲时，一个示威者冲上讲台，将一瓶冷水浇在他头上。这一行动显然是为了引起媒体的关注，而且后来人们老是谈起此事，也说明肇事者达到了传播效果。

---

* 《社会生物学：新的综合》，［美］爱德华·O. 威尔逊著，毛盛贤等译，北京：北京理工大学出版社，2008 年 5 月第 1 版，定价：125 元。

人性：来自基因还是来自文化？

■ 你说的"湿身事件"我倒是不知道，但此书引起巨大争议确有耳闻。不过，我想先谈谈一个"猜想"，即关系到你说的威尔逊的著作有那么多中译本的问题相关。

确实，自从 1985 年由李昆峰编译的威尔逊的《社会生物学》这本巨著的摘译本在"走向未来丛书"推出后，伴随着当时特定环境下"走向未来丛书"的巨大影响，又由于当时可读之书不多，而这本书的观念偏偏又令人耳目一新，因而威尔逊的名字就已为中国学术文化界所熟悉了。

但由此我想到，再早得多的时候，达尔文的进化论在刚刚被引入中国时，似乎也是先以某种变形的形式，以《天演论》这本并非《物种起源》的原书而出现的。而且，进化论的观念在中国特定的环境下，也更是在意识形态的意义上而非学术的意义上产生了更大的影响。这似乎与中国人对进化观的特殊兴趣和理解有关，因而，才会将其有所改造，或者就更时髦的词来说，将其"误读"，并引发出自身更有兴趣的话题。我想，对于威尔逊的书也是一样。设想一下，如果当初不是先有《社会生物学》的摘译本，而是最一开始就出了全译本，恐怕后面的情形就可能会有所不同了。因而，我们可以"猜测"，正是因为那本通俗易懂而且主要论题更与中国人关心的问题联系密切的摘译本在特定的历史条件下先行问世，所以，才引发了后来国内对威尔逊著作的出版热。

当我拿到这本书的全译本时，有些出乎我意料的是，我发现这本来是一本相当艰深的学术著作，其哲学意义上的观念，其实是隐藏在其学术性的论述背后的。因此我才有了上面的想法，不知你以为如何？

□　我起先倒没往这一点上想，不过我同意你的判断。如果一上来就是这个全译本，就可能反而没有那么大的影响了。老实说，我认为现在这个全译本，也不会有当年那个摘译本那么有影响。这年头，有几个人肯耐下心来读一本132万字的艰深学术巨著啊。我有个想法，北京理工大学出版社在推出这个全译本的同时，为什么不顺便将当年的摘译本也出个新版呢？许多读者即使出于怀旧的心情，也会去买一本的。那个摘译本的篇幅，不到全书的十分之一。

我们这个专栏，不是经常"替人读书"的吗，对于这本将哲学意义及观念隐藏在学术陈述背后的大书，这种服务想必更有必要。

《社会生物学：新的综合》皇皇巨著，全书27章，英文版共575页，其实真正引发争议的就是全书最后的那一章——《人类：从社会生物学到社会学》。这一章占据了英文版中的30页，在中译本中则仅占全书717页中的29页。威尔逊后来说，许多批评他的人认为，如果他不写这第27章，《社会生物学：新的综合》就将是一部"伟大的著作"。

至于争议，主要来自两位被威尔逊称为"最后的马克思主义者"的人，他们指责威尔逊的社会生物学有两大"严重缺陷"：一是"还原论"，即认为最终可以将人类的行为还原到生物学中去理解；二是"遗传决定论"，即相信人类的基因决定了人类的本性。

■　你说的是很重要的一个问题。其实，我觉得，威尔逊虽然因为这一章而引起争议，但也恰恰正是因为这一章中的观点，才使得威尔逊在我们这里备受关注。否则，人们对他的理解，恐怕就只是作为一名重要的生物学家而已了。

　　除其观点是否引人关注、是否引人思考外，作者本人能够把其基础性的想法确切地表达出来，其实是一件好事。威尔逊做了那么多细致、具体的生物学研究，但他做这些研究，不可能与他更为根本性的哲学观念无关，那些观念，也许正是驱动他进行相关研究的深层动力。只是，当人们把背后的观念明确地讲出来，而且当观念又有新意且立场鲜明时，就容易有争议了。

　　你总结的两大争议，也即"还原论"和"遗传决定论"，与我们这次对谈的标题密切相关，也是对其不同回答背后的一种（实际上是哲学的）立场。这样的看法，有着近代科学的强大背景，也是现在许多科学家的潜在信念。当然，如果从更人文的立场看，这样的哲学立场显然是大可争议的。但从威尔逊为此书新版在1999年写的《世纪之交的社会生物学》这篇大约可以算是新版序的文字中，我们看到威尔逊本人似乎倒并不是那么极端地坚持那两种观念。那么，到底是威尔逊的观点后来有所弱化了呢？还是从一开始他的某些看法就被某些争议者极端化了？

　　□　对于"还原论"的指责，威尔逊自己还委屈着呢。威尔逊认为这一指控是歪曲他原意的，因为他从来没有主张过这样的"还原论"，他主张的是"相互作用论"——基因组决定了人类心理发育的方向，但无法消除文化的影响。

　　威尔逊认为，他的论敌采用了先歪曲他的原意，树立起一个虚假的靶标，然后对着这个靶标——宣称这就是威尔逊的学说——进行攻击的手法。他将这种手法斥之为"勾当"。这种手法我们在日常的不健康争论中也时常可见。

不过对于第二项指控，威尔逊没有指责对手歪曲他的原意。不过他当然坚信他的观点是正确的。他认为，古尔德等人之所以指责他，是因为他们相信"只有心如白板的人才能适应社会主义。如果心灵来源于可遗传的人性，那太令人不快了"。

但是威尔逊在被你称之为新版序的文章中，已经大声宣告了他的的胜利：古尔德等人发起的那场对他的批判，已成为被大部分学者和公众遗忘的"一场喧哗"，1984 年之后，"我没再听到过这类观点。……在 20 世纪结束的时候，这场争论已经平息"。由于有了确凿的证据，"人性的遗传框架似乎再也无法被驳倒"。

■ 这是两个比较复杂的问题。对于第一项指控，我们姑且承认威尔逊的辩解，而对于第二项指控及相关的争论，可能就需要再做些分析了。因为这里原来提出的问题是，"人类的基因决定了人类的本性"，那么，究竟何为人的本性呢？这个问题并没有讲得十分明白，而且，就此仍是可以有诸多争议的。但弱化些，我们也许可以这样说，基因决定了人的某些东西，但显然不是全部。如果我们仅把基因决定的那些东西定义为人性，威尔逊的说法当然是可以接受的。不过，显然在许多人的理解中，人性并不一定只是指基因所决定的那些东西。而且，即使是基因决定的那些东西，当以确切的方式显示出来时，恐怕也要渗入许多非基因决定的因素。否则，如果人性只是基因决定的东西，那人岂不是与动物无异了？我们相信人之所以为人，就应该是人有其特有的本性（当然这个词本身也可争议，也不妨替换为其在争论中更可接受的概念）。一般来说，文化，被认为是人所特有的某种东西吧，文化是否为动物所具有呢？在社会生物学的范围里，对此，是否也仍然留下了某种让人并不放心的悬念呢？这恐怕就得由对此感兴趣的人再进一步去争论了。而威尔逊在哲学上的意义，也许只是为人们由此展开的争论和思考开辟了一个出发点。

原载 2008 年 10 月 10 日《文汇读书周报》

学术品味与两种文化

——2005 年 4 月 13 日在清华大学的演讲

■ 刘 兵 □ 江晓原

□ 各位好！我们用这种方式正式做演讲是第二次，我曾把它戏称为学术相声。之所以采取这种形式，是因为此次演讲的主题，来源于我们两人近年在上海报刊上开设的两个对话专栏。我们的专栏是真正的对话——我写一段在网上发过去，然后他有一个回应，又发过来。有一个交流的过程，在写的时候不知道下面一段是什么，所以具有不确定性，也更有启发性。这种方式我跟别的学者也试过，但是都没有成功。我们俩比较适应这种方式。曾经有一次因为赶时间，我们就在一个会议之后，共用宾馆房间里的一台电脑，你敲一段，然后我敲一段，这样来完成了一篇对谈。

■ 我们在《文汇读书报》上面的栏目叫《南腔北调》，因为江晓原是典型的南方人，在南方任职。我是典型的北方人，在北方教书。《南腔北调》之外我们第二个专栏就是在《文景》上的《学术品味》，是一个更长篇的对话。我们已经很忙了，为什么还要开设一个这样的专栏呢？在与学界打交道的时候，虽然大家都是在做学术，但是我感觉到学术与学术之间是有差别的。我跟学生长期都是说要做有品味的学术，而不在于发表多少篇论文。所以就结合那两个专栏来谈一个这样的主题。

学术品味与两种文化

□ 《南腔北调》专栏已经是第三年了，主题就是两种文化。学术品味与两种文化是什么关系呢？我们是尝试要将二者联系起来。学术品味是个人化的东西，每个人都有自己的品味。我们不是要提出某种标准，你也可以不赞同我们这种"标准"。"两种文化"主要是指科学与人文的作为两种文化的关系。近年来我们一直很关注两种文化，并且卷入了多场争论。而且我和刘兵观点并不完全相同。

■ 我补充一个细节。就是在昨天下午我给学生开的一门读书讨论课——"科学史原著与案例研读"上，我请江晓原来讲他的著作《天学真原》，结果我们俩就在课堂上争论起来了。争论到最后，只好让学生去评价我们的观点。产生这种争论很自然，有差异才能对话。

□ 我觉得我们的差异就像昨天你一位学生所说的，你们的大方向和目标是一致的，只是策略不同。总体上我们确实有策略方面的不同，当然包括兴趣爱好之类的。言归正传，今天为什么要把学术品味和两种文化联系起来讲呢？是因为我们感到，很多学术品味的问题，正是两种文化的关系没有解决好造成的。

■ 关于两种文化，我来补充一点背景，可能有些同学不一定了解。两种文化是自 20 世纪 50 年代英国学者 C. P. 斯诺的关于两种文化的演讲，从那时开始，两种文化问题开始引起了人们的关注。简单地讲，也就是说科学文化伴随着科学专业化、科学家阵营形成和人文文化伴随着文学等人文知识分子产生的文化之间的差异、冲突、分裂。现在，人们通常是针对这样一个背景来谈两种文化。

□ 我们进入正题。我们两人已经讨论过很多问题，我们将这些问题一个一个跟大家谈一谈。到最后大家会发现，问题的根源就在于两种文化的关系没有解决好。

■ 我们第一次的专栏是从学术研究的论文选题谈起。学术界经常用的一个概念，特别是后现代的话语中，就是选题的宏大叙事。我记得在那次的讨论中江晓原就讲起亲身经历的一个关于陈寅恪的例子。

□ 故事是这样的。有个材料上说陈寅恪有一次给学生讲《琵琶行》，讲到"移船相近邀相见，添酒回灯重开宴"。移船相近到底是白居易的船靠向了歌女的，还是歌女的船靠向白居易的？到底是谁上了谁的船？这个歌女到底是长安城几流的妓女？当时我跟一位女士说，如果我上课的时候跟学生讨论这些问题，你觉得怎么样？她回答：那太低级趣味了，那还像个大学教授吗？我说陈寅恪就是这样讲的。她听到陈寅恪就沉吟起来了，意思是那就可以原谅了。这个例子虽然是生活中的一个小趣事，却表明了到底是做宏大叙事还是琐碎细节。

■ 今天来看学术研究的题目，到底什么样的题目可能有学术意义、学术趣味的、有意义的、值得去做的、适当的题目？我们设想我们同学今天选择陈寅恪这样的题目做课题、做学位论文，甚至是老师申报国家社会科学基金，会不会面临什么问题？我们肯定会遇到问题。今天的学术评价标准已经不同了，我们跟那时的选题会有差异，但是那时的大师可能是那么做的，我们由于对大师的敬仰因而尊重这些选题，但是只是因为他们是大师。如果设想陈寅恪再生，去某大学求职，那个大学会怎么做？

□ 那恐怕不会被接受。人事处不会答应：没有拿到博士学位、学术著作又没有多少、论文不符合规范、引文不符合规范，没有英文摘要、没有 key words……"评审"肯定不会通过。有一次让我给人文学院的研究生做报告，关于怎么做选题。当时我特意找了陈寅恪著作目录的某一页，随机的复印了一页——都是非常琐细的题目。我跟同学们讲，这是史学大师的题目，史学大师的名望是靠这些题目建立起来的，而不是靠"论中国当代的……"这样的题目。对宏大叙事的偏爱可能跟我们的教育有关。可能学生一开始上课、看书，都是这种形式。刘兵经常跟我说他的学生在随他念书后改变学术品味至少要一年的时间。也就是说清华这么优秀的学生都需要一年的时间，别的学校的可能需要更长的时间。

■ 我说的一年并不是说一年就彻底解决了这个问题，而是说学生的第一年是一个意识概念转变的一年。今天学术界的传统就是题目不宏大就做不出意义，没有价值。我有一个个人观点就是：题目本身、甚至学科本身都不是很重要。实际上学科那么多，题目那么多，任何题目都是在做我自己的观点，题目是我自己观点的载体。在这里我讲一个江教授的逸事，这个故事我也经常跟我的学生提到。现在的杂志、文章很多很多，看不过来，怎么办呢？那就要筛选，怎么筛选呢？我就介绍一下江教授的筛选绝活。他说打开一本刊物来，首先是看目录，左一列是题目，右边是作者。先看题目，其中有一些题目，无论是什么人写的我都不会看。再看作者，因为对学界圈子比较熟悉，所以某些人无论写什么我都不会看。这样交叉一选择就会找到有价值的文章。有这么一回事吧？

□ 这听起来很傲慢，但在实际操作中很有效。因为我们分工越来越细。我们做空洞的大题目，跟领导有关系。前几天我评审某基金，一看题目，90%都是空洞的大题目。但是仔细一想这是有原因的，因为申报课题指南的文件都是这样的题目。一些聪明的申报者就会报一些这样的大题目，比如说中西文化交流，但是他们不会真正做这个，而是在中间找一个具体课题来做。这样的人很有学术感觉的。但是有些人就不是这样。现在学校逼着学者都在申请课题，增长速度非常快。很多人根本没有受过专门的学术训练，直接将指南上的课题拿过来。久而久之，这种行为就成了习惯。要做题目一想就是这些空洞的大题目。另外，还有一些刊物认为如果老是登琐碎的题目，比如是谁登上了谁的船就会没有影响，宁愿指点江山的谈"中国当代的……"。刊物做得好不好，本身就反映主编的学术品味。如果老是喜欢刊登宏大叙事的文章，就会影响大家都去投这样的文章。

■ 这种评价机制反过来会作用到做学问的人身上。在做学问的时候、在评价学术价值的时候，我们往往会不自觉地陷入这种思路中。我曾跟江晓原说，并非完全是开玩笑，我一直有个题目想做，但是肯定没有基金会会支持这个题目。我想做的就是：现有的人文学科的基金的资助对人文社会科学的破坏作用。

□ 我个人感情上支持这个做法，你自己在家里做做是可以的。我觉得这一天是会来到的。到目前为止我没有看到任何一个严肃的报告，对我们实行了多年的社会科学、自然科学基金制度的优劣进行评估。也就是说实施了这个基金制度，比以前的行政拨款究竟好了多少？有什么地方产生了好的结果？什么地方产生了破坏？我相信会有一天人们会来评估这个东西。我个人感觉当年的行政拨款比现在好。我觉得我有资格这么说，因为我迄今已经主持过两次国家自然科学基金、一次国家社会科学基金，我自己也评审别人的项目，但是我觉得很没有意思，不合理，还不如以前的行政拨款。其实现在国家也拨款，只是引进了评估机制，以为这样能将基金投到好的项目中去。实际上，由于我们热衷于做这种量化考核、计划学术，基金未必能投到好的项目中去，许多好的课题是申请不到基金的。

■ 就我个人感觉，我们生活在现实的体制之中，如果完全不考虑体制的要求，那是肯定行不通的，所以我们经常要悲哀和不幸地做出妥协。说到这里又想起一个故事。当时是在香港开会，也是跟江晓原一起，一名北大的教授就讲起一个北大学术评价的故事。北大人文学部在评定教师职称和教师成果时，有学术委员提出，如果有两人成果相当，那么有项目、有经费的那个人不仅不能加分，反而要减分，理由是：另一个人

317

没拿国家的科研经费，也做出了同样成就；而你拿了国家的经费，成就也只是如此，所以要减分。我们可以想想，像这样的标准现在还剩下多少？

□　那天在香港我还提出一个观点。我们为什么要搞那么多的量化考核？因为我们把那个称为"法治"。怕他不公正，所以弄出个杠杠来。两个学者在 SCI 刊物上发表论文，5 篇就比 3 篇好。而"人治"的办法是这样的：校长觉得某某人好，认为他做可以做系主任，那就聘请。我们还是举清华的例子。当年梁启超向校长推荐陈寅恪，校长问有没有学位啊，没有，有没有著作啊，没有。当时校长就有些顾虑了，说那这样不行啊。梁启超立马说，陈寅恪的那些论文比我这么多著作的价值还要大。校长听了这个话就聘请了陈寅恪。我们一直都注意到了法治比人治好，因为人治有很多坏处。比如说校长任人唯亲，他聘请他的小舅子，如果小舅子没有才能，法制就可以避免这种情况。反过来我们可以想想人治有没有好的一面。那个校长把他的小舅子聘请进来了，小舅子如果做得不好，校长就要负责任。梁启超当年把陈寅恪推荐进来了，如果他尸位素餐、不称职，校长和梁都要负责任，梁启超是以他的人格为陈寅恪负责。也就是说人治下，搞坏的事情就有人负责。我们经常看到聘请了一个教授，经费待遇都上去了，但是不称职、跟同事也不能很好地合作，但是找不到任何人为此负责。因为聘请这个人是由学校委员会投票决定的，引进人才的条例写得清清楚楚，要有正高职称、要有博士学位、要有三本以上的学术著作、要有国外工作经历……这个人都有啊。我们怎么知道这个人得到正高职称是通过腐败的呢？怎么知道他得到博士学位是开了后门的呢？这些问题都是由别的学校负责的，可是别的学校也是按照所谓的"规定"来的，也是由某些委员会认定的。因此，无论把事情搞得多坏，没有任何个人会为此负责。我们今天很喜欢量化考核，可能就是因为没什么人敢于承担责任。

■ 做学术的时候已经分成几种类型了。数篇数的是一种类型，也可能还有不以这个为第一目标的。我在所里的、我带学生，虽不像你做院长有那种痛苦的挣扎，但是学生毕业前要在各种级别的杂志上发表多少篇论文。这也是一种量化的过程，它可以促使你发表一些论文，但是发表之后是否达到了我们量化的原先目的呢？论文原本是想以最好的方式将学术研究的心得写出来，但是最后变成了数数儿。

□ 我们前面一讲是杨叔子院士的讲座，杨叔子有一次到交大去，我参加了接待。大家都对量化这个东西很讨厌，我就问杨叔子院士，你当校长怎么对待这种量化？杨叔子说我区别对待，对工作有妨碍的，我糊弄到最低限度，对我工作有益的就拼命干。我们都意识到这个不好，但是个人无法反抗，杨叔子当校长都没法反抗。量化的一个后果就是我们数数儿的时候就把质量扔在一边了。当我们只要评价很少数东西的时候可以把所有的文章都看一遍，是不是好，是不是糊弄的，但是现在只要看数量，而且数量是越多越好。结果只能审查你是否造假、是否真的发表，不可能审查你是不是老生常谈，是不是有创意。时间、精力不可能允许你一篇篇地审查，只能按照SCI、EI 等分等级登录上去就算了。这样好的文章也被淹没在垃圾中，显不出来。文章都经过这样一处理，一个人在高级刊物上通过走后门发表了一篇垃圾文章，另一个人花了几年时间苦心研究发表了一篇，结果是一样的。所以这种量化考核极大地败坏学术研究。

■ 也就是说类似于一种劣币定律的概念，竞争取胜者不是有品位的、好的学术研究者。量化说的是成果产出的考核，它的前一个步骤就是计划，这个是一脉相承的。我们在研究一开始的时候就会设想。我们可以看到很多基金——不管是社科的还是自然科学——几乎没有未实现目标的，（不是说没有不过关的，但是极少极少），绝大多数达到了，而且是在申请的时候就预设了能够达到目标。

□ 而且还有规律，钱越多，得奖的概率也越大。如果你弄了1个亿的项目，你肯定能完成一个大成果，而且获奖的概率也很大。

■ 这不仅是国内的问题，在国际上也有类似倾向。2002年我在剑桥听一个报告，这个报告是剑桥大学科学史系里的非常高级的、每年一次的重要报告。一个著名的科学社会学者科林斯考察了一项自然科学的研究——引力波。他通过社会学研究发现，没有什么成果也要变成有成果。这个项目投了很多钱，就要有成果。但是我们知道科学研究，包括社会科学的研究，绝大部分是不成功的。我们看看科学史就知道了，科学家作的绝大多数是失败的。如果说这么多年的都成功了，那不得了啊，甚至是可怕的。不成功很正常的。引力波这项研究实际得出的是零结果，也就是在误差范围之内探测不到这个结果。但是这样对基金会没有交代。于是就变通了，对于这个过程解释一番，我的仪器、方法是新的，我给出了一个不能超越的极限，于是就有了成果了，就通过了考核。

□　你说的这个现象中外都一样，因为拨款的人不可能容忍自己的拨款是一个错误，所以一定会有成果。这个完全可以支持我刚才的观点，就是宁愿要行政拨款，行政拨款不要求你对这个拨款有交代，不要求你有结果。现在搞成什么都是基金、项目的，就要求你必须对每个项目负责，都要有结果，这就是计划学术的作用。很多学校、很多单位得到上面的指标：今年要发表 SCI 的论文多少篇、拿到纵向的基金多少万。弄好了指标到了年终的时候就要汇报，看你的指标是否完成了。每年都要做这种无聊的游戏，院长就要去找计划处长讨价还价，要拼命地降低指标，处长就要拼命地提高指标。年底时就翻出了年初时的指标，一看，指标要求发表 SCI 10 篇，结果发表了 12 篇，这个是超额发表。发表的东西到底有什么价值不管，只要数量，而这个数量是开始就定好的。我不知道那些掌权的人怎么想的，他们觉得做学术好像流水线生产一样，流水线上的装配只要一个个零件放上去，就能够生产出规定好的产量多少多少，学术怎么可能是这样呢？

■　我们以前也谈论过这个话题，不是直接相关，但是间接有密切的联系。2005 年是国际物理年，这个跟 1905年——爱因斯坦的奇迹年联系的。我们回顾这段科学史上典型的事例，爱因斯坦当时在专利局中做小职员，不是教授、没有基金，完全是业余的研究，写出了几篇在我们今天看来都是诺贝尔奖级别的文章。而且由于种种复杂的历史原因，真正最后得奖的是那个相对而言最不起眼的。按照这种规划，当我们有着大型的资助时，可能没有预期的成果，反之当没有规划时，还有不可预测的成果。我们可以想想爱因斯坦以来有没有哪一年哪一个科学家在哪一种规模的资助下可以再现那个奇迹？

□　到现在为止还没有。爱因斯坦的故事我认为是个教训，对我们今天来说意义很大。我们没有注意到这个教训，他的成功是自由思想的成果，没有任何量化的考核。爱因斯坦晚年回忆，他幸好去了专利局（当年他进不了大学，只能通过同学的老爸当上了专利局的小职员）。他认为当小职员有好处，进了大学就也有现在的这种要求，就要评职称、写论文，那些要求会妨碍他自由思考。

学术品味还有两个概念，就是刘兵提出的"伪创新"和"伪出版"。

■　其实这两个词说得也有些偏颇。学术研究的要点就是有创造，一个有品味的学术就是好的、有意义的创造、有学术影响的创造。我注意到一个现象，可能有个人偏见，不知道大家注意没有，就是最近若干年"创新"这个词出现频率非常高。我们可以追溯其来源，比如经济学中提出等。我在想在爱因斯坦、牛顿时代有没有人提创新这个词？可能那个时候没有这个概念。没有这个概念的时候学术研究是怎么做的？人文学科也是一样，经济学家、历史学家等，没有这个概念的时候是怎么做学术的？今天出现了一个语言游戏之后，好像不谈创新就不是学术，于是我们大家都开始创新起来。

□　每篇论文都要注明创新之处在哪里，项目申请也是一样。

■　我在学生答辩的时候也有这个苦恼，有这个要求，就是创新也可以量化：你有多少创新点，跟拳击一样，可以计数。有了这个要求，大家在开题时就有意识地设计出创新，论文还没写就设计出我在哪里哪里将有创新之处。因此我不喜欢这种说法，这是为了数数儿而强行创新，我说那个叫"伪创新"。

□　我们知道创新是非常难的，我们看到现在的论文已经毫无创新了。但是我们只要它能有创新之处，也就可以了。

■　我们可以算一算，我们毕业了多少硕士、博士，发表了多少论文，每个论文中有多少创新点，我们可以乘一乘、算一算我们有多少创新点，实际上到最后我们最大的创新可能在于如何编写创新点！

□　我前几天看了一个材料，当然我觉得他有点夸大其词。他说有人做了统计，中国最近20年学术论文数量极快地增长，但是因为绝大多数是垃圾论文，以至于中国在国际学术界的声誉反而下降。大多数人看这个材料是不高兴的，但是我们如果在量化的路上越走越远的话，那一天会来到的。

联系"伪创新"的是"伪出版"。对于伪出版我感触比较深。最初我没有弄懂其中的奥妙。在我们学校年底的成果展示会上，我发现有很多书我从来没见到过。说这个话可能有点自大，中国每年出多少书，有数据说 2004 年是 21 万种吧，没看到有什么稀奇呢？但是有些领域我是很关心的，我写的专栏有关于书评的，出版社、媒体也经常给我寄一些书，而且我还常要去书店，但是这些书我从来没见过，而且它们已经出版一两年了。我就跟出版界的朋友讲这个情况，他们跟我讲这些是正常的，你不可能在书店看到。有人弄了课题，刚才说课题一定要有成果的，要有交代的，因此把钱糊弄完了之后就要出书。出书就是找一些研究生把书编出来，然后付钱给出版社，把书印出来，这些书被拉到课题负责人办公室的走廊里堆着，有时候写上"某某指正"字样送送人，有时候要作为课题成果评职称，有时候要申请下一次的课题时这就是所谓的"前期成果"。出版社不会让它进入流通发行渠道，因为它只印几百册让作者拉走。但是它是包括在刚才我所说的 21 万种之内的，因为它有书号。这样的书大部分没有价值：没有学术价值带来的社会效益，也没有因可读性而具有经济效益，两者都没有。这种书出版了跟没出版是一样的。

■ 出版是学术交流的一个重要手段。20 世纪以前，最重要的学术成果都是以经典著作的形式存在的，牛顿的《自然哲学的数学原理》、达尔文的《物种起源》、哥白尼的《天体运行论》、伽利略的《关于两大世界体系的对话》等。到了 20 世纪情况出现了变化。科学史上重大的学术成就通常不再是以专著形式出现。我们可以看看 1900 年以来的诺贝尔奖，一般都是论文。论文的发表也是为了学术在同行之间有一个传播有一个交流。但是到了伪出版情况就不一样了，他确实是出版了，而且是合法出版：有书号、定价，但是没有进入流通渠道。这是一种社会价值，我可以评职称了，我有了下次申请课题的前期工作了，变成这样的循环了，而没有起到知识的传播扩散、交流的功能。但是为什么会有人愿意出钱给出版社，然后把书印出来拉回自己的床底下呢？这是因为有人要满足那些社会需求，满足那些数数儿的要求，需要计数。这个时候科学研究以一种极端的形式成为一种数数儿、计数的研究。

□　说到伪出版，我说个逸事。我们系的一个教授告诉我的，他是从别的学校调过来的。有个人要评职称，他有一篇论文发表在一个很重要的学术刊物上面了，而且他拿来了这期刊物的原件，确实发表了他的论文，大家一看没话说了，于是职称就上去了。不料有一天，他们的一个校领导偶尔在别处看到了这份刊物，也是这一期的。他想到我们学校也有人在这个刊物上面发表了论文，于是就拿起来翻翻。一看没有这个人的文章，于是他就回去核对。原来那个人请了印刷厂的朋友特意印了一本假的，只有这本上面有他的论文，其他正式发行的是没有的。这个事例算是伪出版的一个花絮，这次是真的"伪"了。

■　伪创新、伪出版这些现象是跟学术的初衷相违背的，至少是不一致的。对于伪出版，我们要做宽容一点地说明，因为今天学术著作出版非常难，出版社进入了市场机制，对于有些也还重要的学术研究，确实有时是要付钱才能资助出版。但是这还是要做个区分，这种出版还是为了进入学术界，而不是只为了自己出版。我们还是回到学术品味上来，我们为什么要在很忙的时候生出事来开关于学术品味的对谈专栏？这也是一种教学的需要。让学生学会写文章发表文章都不难，因为大家都在发表论文。但是看别人发表的东西、自己的东西怎么评价，搞清这里面的差异很难。不是所有印出来的都有价值。我经常对学生这么说，既然花了这么长的时间念这个书，你为什么不在这个机会下做好一点、有品味的学问。但是自己做学问是有前提的，你首先就要看别人写的东西。在看别人的时候，对于选题、学术意识、出版形式等怎么鉴别出来哪些是有品味的，这样一种意识的提高需要一个很长的时间。

□　你的这一番功夫我是通过给同学开"跨文本写作"这门课来完成的。开这门课我不指望他们个个成为好写手，但是最低限度你们要知道什么是好文章，什么是不好的文章，要有一个鉴赏力。

我们开始谈到了学术品味的败坏是由于两种文化之间的关系没有处理好，在这里我们要有一个交代，这两者之间有个什么样的关系。

■　说到这个实际上就回到了我们的主题。学术品味的败坏以及很多问题其实有很多原因。我们俩有个共同的感觉，就是诸多原因之中最重要的是两种文化的问题，用更直接的话来说就是，它反映了对学术评价、学术计量等等的科学主义的倾向。

□　我们有时候也用唯科学主义。他们认为科学技术是人类最好的文化体系，不需要纠正。科学技术可以解决一切问题，至少有这样一个信念，现在有未能解决的问题，那是因为科学技术发展得不够，发展到某一天就能解决。

■　最近不知道大家注意到没有，学界有很多争论，很多人参与进来，包括科学主义、敬畏自然等，归结到终极上都可以用科学主义来分析。我和江晓原是反对科学主义的。很多人做了大跨步的逻辑推理，认为反科学主义就是反科学，因此我们就成了"反科学""伪科学"的代表人物。因为我们学科的特殊性，除学术工作外，我们会经常在公共媒体上出现，又送了个说法——"科学文化人"，有的人就说我们是"反科学文化人"。

□　偏偏有的朋友还觉得这个挺好，愿意接受这个称号。很多人就以为我们真的是反科学文化人了，其实我们两个是学科学出身的，再怎么样也不会反科学。

■　有人开玩笑说，今天你反了吗？

□　我们谈的这些问题之间需要有桥梁，这个桥梁在哈耶克的《科学的反革命——理性滥用之研究》已经建立起来了。这本书最有价值的地方，就是论证了科学主义与计划经济之间的关系。科学主义相信用科学的手段可以给我们创造美好生活，这一切都可以规划起来，因为科学技术万能。按照这种逻辑就出现了计划经济。计划学术就是计划经济的翻版。

我想强调指出，我们搞计划经济的时代，倒还未搞计划学术；如今计划经济已经被我们抛弃了，我们反而搞起计划学术来了，这是天大的笑话。

■ 还有一种体现,真正的质量、产量、成果都可以用计量来衡量。

□ 就是哈耶克所说的像工程师那样的思考。工程师的工作就是按部就班地安排生产。

■ 你可以算一个工厂制造了多少螺丝钉、多少汽车。同样的在学术领域中就有论文产出厂家,产出了多少论文,哪些是卡迪拉克级的,哪些是都市贝贝级的,又做这样一个划分。

□ 我知道很多人真诚地相信学术是可以规划起来的。在很多时候跟我们说你们要好好地规划,有了规划你们才可能进步。但是科学史上很多进步不是规划起来的。

■ 我们今天的讲座中提到了很多弊端,但是在现实中的环境中要做学术、研究,于是就形成了一种矛盾。每一个学者和同学都会面对这种矛盾的张力,一方面不得不屈从于现在的制度的要求,我们可以尽可能的反抗,但是反抗过度就成为"烈士"了。如果完全不按照规范去做,不发表论文、不出版专著、不申请课题,你就下岗了,你不发表论文你就拿不到学位。当然很多人有这种牺牲精神,我以我学位做牺牲。但是我们不能让每个人当"烈士",整个社会都是"烈士"也是个问题。我们怎样在矛盾中把握这个平衡点,既有反抗又有妥协。

□ 我觉得有两点可以做:一是很好的意识,知道这是些不好的风气。我有时候不得不妥协,但是心里知道这是不好的。

学术品味与两种文化

■　有的人不知道他是不好的，甚至觉得它好得还不够，希望更加好。

□　你以为它好，就会变本加厉的去做，以为他不好，就不会变本加厉。第二点我称为阻尼震荡。有一次开会，谈谈对学校发展的意见。我说很多的考核、评比都是干扰学术发展的，但是我知道一点都不弄是不可能的。如果每一级领导都尽可能地减弱这种折腾，形成阻尼振荡，让振幅越来越小。也就是说每个人在不得不应付的时候，我们应付到最低限度，心里知道它是不好的。如果每个人都在自己的能力范围中实行应付到最低限度，就可以大大削弱其危害度。

■　这就涉及具体怎么做。说实在的，我虽然在清华大学工作，但是我非常羡慕江晓原营造的上海交大人文学院的小环境。他可以最大限度地抵制上面来的压力。这个很不容易。我曾听说过一个故事：在外地某学校，因为有很多考核也得应付，要查考卷是否存档，可是考卷没了怎么办？分学科方向重新写，每个人写若干分考卷；然后把考卷淋水、晒太阳、做旧，应付到了极致。应付是一个策略，但不是目的。做人难免有违心的时候，但是说多了之后就自己觉得成为真的了，那种"学术"做多了就觉得自己在做学术那就坏了。科学史中真正可以留下来的绝不是那种量化的。对于书写得好不好，我们不是天才，不指望自己写出流芳百世的作品，我们可以弱化一点考核标准，比如，我就曾说，想一想自己的书在绝大多数的学者的书桌上能不能摆上十年，不急着扔掉。当然，有时扔书不礼貌，不好意思，可一些人送的书又确实没有价值，我的书架

329

中有一栏就是专门放这类书的。

提问

1. 江教授刚才提到好的课题是申请不到的，难道申请到的就是不好的吗？你怎么看你自己申请到的社会科学课题？两位教授都说到了对量化的另外一种看法，但是在座的两位都是量化的受益者，因为我们都曾经年轻过，我那时候算过如果没有量化我可能到老了才能成为副教授。因为有了量化使我很快成为副教授，这几年年龄大了，我感觉这些量化对我压力太大，如果没有专著我三年以后就面临着下岗的危险，所以我现在觉得这个制度特别的糟糕。就是说你们有没有觉得量化对于年轻人的激励作用，以及到了一定年龄阶段的时候，真正想做一点学术的时候就觉得这个量化是一个阻碍了？

□　这个问题很好。我们还是假定国家社会、自然科学基金的绝大部分评委还是公正的，我自己也是这两者的评委，自以为也是公正的。总体来说得到的比没得到的好，排除那些通过公关得到的。如果公正的话，还是过得去的。

第二个问题，我的感觉跟你相反，我年轻的时候在上海天文台，那时候没有量化的标准但是我每年都能发表七八篇甚至十来篇的论文，因为那是我干劲特别足的时候。现在也有了考核了，我为它感到惋惜。因为根本就没有必要做这个考核，我们自己就会写论文。比如说我如果是刘兵你的系主任，我跟你说你不用写任何论文。因为有无数的编辑会发 EMAIL、打电话催他，我可以做顺水人情。量化只会让人有逆反心理。

■ 关于受益者，有人可能因为这个收益。但是今天我们不是针对个人的收益与否，而是针对学术产品、产出的整体。过去没有考核的时候，大家都吃大锅饭，写不写都一样，那是不对，但是现在的量化数数儿是个初级阶段，如果我们只是停留在这种初级阶段，那是远远不够的。在这种激励下，不管年轻的还是老的，为了完成这种要求只能一定程度上降低学术品味。

2. 没有量化，只靠人治，学术品味就上去了吗？不要这种量化，我们拿什么作为一种激励机制，仅仅靠学者的学术热情吗？您二位对爱因斯坦的例子爱不释手，但是不要忘记爱因斯坦是人类历史中千古不遇的天才，不具有代表性。你们二位对于量化机制这样深恶痛绝，为什么没有站出来反对，刚才主持人介绍的时候也提到了江教授发表了 100 多篇论文，你们应付他们的这种量化难道不是对这种现象的一种滋长吗？难道我们的有关部门真的喜欢这种量化机制吗？我觉得不是，我认为这是一个怪圈，没有人站出来就会不断地发展下去。

□ 你的问题很有意思。我可以坦白地告诉你，我离开了那个不需要量化环境之后，我的论文写得少得多了。我每年只写最低限度的论文，但是当年我可以每年写好多篇。我认为我自己没有鼓励这种量化，我是抵制的。但是我写了很多别的文章，那是量化考核中不算数的。你刚才说不搞量化是不是就会好起来，我只能说不搞量化比搞量化要好。但是我不能保证，不搞量化就像灵丹妙药一样就能使学术好起来。这些年量化的弊端已经被很多人看到了，之所以没有人站出来，是因为这是一个大环境的问题，要改革只能从上面开始，下面的人只能阻尼振荡。

■　我们在讲座中主要讲了量化的弊端，对于这个问题的解决，我与江晓原有一点不同，我不认为非量化就一定比量化好，要因时因地因情境而言，甚至不同学校、不同级别的单位也不同。比如考核清华大学和一个地方大专用同一个标准是不是合理的。我们也说到了实行非量化要有一个体制的支持，就如高考问题，我们知道它有很多弊端，但是在某种情况下，它又是最廉洁有效的一种方式，然而这并不妨碍我们去思考它的弊端，去思考解决的可能性。这种环境的变化是我们更应该去做的。你对我们有批评，认为我们也有量化，主持人介绍的时候简历很自然的要写成干了什么什么活之类的。对于这个问题，我也跟江晓原有类似之处，我也是写最低限度地论文，甚至不费什么力气地超过这个限度，但是我写论文不是为了达到这个限度，或者说是我写完了这个限度的论文之后就可以做这些限度不找我的事情。我们做了很多体制考核内不认可的东西，比如散文、随笔、评论、采访等。但是作为一个学者对于社会产生的影响来说，那些形式的东西可能比体制内的东西更有价值。我想可能通过这样一些方式能够慢慢地对于这个大环境有一定改变。

3. 你认为中国的这种量化体制是不是因为论文太多了？我的意思是现在都在实行大学扩招、研究生扩招，学院都变成大学，真正需要的高级技工没有人去学。

□ 主要不是论文太多了，而是计划经济的精神作祟。

■ 或者换个角度来看，学术是人类知识的一种积累，搞学术的人越多，论文越多，对于人类社会的文明化和前进是一件好事。而是要看与经济各方面是不是能达到一个平衡。

□ 一个社会越富裕，能够供养的知识分子就越多。供养的形式不同，可以做大学教授，可以做自由职业者，这个没有坏处。

■ 你刚才讲的高级技工，也是一个用统一的量化标准来衡量的问题。做纯粹学术的和纯粹技术的能不能用同一个标准来衡量？那些做技术的能不能用一个发明来抵那些论文？在现实中还不能，因为你可能有很好的技术，但是很可能拿不到学位。

4. 硕士的培养从3年缩短到2年出现了很多问题，一些学位论文存在大抄特抄，甚至全文照抄的情况，这种抄袭问题你们怎么看？我跟学生接触的时候就问他们，你们做的题目是你们的兴趣所在吗？能够发挥你们的特长吗？大多数的回答是否定的。

■ 抄袭问题表面上看起来很简单，因为抄袭是肯定要惩治的，但是当一个不正当的现象成为一个普遍现象时，我们就要想是不是某种机制出了问题。可能是监督机制不够，对于论文的筛选不够严密，是一种量化的形式性过程。如果我们每一篇都从内容上去评定的话，抄袭是很容易识别和杜绝的。兴趣问题其实跟我们所说的科学主义有关。很多人做学术就是把它看成是做螺丝钉、造汽车一样的过程。很难想象一个好的学术不是出于真心、出于一种热爱而做出来的。

□ 对于兴趣问题我做一点补充。一些同学的课题是由导师分配的，是作为导师课题的一个部分。作为我个人我是尊重同学们的兴趣，这一点是每个人都可以做到的。

5. 可不可以从另外一个角度上面来看量化，不是量化不好，而是量化还不够好，不应该仅仅从数量上量化，还要从质量上来量化？

■ 这个问题恰恰跟我们说的唯科学主义是联系的。是不是世界上所有的东西都可以被量化？或者量化是一种最好的方式？你所说的质量，还有学术品味怎么量化？我个人认为以量化为最高目标的时候是唯科学主义的极端形式。量化是一种初级阶段，它在某些时候可能有效，但是仅仅是一个初级阶段，真正高级的东西是不能被量化的。肯德基、麦当劳是量化的，多少克的材料，在多少温度下炸多少分钟，晾多少分钟，放多少分钟卖不出去就拿走等都是量化的，这些量化的只可能是一种初级的快餐，真正的饮食艺术是不可能量化的。人文社会科学很多时候是一种艺术的感觉，如果量化，那就是一种堕落。

□ 科学主义往往是一种这样的思考方式。比如说我们讨论环境问题，但别人指出其问题，比如可不可以不修这个大坝，他就说是我的技术不够成熟。他拒绝从另一种思路思考，他认为人类的技术是可以征服一切自然的。他形成了一种思维定式：使用某种技术出现问题了，一定是因为这个技术发展得还不够。所以，如果量化出了问题，那就是量化得还不够。我觉得这个同学这个问题本身就有唯科学主义味道。

"宏大叙事"的诱惑

□ 江晓原　■ 刘　兵

□　刘兵兄，前些时候当我们商量这个专栏的名字是叫"学术品位"还是"学术品味"时，我们一致选择了后者。现在我感到这确实是一个较好的选择。首先，后者的含义可以比前者更广泛；其次，从字面意义上说，还可以双关——既可以谈论学术活动或学术成果本身所具有的品味，又可以对某些事物（哪怕它们本身不是学术的）进行学术性的品味。

也许，我对这种双关意义的兴趣，本身就是一种"品味"，它很可能被某些人认为是"雕虫小技，壮夫不为"，甚至是低级趣味呢。

■　讲品味，虽然可能会被一些人认为算不上什么，甚至于被认为是低级趣味，可是，那不过是以另外一种品味来评判我们这里所要谈的品味而已。也就是说，其实，品味人人皆有，只是彼此有所不同罢了。当然，我们在这里谈学术品味，两个关键词几乎同样重要，其一，是讲学术，讲学术的品味；其二，就是像你所说的，品味学术也是重要的一种学术活动。而且，虽然我们这里强调的是"品味"，但另外一种"品位"，却也与之关系甚为密切。

而且，在刚刚设想就此主题来做对谈时，也还有另外一个原因，那就是在教学的过程中，特别是在像带研究生这样的过程中，我有一个非常深切的体会，就是要想让学生能够体会到学术品味，是一件非常重要但却相当困难的事，而且远非一朝一夕就能培养得出来这种能力，于是，便萌生了就此展开谈谈的念头。

□　让我们找个具体的例子来试试。前几天，我读到一篇文章，忽然起了"测试"的念头，就问身边一位女士：假定我在课堂上对学生讲白居易的《琵琶行》，如果包括了考证那个歌女是长安第几流的妓女、她当时多大岁数、"移船相近邀相见"到底是她上了白居易的船还是白居易上了她的船……这类内容，你如何看？她鄙夷地指出：这是彻头彻尾的低级趣味，"你这样还像大学教授吗？"然而我告诉她，有人说陈寅恪在课堂上就是这样讲的，"是陈寅恪么……"，她就沉吟不决起来。这个测试很有些意思。本来就事论事，这位女士断然认定那些内容是低级趣味的；但是由于陈寅恪被公认处于学术品位的高端，如果他这么讲《琵琶行》，这位女士就不敢说这是低级趣味了。

假定陈寅恪这样讲《琵琶行》真有其事，你认为这是否有损陈氏的"学术品位"，或者说，陈氏的"学术品味"并不高（至少这次讲课是如此）呢？

■　我觉得，我们当然不应该认为陈寅恪的这种演讲是品味不高。尤其是，我们谈的是"学术品味"，这里面，学术这两个字的定语尤其重要。当然不用说，我们两人会就此话题开谈，应该在学术品味上有着大致的趋同吧，否则，谈起来就要打得不可开交了。因为我们必须承认，我们所愿意谈的，所愿意接受的，以及愿意实践的，只是我们所偏好的那种，或者说那些学术品味。而其他一些人，显然也会有不同的学术品味。在这些不同的学术品味之间，也许是很难有所沟通的，其差异甚至可以关乎对于何为学术、何为高质量的有品位的学术（那自然应该是有品味的学术）的理解问题。就此而言，我自然是认为像陈寅恪的讲课（假如他真的做过这样的讲课的话）是有学术品味，而且是很有学术品味的。而且这种学术品味并不在于他是否一定讲了什么具体的内容（如妓女及其与诗人的关系和具体活动等），而在于他选题的角度、选题角度的新颖性、选题的立意、他从中可以得出与前人所不同甚至前人从未有过和结论、他独特的研究方法，如此等等。

我们的学术界，在不久前，才开始逐渐地有了一些人在随着国外相关理论的引进而谈论对于宏大叙事的消解，而且这种讨论还不好肯定地就可以说是成了主流的声音。可是，我们不是在陈寅恪那里看到他早已在进行着这样的实践了吗？遗憾的是，许多人往往并不关注这些东西，而只是简单化地以一种并未对之进行深思的道德伦理的判断为基础（这种判断本身是否合适还依然很成问题），就可以对之予以否定。当然了，如果站在像以往那样的正统要求下，这样的讲课就更不会被认为是有品味，甚至不会被认为是有学术价值的了。

□　对所谓"宏大叙事"的偏好，多年来对许多学者影响甚大。很久以来，我们习惯于空疏浮夸的"学"风，喜欢徒托空言，大发议论。先前有所谓"论从史出"和"以论带史"之争，无论前者还是后者，着眼点都在"论"上。大焉者构建"理论体系"，小焉者发为惊人之说，必出一番宏论而后已。久而久之，许多人已经习惯于一定要在文章或著作中"提出自己的观点"，而且一般性地提出观点（比如有所谓"夹叙夹议"）还不行，通常还要摆开一个论断的架势才行。

这里我又想起一个具体的事例。前两年我有一个研究生做了题为《中国当代民间历法改革运动》的毕业论文，这是对中国当代一个主张改革现行历法的群体的文化人类学考察，由大量的实地考察、访谈、问卷调查等，依据第一手资料写成，是一篇近年相当难得的比较扎实的硕士论文。按照我的意图，作者对历法改革的各种方案并不发表意见，因为她要考察的是改历运动本身，这就像《物理与人理》一书考察理论物理学家的社群，并不对理论物理本身发表意见一样。但是有些人士却认为此文"没有自己的观点"，因为他们习惯于"宏大叙事"已经太久了，而对于类似文化人类学的视角和方法则感到格格不入。

早先人们在朴素的客观性假定的简单指导下，坚信科学理论必定是建立在观察基础之上的——通过绝对"客观"的观察，才能归纳出理论。然而现代科学哲学的发展早已指明，绝对"客观"的观察是不可能存在的，在观察程序的设计、观察结果的表述等等问题上，必定有某种理论的介入。作为一种类比，我们也不难看到，绝对"客观"的描述同样是不可能存在的，在描述对象的取舍、描述语言的选择等问题上，也必定有某种"观点"——实际上也就是理论——的介入。

再联想到陈寅恪，我有一次曾专门复印了陈的论文目录，特地请研究生们看，他做的那些题目中，有没有所谓的"宏大叙事"？可以说完全没有。有些题目，倒是和刚才举的考证"移船相近邀相见"的例子确实相当类似。然而这就是史学大师，并且被公认居于学术品位的高端。

■ 说到宏大叙事，说到论，我倒是想起来前些时候你曾写过一篇文章，里面有"叙述当头，立论也就在其中了"这样的话。事实上，如果叙述得当的话，确实是可以将"论"有机地包含在其中的。但是，在当下，特别是在一些研究生学位论文的开题、评审以及答辩时，经常会有人问到，你这篇论文自己独有的观点和结论是什么？在这样的提问中，提问者是按照某种当下流行的"学术"价值标准（这里把"学术"二字打上引号，并不一定就是说那不是学术，而是指那不一定是很有品味的学术），认为有价值的学术研究一定要有自己的——哪怕是强挤出来、硬凑出来的——观点才行。这确实是一种对于"论"的不恰当的过分强调。由于这种观念的流行，也在一定程度上导到我们不自觉地受到其影响，以至于，有时我们在读一些国外学者写的文章时，也会因为他们没有明确地把其"论"一、二、三、四、五地开列出来，从而有些不知他们要讲什么的感觉。不过，如果仔细地反复阅读的话，就会发现，其实许多重要的论，恰恰是存在于叙述的字里行间中的。但当我们也按偏好高论的标准去训练学生、要求学生时，就会把这种没有品味的学风传给他们，让他们以为学问就得那样做，这岂不是很糟的一种教育方式？

与之相应地，在做学问的选题上，也就有了所谓强调"社会意义"之类的要求，在这样的要求下，宏大叙事自然就顺理成章地变成了必须的写作方式。

□ 在人文学术研究中，对宏大叙事的偏好，多半和当年意识形态的过度影响有关，那时大家认为"文科"就是要为政治服务，这是天经地义的。改革开放以后，拨乱反正，才开始承认人文学术应该有独立的学术理念，就像物理学、天文学有它独立的学术理念，不能随着政治家的好恶而改变一样。但在这方面，我们还有很长的路要走。对所谓"宏大叙事"的过度偏好，事实上是和空疏的学风、空洞的文风紧密联系在一起的。有不少搞理工科的人士认为，文科的人就是说说空话大话，将别人的、前人的东西抄来抄去而已，这当然是偏见，但很多人文学者的言行也确实很容易引发这种偏见。

在自然科学领域，因为多年的科学传统已经相当强大，而且对来自意识形态影响的抵御能力也明显强于人文学术领域，因此不太容易见到对宏大叙事的偏好——至少在主流的科学共同体那里是如此。但是在所谓的"民间科学爱好者"那里，动不动就要"掀起一场科学革命""改写整个物理学"之类，这不是正可以类比为某种"宏大叙事"吗？

最近田松的《永动机与哥德巴赫猜想》一书，对国内"民间科学爱好者"的行动特点、思想根源、文风学风等等作了很好的分析。这些"民间科学爱好者"当然也自命是在搞"科学研究"，但是他们的东西是不入流的（注意："入流"也是陈寅恪喜欢用的一个措辞），甚至是伪科学的。如果我上面的那个类比可以成立，那"宏大叙事"和"不入流"之间就有了一种亲缘关系，这不是很奇妙吗？

■　这种将民间科学爱好者在其"科学研究"中的"宏大叙事"与一般人文社会科学（其实，科学史、科学哲学、科学社会学等也本是属于人文社会科学的）中研究的宏大叙事的比较，倒是确实挺有意思，也很有启发性。的确，当我们翻开那些高水平的科学刊物去看那些前沿的研究论文时，是不大可能会发现"纵论理论物理学"或"宇宙总规律之研究"之类的东西的，但在许多人文社会科学刊物中，动辄上下几千年贯通古今的宏论倒比比皆是。不过，要是将国内与国外的这后一类期刊上刊登的研究论文的题目相比较一下的话，也是可以发现其间有着不小的差异的。因此，我在科学史类课程的教学中，有时会让学生们去浏览一下像《爱雪斯》(*ISIS*)每年收集的国际科学史研究文献目录这样的东西，其目的，也就是想让他们通过这种浏览，去体味一下人家在科学史的研究中是如何选题的，去看看在国际研究的背景中，什么样的问题才是主流的风格。

不过，也许应该指出的是，我们这里谈的主要是一种学术研究的选题。在那些为了满足像教学或面向一般公众的普及传播等需求的著作中，倒确实还是可以看到一些有某种宏大叙事特点的著作的。但问题也恰恰就在这里，我们经常是把那种本来只在教程或大众普及读物中的选题方式，给搬到了学术研究中来，结果搞得学术研究似是而非，显得非常"不入流"。这个不入流，其实也可以理解为是与国际学术研究主流的背离。而且，退一步讲，其实一些非常出色的普及性读物中，一些非宏大叙事的精品也开始随着译介工作的逐步展开来进入了我们的视野。例如，像《经度》那样的科学史普及读物，只是选取了一个特殊的切入点，不是同样写得引人入胜吗？这样的例子当然还有很多。相比之下，在那种偏爱宏大叙事风格的"学术研究"的影响下，似乎我们的普及读物也在一定程度沾染了这种不良习惯。对于普及读物中的"宏大叙事"，以及它与那些所谓"学术研究"中的宏大叙事的关系，你是怎样看的呢？

"宏大叙事"的诱惑

□ 这又是一个很值得深谈的问题。在我的感觉中，普及读物中的"宏大叙事"，似乎和某种"辉格倾向"有关，或者直白点说，就是将普及读物写成某种宣传教育的材料。常见的主题有"爱国主义""奉献精神""刻苦精神"等。这些主题当然都是好的，但如果是进行科学普及，那么还是围绕科学进行才好，如果非要将这些主题强加于科学的普及读物身上，甚至认为这些主题在任何读物中都永远是最重要的，以至于不惜歪曲事实，向读者描绘虚假的景象。

世间有一种"真实的谎言"，常见的办法是举出一系列真实的事情（当然同时要隐瞒更多同样也是真实的事情），但让这些事情构成一幅虚假的图景。比如给小孩子讲"科学家的故事"：今天讲两位科学家，一位是爱因斯坦，一位是黄道婆，假定所讲内容都是真实的，却仍然构成一个谎言：我们中国有一个可以和爱因斯坦相提并论的、伟大的科学家黄道婆。这就是某些普及读物中常见的"真实的谎言"模式之一。

实际上所谓的"学术研究"中也有同样的问题。由于许多普及读物是由学术界中人写的，他们既然"宏大"已成习惯，自然一以贯之，处处"宏大"下去了。

■ 把普及读物中的宏大叙事与"辉格倾向"联系起来，真的好像很有些道理。不过，我们是不是把"辉格倾向"这个话题留在以后再详细讨论——我担心我们自己也搞起"宏大叙事"来——至少这一次不可以这样吧？

原载《文景》2004 年第 7 期

伪出版：学术泡沫的形式之一

□ 江晓原　　■ 刘　兵

□　这个题目中，"伪出版"当然是我们杜撰出来的术语，但对于我们要提出讨论的事情，似乎也没有更简捷的表达。

"伪出版"这个现象，起码也有十几年的历史了，但我很长时间没有发现。先说其中最明显的一个现象，其实书业从业人员很多人对此早就心知肚明，只是局外人一般很难发现这一现象。

最初是我在近年一些汇报成果、评审项目、申报职称之类的场合，发现了好多我从未见过的书籍——照例是"专著"。按理说，发现一些我没有见到过的书有什么好奇怪的呢，但我自以为对图书市场是非常关注的，而且因为工作关系，对新书信息也比一般读者掌握得更多更快，所以在我关注范围之内见到这么多我从未听说过的书，毕竟还是有些奇怪的。

为此我请教了书业的朋友，这才有点弄明白了。原来有许多书是根本不会进入图书流通程序的，因此在市场上看不到它们，原是意料之中的事情，没什么好奇怪的。

这些图书的"一生"通常是这样的：

某个所谓的"课题"或"项目"负责人，召集一帮属下、朋友或学生，写成一本"专著"；然后从"课题"或"项目"的经费（所谓的"科研经费"）中拿出几万块钱给某出版社，出版社将书出版；出版社将书印很少的数量（比如说500册）

344

交该负责人"拉走"——通常是堆放在该负责人办公室的走廊上；然后年深日久，封面逐渐褪色，书页发黄变脆，最终扔掉了事。

这就是这些"专著"的一生。这些"专著"当然也有不少用途，比如汇报成果、评审项目、申报职称之类，或者被题上"某某某先生指正"之类的字样送人。还有更可恶的，是利用给学生开课的机会，强制性地要求学生购买这些书，人手一册，学生们叫苦不迭。但不管怎么说，这些书是不进入图书流通渠道的，即所谓由作者"包销"。因为这些书通常既没有市场价值，也没有学术价值，出版社甚至连让这些图书进入流通渠道的成本也不愿意为它支付，这样自然就不可能在图书市场见到这些书了。

■ 是的，这正是我们在交谈中"定义"出来的所谓"伪出版"现象。其实，你前面说的具体现象可能还要更现代一些。因为涉及了"课题""项目"这样的前提。而"课题""项目"这样的东西开始盛行起来（注意我是说盛行起来，而不是说开始出现），为越来越多的学界人士关注，而且身不由己地投身其中，也差不多就是近些年的事吧。再早一些，即使在没有"课题""项目"的情况下，就我所知，主要是为了评职称，这样的现象早就比较普遍地存在。差别只是，书印好后不是拉回来"堆放在该负责人办公室的走廊上"，而往往是拉回作者家中，堆放在床底下——因为那时一般学者的住房空间也还很成问题，这许多的书只好堆在床下。还有，那时（甚至于此时的某些情况下——因为课题毕竟也还不是谁都拿得到的），一些学者为了职称等原因，甚至要自掏腰包去出这样的书。

□　如今学术泡沫泛滥，而泡沫通常总是靠钱"堆"出来的。在目前的学术泡沫中，还有一种形式是开会。开学术会议，本来是学术界应该做的事情，但是如今这也开始变了味道。有些单位为了花掉钱，就张罗开会议，而且动不动就是"国际会议"——有两三个老外被请来充数，就宣称已经是一次"高规格的国际学术会议"。伴随着这种会议，还有一种现象，或许也可以归入"伪出版"的范畴之内，就是出版毫无学术价值的会议论文集。

由于如今被会议接受的论文经常是不经过任何审稿程序的，随便提交一篇论文都可以充数，而等到出会议论文集时，往往不加选择，悉数收入。至于为什么要出这样的论文集，道理是非常明显的——开了一次会议，花了钱，总要有个能向上面交代的、看得见的"成果"吧？这种会议论文集，通常也只会出现在汇报成果、评审项目、申报职称之类的场合，根本不会进入图书流通渠道的。

■　我们将这种现象定义为"伪出版"，主要是因为，在通常的出版概念中，出版物是以传播流通为主要目的（这里说的是主要目的，并不排斥少数以收藏等其他目的而出版的个例），不过在我们所说的这种"伪出版"中，传播的功能几乎不存在，那些书籍并不进入市场流通，而只起到了某种原本是出版物附带才有的作用。这正如我们如今把印刷术的发明作为最重要的"四大发明"，那只是因为它具有的加速传播的作用，而不是因为它为职称提升或课题交账提供了手段。

□　"伪出版"实际上受到了现行"量化考核"制度的

鼓励。因为"量化考核"强调的就是数量，质量是不过问的——因为幻想可以由刊物的"级别"来保证，而对书籍来说，出版社只有行政级别，没有学术上的级别，于是只要是正式出版的书籍就可以统计进所谓的"学术成果"或"科研成果"的表格中。

有些单位甚至设立了某种类似基金的款项，专门资助本单位人员出书。他们的想法是这样的：上级要我们的科研成果数量上升，我们就向上级要更多的钱，拿这些钱去出书，出了书就可以算成果。反正上级也不问我们这些作为"科研成果"的书是怎么出版的，只要年终汇报时有数量就行。至于书的内容，上级就更不会问了，反正他们也不懂，就是懂也没有时间来过问——年终汇报时要交上去多少这样的书啊，领导看得过来吗？

本来，学者的义务是为社会服务，因此学者的书如通过正常程序出版，出版社至少要对书稿进行选题审查，社会效益和市场效益，或者说文化效益和经济效益，至少要社会效益，选题才能被通过（"双效益"当然更好，这正是出版社梦寐以求的），这样就至少经过了审查和筛选的程序。而"伪出版"的选题审查，则因为已经有利润保障，只要书稿没有触碰底线的内容，通常会通过的。

■ 我同意你的看法，即认为"伪出版"是受到了现行"量化考核"制度的鼓励。但这里似乎还有个相关的问题，即我们对于出版物的学术评价体制的问题，而且这个问题不仅与学校和研究机构有关，也与我们出版社的运行机制有关。

比如说，在评价研究者发表的论文时，现在已有一些标准，如要求在正式的学术刊物（而不是像网络等地方）上发表，刊物又分成不同的级别（过去还有所谓的什么国家级一级之类的说法，尽管在严格的意义上国家从未正式认可过这样的分类），如核心刊物（这又有不同的认证体系）、SCI、SSCI 收录刊物等。关于这种刊物级别的分类，其实在现有的评价系统中也有许多问题，不过这我们可以以后再详谈。我们先假定（注意，是假定）目前对学术刊物的认定有合理性，从而才会认可在上面发表的论文的学术价值。这种合理性，要有来自刊物发表文章时的审查机制（如专家匿名审稿等），以及刊物自身依托的机构在学术界的权威性（如各种专业学会和研究机构等）。在这种机制上，我们大致可以认为在被认可的学术刊物上发表论文，是经过了合适的学术审查的结果，这就已经是一种认定了，也就是传统的科学社会学中所讲的广义的学术奖励或学术承认的一种形式。

但是，以现有的出版社的系统中，就出书的程序来说，很明显的是，通常并没有这样的审查认定机制。在国外，一些大学出版社在出版学术著作方面比许多商业出版社更得到学术界的承认，有更好的声誉，那也是部分地因为他们有着类似于前面讲的像学术刊物上发表文章那样的评价审查机制。但在我们这里，无论是大学出版社还是其他出版社，其运作机制都是类似的，一本学术书是否可出版，通常并不经过同行专家的评审。可是奇怪的却是，在我们的学术机构的评价系统中，却偏偏认可在这种机制中出版的"学术著作"。而且，在像职称评定等过程中，还专门有对"专著"的要求指标。这种情况岂不是非常荒谬的吗？

伪出版：学术泡沫的形式之一

□ 在"伪出版"和"真出版"之间，并非泾渭分明，还有中间地带。比如，某种丛书本身就是得到有关方面的资助的，丛书中各书的作者皆由主编"点将"，这样的丛书，有时候还是可以保证比较好的质量的，但是它也向出版社交了审稿费，你就不能将这种情形划入"伪出版"的范畴之内。当然，对于这种丛书，出版社通常还是愿意将它列入图书流通渠道的，这也是与"伪出版"划清界限的判据之一。

有些学者会说，我们是没有办法呀！晋升职称要"学术专著"，而学术著作又没有地方出版，我们不这样做还能怎么办？你们不能因为看到学术大腕出书容易，就不管青年学者的死活嘛！

■ 说到这里，就又涉及有关科研成果的考核机制问题了。这时，我又想起了我们曾听到过的北大的那个故事。即北大人文学科的学术委员会在讨论职称评定问题时，遇到这样一种情形，两个人都出了一本书，一个人的出书是拿了某基金的资助，而另一个人则没有。学术委员会中有德高望重者公开讲，当然没有拿资助的人应该排在前面！这个故事虽然与这里讲的问题不完全一致，但它至少反映出一种学术评价的价值取向。那么我们面对的问题就是，是不是绝大多数学术机构的管理者能有这样的见识。涉及面对我们的评价机制中明显存在的问题，是不是有使之有所改变，使之变成更为合理的勇气和决心。因为正像我们前面分析的那样，伪出版的问题实际上在学术界并不是什么秘密，而面对这样的不合理，包括学者和管理似乎持一种童话中成人面对皇帝的新衣的态度。

简单地讲，从根源上，无论对于一般的量化考核，还是面对像以伪出版的形式表现出来的量化考核，其实都是为方便不了解学术的管理官员们的操作而设计的。对于真正的学者来说，要想区分那些并不具有科研含量而是纯粹追求职称或岗位考核标准而造出来的伪出版物，并不是一件十分困难的事——只有不懂学术的官员会才会有这样的困难。如果说，我们的考核机制真正能够改成以由真正的学者构成的学术共同体对出版物学术质量的判断为依据，恐怕连伪出版这种现象本身都不会像现在这样流行。

当然，我也知道有些事情说起来简单，真正操作起来并不容易，我前面所设想的机制，只是在出版业并无专业学术审查的前提下成立。反过来当然我们也可以设想，如果我们真正能有一批有可靠学术审查机制的出版社（至于这些出版社如何能在经济环境下存活，那是另一个话题，这里先暂不讨论），这些有信誉、有声誉的出版社出版的书，就可以抛开前面的质疑，放心地承认其学术性。但这只不过是把本单位（或外单位）学术审查者的工作交给了那些令人放心的出版社去做了而已。只是在可以预期的短期内，我们很难设想这样的学术出版机制的出现和完善，因此，眼下可以改变的，恐怕只是我们学术评价机制和标准了。

□　我们当然不能绝对断言所有的"伪出版"书籍都是垃圾，但毋庸讳言，其中绝大部分是毫无价值或很少价值的。这是我们正在走向穷途末路的"量化考核"制度所催生的学术泡沫中非常重要的品种之一，这种泡沫，既不能增加这些书籍的作者或编者的学术声誉，也不能增加该作者所属单位的学术声誉——毕竟谁都知道这究竟是怎么回事，大家即使在"场面上”将这些书籍说成“学术成果”或“科研成果”，实际上都是嗤之以鼻的。

想想看，这种游戏每年要糟蹋多少钱啊！

■ 其实，被糟蹋的，远不仅仅是钱，它更破坏了学术的质量，也败坏了一些出版者的声誉。以这样的方式，所造成的后果，只是在现有游戏规则下人们忙于从事并无意义而且颇有害处的所谓“学术”著作的写作和出版，这几乎不能说是学术研究或学术活动，充其量是一种“劳动”或“运动”而已。

我们已经说了这许多伪出版的弊端，但我们也能够意识到，仅凭一两个学者出来讨论此事，对于局面几乎不大可能有很快的改变。体制运行的惯性总是惊人的。不过，把话说出来，至少让更多的学生从一开始对此就有所认识，也许，等他们成长起来并掌握权力的那个时代，总会有些让人欣慰的变化吧。这也算是对前景乐观的希望了。

原载《文景》2004 年第 12 期

科学与文化：萨顿眼中的希腊世界

□ 江晓原　■ 刘 兵

□　两年前，大象出版社推出了萨顿的传世之作《希腊黄金时代的古代科学》(*A History of Science, Ancient Science through the Golden Age of Greece*, 1952)，那是萨顿构思宏大的科学史著作的第一卷——不幸的是他只写了两卷就去世了。当时我们在《中国图书评论》杂志上谈论这第一卷时，曾相当乐观地表示，第二卷《希腊化时代的科学与文化》(*A History of Science, Hellenistic Science and Culture in the Last Three Centuries B. C.*, 1959)*的中译本不久之后我们就可以看到了。

现在大象出版社果然不负众望，如约推出了第二卷的中译本。披阅着这沉甸甸的两册巨著（中译本共 177 万多字），不禁感慨万千。功德啊！我在心中感叹。我们的阅读在网络、微博、电子书的围剿下，正在越来越轻薄破碎，"140 字"大行其道，这时候还有人在翻译这样的书（两册都是鲁旭东一个人翻译的），还有出版社在出版这样的书，让我们看到了文化的力量，增强了希望。套用一句我最近从以色列电影《脚注》(*Footnote*, 2011)中学来的话，这是在"构筑文化的堡垒"。

■　确实如此，近些年来，国内学术快餐化的倾向越来越

---

* 《希腊化时代的科学与文化》，[美]乔治·萨顿著，鲁旭东译，郑州：大象出版社，2012 年 5 月第 1 版，定价：145 元。

明显，很少有人愿意安下心来做这种冷板凳的工作了（要知道，萨顿的书因其文采和内容的专业与古老，是很不好译的）。而就出版者来说，现在越来越多的出版社在出版学术著作时，只追求经济利益，甚至只追求当下的蝇头小利，不给资助就无法出书，连许多翻译的著作也要译者或译者单位资助出版。而像萨顿的著作这种非常艰深的学术书，显然是很难问世的。大象出版社多年来一直在科学史著作的出版方面颇有支持学术的奉献传统，这次萨顿的《希腊化时代的科学与文化》一书的出版，则是其为科学史的学术发展做出的重要贡献。

在世界科学史的发展中，希腊是重要的源头之一。但也正因为其古老，与今天的热点相距很远，因而，要研究起来，哪怕仅仅是学习起来，又是颇为困难的。但同样因为古希腊的特殊地位，在科学史的研究中，其基础地位又是不可取代的。虽然大家都明白希腊科学的重要性，但放眼国内有关的科学史著作，关于古代希腊科学史进行了相比深入的研究学术著作，其实是很稀缺的。

再有，萨顿作为当代科学史学科的奠基者，古希腊科学史也是其研究的重点领域之一，虽然说其立场相对也古老了一些，但其经典性却是无可置疑的，也是学术补课无法跳过不顾其存在而必须学习的。因而，这两本萨顿研究古希腊科学史著作的出版的重要意义，就显而易见了。

□　萨顿可以说是你相当推崇的学者，你很早就开始接触他的著作，所以下面这个问题我很想听听你的意见——我在阅读本书时，这问题经常浮现出来。

本书无疑是科学史的经典著作——萨顿当然也是将它作为

科学史著作来撰写的，那么他为何要在书中安排诸如"语言、艺术与文学"（第13章）、"公元前最后两个世纪的文学"（第25章）、"公元前最后两个世纪的语言学"（第26章）、"公元前最后两个世纪的艺术"（第27章）这样的章节呢？

在我们熟悉的国内科学史写作传统中，这样的做法通常是不可能见到的——我几乎可以肯定，作者们根本不会安排这样的章节。本书中萨顿这种在我们看来相当奇特的做法，是不是和你曾经用专著阐述过的萨顿的"新人文主义"有内在联系呢？

如果我们试图从萨顿的书名上来寻求解释，那么在全书29章中，上述几章又只占了不到七分之一，从比重来说，与书名《希腊化时代的科学与文化》所唤起的预期，至少在形式上也是不相称的。

■ 对于你提的问题，我是这样想的。其一，既然此书的书名中包括了"希腊化时代的文化"这一主题，那么，这几章自然是在讲文化了。至于与科学相比，更为纯粹的文化内容所占的比例如何，那只是作者自己处理方式的问题了。其二，萨顿本人就是一个非常博学的人，也是文化底蕴十足的人，在有机会讲文化时，他适度地讲上一些，也不足怪。而且，他在写作上，又经常会有些随性，例如，在他写的一个长篇的科学家传记中，文章写了一半，还几乎没讲到那位科学家传主，还一直在讲传主的家世背景呢。其三，这些文化的内容，也构成了古希腊整个文明的一部分，甚至是很重要的一部分，了解这些内容，对于了解在我们今天的意义上有相关性的古希腊科学（因为当时并无现在意义上的科学），也是重要的背景。最后，如果我们看看最新的多卷本《剑桥科学史》我们曾谈过的关于社会科学的一卷，也会发现，类似的处理方式，在今天其实也还是存在的。

至于你说的，这种写作方法是否与萨顿的"新人文主义"有关，我觉得，在广义上，自然是有关的，因为这毕竟直接涉及人文，而在狭义上，也许关系并不大，因为萨顿毕竟用新人文主义来关注的，主要还是科学，尽管是要与人文相结合的，更为人性的科学。

谈到这里，我倒突然有一点新想法，我发现在科学和人文的结合上，你与萨顿倒颇有点相似之处。这不只是表扬（当然确实是表扬）。相似之处在于，一是科学和人文的造诣都非常深，二是非常强调两者的结合，三是（注意这个第三点！）在深层观念上，在内心和实际的研究中，其实这两者又是有些分离的。

□　你说的第三点，相当神秘，而且是我以前没有想到的。读萨顿的著作，无论是《希腊化时代的科学与文化》这样的皇皇巨著，还是我们以前主编的《萨顿文集》中某些比较通俗的作品，我们都能够明显感受到他的人文情怀。现在你提出，萨顿在深层观念上，其实科学和人文还是有些分离的，这很有发人深省之处。

萨顿已逝，我们当然无法起先哲于地下而问之，但经你这一提醒，我们可以从自身状况来寻求旁证，我的感觉是，说得夸张一点的话，这或许迹近"分裂人格"的状况——作为科学史家的萨顿，在谈论文学话题时，他可能在某种意义上变成了另一个人。这和你上述"分离"的感觉是可以相通的。

这里我还想指出一点：这两卷巨著虽然只是萨顿宏大计划中的一部分，他未能完成计划就去世了，但读者切不可将此两卷书以"烂尾工程"视之——如果一定要用造楼来比喻的话,那应该说萨顿是原是想造七幢高楼的,不幸完工了两幢就去世了。我的意思是说,这两卷书本身是结构完整的精心之作。谓之科学史著作的经典,那是当之无愧的。

■ 以前,曾不止一次地听人问,为什么不把萨顿最经典的学术著作《科学史导论》译出来呢?当然,如果能译出来更好,但不译出来,也算不上太大的损失,因为那部多卷的著作,反而不太像今天常见的科学通史,而更像是科学史料的汇集,关于这一点,后来曾有美国科学史家评论过。因此,恐怕只有专门特殊需要的研究者,才会去查阅(注意,我说的是查阅而不是阅读)那部巨著(其实也是一个烂尾工程,但主要是因为其后续的工作量要远远超过萨顿一个人的能力所及了,而已经写好的部分则仍是精品)。

与《科学史导论》相比,这两本书要相对"通俗"一些,尽管今天在我们这里看来,其学术性依然很强很强。

前面说到科学与人文的分离,相关的其实还有一点,就是萨顿在他的时代虽然强调"新人文主义",但与斯诺类似,他其实偏重的仍在科学一方,而偏偏他又那么博学,所以,这种分离的悖论也就相对自然了。这也与当时科学史的主流立场和时代局限有关,今天,国际上前沿的科学史立场,显然早已超越了萨顿。但历史(包括各门学科的历史及对各门学科的历史进行研究的历史)总是由不同时代的经典构成的,萨顿的著作,恰恰也正是那些无法跳过的重要经典。

原载 2012 年 9 月 7 日《文汇读书周报》

当代英国勋爵眼中的古代世界

——关于《古代世界的现代思考》*

□　江晓原　　■　刘　兵

□　劳埃德这本书，论题很宏大，态度很严肃，以至于我觉得需要以一段八卦来开始我们的对谈了。

你肯定还记得，大约两年前，我们一群朋友在电子邮件中为"科学"的定义应该取窄还是取宽爆发了争论，两派互不相让，最终也没有达成一致，真正是"君子和而不同"了。这场争论在我们圈子里留下了"宽面条"和"窄面条"的典故，时常被人引用。在争论中，你是坚定的"宽面条"派，而我属于"窄面条"派。

在这本《古代世界的现代思考——透视希腊、中国的科学与文化》中，劳埃德在这个问题上恰恰是"宽面条"派。劳埃德这本书，实际上是一些演讲稿的集结，不过劳埃德当然修订了这些讲稿，并细心将它们"焊接"起来，而且在起承转合之际尽量做到平滑过渡。

由于上面这个原因，本书的主题就不可能不宏大了。说实话，这么宏大而宽泛的主题，也就是劳埃德这种德高望重功成名就的人（已经因"对思想史的贡献"而被英国女王封赐为爵

---

* 《古代世界的现代思考——透视希腊、中国的科学与文化》，［英］G. E. R. 劳埃德著，钮卫星译，上海：上海科技教育出版社，2008年12月第1版，定价：25元。

357

士），去尝试玩一把还差不多，别的学者多半会望而生畏。

■ 说这本书主题宏大有道理，但从别一个方面看，也可以说作者在处理这样一个宏大主题时，采取的策略是很得当的，翻开目录即可看出，他实际上是从若干主题（当然这也与你提到的此书由系列演讲生发而成有关）切入来讨论这个宏大论题的。

无论是通过详细地阅读全书，还是仅仅简要地浏览一下译者序，读者都会发现，其实此书与其说是历史考察，倒不如说是历史反思。因为此书有很强的理论色彩，也很有科学编史学的意味。例如，像作者在开篇就探讨的对于一个古代社会，我们怎么才能够去理解，又能获得多大程度上的理解的问题。以及像古代世界有没有科学的问题，形式逻辑和它的规则在多大程度上或在什么意义上是普遍有效的？关于真理和信仰及其与跨文化之关系，如此等等。这些问题，几乎是典型的编史学问题。也就是说，此书并不是对古代希腊与中国的科学史的系统梳理，而是在作者对古代历史长期研究的基础上，试图对一些历史研究中关键性的问题进行理论思考并给出其回答。

□ 你看到此书的科学编史学意义，倒是别具慧眼，这当然和你长期关注科学编史学问题有直接关系。这一点我非常赞成。你对译者序的评论，也非常准确。

将劳埃德归入科学定义问题上的"宽面条"派，这丝毫没有牵强附会之处。在本书第二章"古代文明中的科学？"中，他相当深入地讨论了应该如何定义"科学"这个问题。首先引起我注意的是，他将"科学"与"正确"的关系引入了这个问题。因为古代文明中的许多知识和对自然界的解释，在今天看来都已经不再"正确"了，这成为那些认为古代文明中没有科学的人所持的重要理由。但是劳埃德指出："科学几乎不可能从其结果的正确性来界定，因为这些结果总是处于被修改的境地"，所以他认为，"我们应该从科学要达到的目标或目的来描绘科学"。记得几年前我提出"科学不等于正确"时，曾被一些人士视为离经叛道，甚至要出来"驳斥"，尽管这实际上应该是科学史中的基本常识。现在看到劳埃德的上述观点，真是煞费苦心了。

那么什么才算是"科学"的目标呢？这实际上仍然是一个定义问题。劳埃德的定义是"理解客观的非社会性的现象——自然世界的现象"。也就是说，抱有上述目标的活动和成果，都可以被视为科学。这确实是一个非常非常宽泛的定义！按照这样的定义，任何有一定发达程度的古代文明，其中都会有科学。看看，劳氏的科学面条，可谓宽矣！

■ 其实，劳氏的面条之宽，也是有他的道理的，并不完全只是一个定义尺度选择的问题，而是涉及我们通常所说的"科学观"，以及我们如何看待人类认识自然知识的根本性的问题。劳氏长期以来专攻古希腊研究，一方面，这样的研究通常是在与近现代科学相关的意义上展开，另一方面，如果真正深入到历史中，古希腊的"科学"与西方近代科学之差异，也会被明显地注意到。只是长期以来，人们过多地关注前一方面，而后一方面，却是要真正有历史感和历史理解的人，才会注意到并有所发挥。劳氏在此基础上又把中国古代科学拉进来进行比较，就更有意思了。

其实，说到任何有一定发达程度的古代文明，其中都会有科学，这样的观念，在西方当下一些基础教育改革的理念中，已经是被采纳的观点（反观我们国家作为基础教育之基础的科学观却大不一样）。不过，难得的是，像劳埃德这样的老一辈的学者，能够有如此开明的见解而不是因循传统观念。

以往在我们关于"宽面条""窄面条"之争时，有一点是有意思的，双方其实都只是在命名和逻辑的意义上采取不同的定义，而在对人类知识的多样性，"窄"科学之局限性等方面，并无太大分歧。但尽管如此，看到劳氏的"宽面条"，我还是不禁备感高兴。

□　其实不是"并无太大分歧"，而是几乎就没有分歧。我们的科学定义"宽窄之争"，实际上只是技术或策略层面的不同，相关的目标和基本价值观念是一样的。所以看到劳氏这样的老一辈的学者，能够有如此开明的见解而不是因循传统观念，我们不仅应该备感高兴，同时还应该由此看到，国内学术界在如何看待科学技术这样的问题上，仍是相当落后的。

不过，研究、对比古代中国和希腊的情形，能在多大程度上对当今我们所面对的处境有所帮助，这一点劳氏的说法似乎有些牵强，至少有点"卖什么吆喝什么"的感觉——是不是将自己多年研究的古代思想史的意义估计得过高了一点？

最后，关于此书的阅读印象，也需要说一两句。此书比我原先预计的要好读，论证也是流畅清晰的。这究竟是劳氏本人文风宜人，还是译笔高明？或者说这两者的因素分别在多大程度上起了作用？

以上两点，都想听听你的意见。

当代英国勋爵眼中的古代世界

■ 关于研究古代历史——在劳氏这本书中是关于古代希腊与中国的历史——对于我们现在有什么帮助，有什么价值，这本是典型的编史学问题。

说到这种帮助或价值，无非可从直接、间接的关系来讨论。劳氏的态度是有些乐观，对价值的估计较高，而我知道你一直鼓吹对历史（以及科学史）的"坦坦荡荡说无用"。但我觉得，在间接相关的意义上，毕竟我们是可以建立一些价值的，而你我多年之所以还在此领域中劳作，恐怕也与对这种间接价值的认同不无关系吧？

对于此书文字的好读，我想，也许作者和译者两方面的因素都是存在的。不过，你的高徒能译出佳译，除了你的培养之功，还提示我们，在科学史学生的培养中，对翻译问题应更加重视。

总之，就这本书来说，一位当代英国勋爵眼中的古代世界，这两者间本来就存在着极大的反差，而这种反差，恰恰给我们的阅读和思考带来了有趣的看点。

原载 2009 年 3 月 6 日《文汇读书周报》

4. 博物学和环境

博物学热潮中的理论建设

□　江晓原　　■　刘　兵

□　刘华杰教授近年大力提倡博物学传统的复活和振兴，成绩斐然，可喜可贺。不消几年，冷落已久的博物学居然重新进入大众视野，出版了不少博物学方面的书籍，而且在这种努力中，越来越多的学者也加入进来。是华杰提倡之功，不可没也。吴国盛教授在他的博客上写道：（华杰）"现在很烦对博物学、博物这些被他炒热的术语进行严格界定"，足见他也认可华杰在此事上的提倡之功。

当然，对于在现阶段是不是很需要对这些术语进行严格界定，可以见仁见智。诚如吴国盛教授所言，"作为学者，这些工作是不可避免的"，但我联想到多年前，"科学文化"这个术语被我们几个"反科学文化人"在媒体上"炒热"之后，田松就提出先不必对这一术语严格界定，看她能长成什么样子再说。记得当时我们都同意他的看法，事后看来，这个策略也是有益的。所以，即使是不可避免的工作，根据情况留待下一阶段再做也未尝不可。

这本《博物学文化与编史》*分为三编，其中作为理论建设的篇章，集中于第一编。特别是"博物学编史纲领"一篇，让人记忆犹新。这是五年前我们三人的对谈，当时发表时署名是

---

* 《博物学文化与编史》，刘华杰著，上海：上海交通大学出版社，2015年8月第1版，定价：58元。

"崔妮蒂",取义于"三位一体"。这次我重温这篇长文,怀旧而外颇感自慰——原来当年我们对于这方面的理论建设,还真有点"殷勤周至"的劲头呢。

■ 出版界目前确实出现了博物学类图书的出版热潮。应该说,华杰在当中也确实功劳很大。他自己更是身体力行地写作出版了多本一阶、二阶的博物学著作,也参与了多种博物类丛书的策划,为许多博物类图书撰写序言。在他所带的学生中,现在几乎也都是在博物学研究的领域中做学位论文。围绕着刘华杰教授,可以说形成了一个博物学研究和传播与实践的核心群体。之前他在北大组织的博物学论坛,虽然与北大吴国盛教授的首届全国科学编史学论坛"撞会",被分流了许多人,参会者仍济济一堂,这也可以算是当下博物热的另一表现吧。

当然,这并不是说华杰是这场博物热的唯一推动者,图书出版这样的热点选题的形成,肯定还有另外一些潜在的时代和市场需求,但就现在的博物热潮来说,像华杰这样大张旗鼓、全身心投入,从实践到研究并行而且做出了这么大动静的人,却几乎是唯一的。

形成了热潮,从学者的习惯来说,思考其理论基础也就是顺理成章的事了。其实,华杰在其平日的工作中,并不缺少对博物的理论研究,他自己对博物学的热爱和执着,也自有其理论依据,否则岂不成了盲目的热情?但我觉得,你开头提及的话题,其中对所谓的"理论建设"似乎还另有更专门的特定所指,不知我这种感觉是否对?如果对的话,那么其特指的理论建设又是指什么呢?

博物学热潮中的理论建设

□ 就一般意义而言，理论建设当然可以包括多个方面。我的理解，华杰迄今为止在提倡博物学方面所做的理论建设，主要表现在阐述和拓展博物学在当下所能发挥的功能。先说阐述，比较显性的，比如可以支持环保的主张；比较隐性的，则有"充当科学主义的解毒剂"之类。我之所以将这些称为"阐述"，是因为这些功能或者是比较容易想到的，或者是别人也提出过。

但华杰更重要的理论建设，我觉得可以称为对博物学在当下所能发挥的功能的"拓展"。其中最突出的一点，是华杰设想了一种博物学编史纲领下的新科学史。在这种编史纲领指导下撰写的科学史，将与以往习见的科学史大大不同。这一点也是当年"崔妮蒂"对谈中的重点之一。我记得你还模仿了波兰大科幻作家莱姆采用过的"虚拟书评"之法，为一部尚未问世的、想象中在博物学编史纲领下产生的新科学史写了一篇书评。在这样的新科学史中，牛顿也许只占很小的篇幅，而另外一些人物可能被大书特书，某些名不见经传的人物也可能获得相当可观的篇幅。

当然，这样的新科学史，华杰还没有写出来。但是，我们对此有厚望焉！我不止一次兴奋地遐想，这样一部新科学史一旦问世，将产生多方面的效应。例如，它可能遭到来自科学主义方面的强烈抨击，认为这是一部荒谬的科学史；而对这种抨击的回应及后续的争论，必将成为科学史编史学上的历史性事件。又如，一部这样的新科学史，必然具有相当的阅读娱乐性，纯粹从图书出版的角度来说，也是非常值得尝试的。

我愿意在这里负责任地宣传一下：如果华杰真写出了一部这样的新科学史，如果担心在别的出版社通不过选题审查，请将它交给我，我愿意将它纳入我在上海交通大学主持的"*ISIS*文库"中，正式出版。

■ 从我个人的理解来看，你说的是一种未来的可能性，但就目前来说，华杰在博物方面的理论建设，一是还不止你说的那几点，二是我觉得写那样一部科学史，即使是他的目标，也不是一时半会儿的事，更何况我觉得他现在主要的兴奋点，也许还不在此。即使真的要写出这样一部新的科学史，还需要解决许多基础性的问题。

例如，目前，关于博物的理解和定义，就像你在这次的对谈一开头所说的，是目前有所争议的一个问题。这确实是一个出发点和立场的问题。我注意到，在华杰的博客上，贴出了一篇他发表在《中华读书报》上的文章，其中对此是有直接回答的。他说："谈论博物学的忽然多了起来，就有人在追问，'何为博物学？'针对此问题，按西方学术的传统习惯，要给出一种本质主义（essentialism）的揭示，要透过现象和命名找到数千年来不变的本质。一旦找到了，指给大家看：这就是博物学！我本人反对本质主义的处理方式。即使宣布找到了背后唯一的本质，意义也不大。说博物学只对应于 natural history，而那是西方的玩意儿，于是就证明中国没有……这样的学术没有什么吸引力。"

他还认为："说中国古代无博物学，那么中国古代还有什么？在我看来中国古代的学问极为丰富，但主要是博物层面的。用'国学'很难全面代表古人的文化遗产。……从建构论的眼光看，博物学在历史上存在过，似乎也没有完全中断，每个时代都在建构不同特色的博物学。"因而我觉得华杰现在一是在带着学生以新的编史学立场重新梳理博物学的历史（所以他的书名中才会强调"编史"这一概念），而且他所采用的立场和方法，更接近于社会建构论。这正是他在博物学研究理论建设方面的重要工作。其二，是他也同样更加注重在当下所"建构"和传播博物学的实践，并关注其意义的彰显。

□ 看来华杰真的很烦那些"本质主义的处理方式"。

我基本同意你的分析。不过，我还是认为理论或概念上的模糊性，至少在某些阶段是可以容忍或搁置的。这也许和中国的传统思维方式有关。例如，当明清之际西方的天文学体系传入中国之后，中国学者中就有人产生疑问：天空中真的有"天球"这样的球体吗？真的有行星的"轨道"吗？而在中国传统天学中，这样的问题是不会被提出的。在漫长的古代时期，中国天学家只要能够和西方人一样计算出天体的位置，即可完成他们的职责。在这样的问题上，理论或概念的模糊性并不会造成困扰。

说到天学，或天文学，还有一点可以和博物学发生联系，或许值得说一说。有不少人认为，博物学"过气"的重要原因，是因为它是描述性的，缺乏精密的数理，而谈到精密的数理，天文学经常被拿来说事，比如推算出哈雷彗星的轨道之类，所以天文学被认为是精密科学的典型代表，就连只是用到天文学作为工具的星占学，居然也沾光被誉为"最古老的精密科学"。然而，如果我们常识用博物学眼光来审视天文学，那么即使是现代天文学，也仍然有着非常"博物学"的成分——天文学家编制的各种恒星表、彗星表、星云表、类地行星表……所有这类依靠观测收集而成的表，其实在本质上都和

369

博物学家的工作如出一辙。所以，半开玩笑地说，在那种我们上面想象中的以博物学编史纲领写成的新科学史中，编制这类星表的天文学家，或许会获得比现今的科学史中更加重要的地位呢。

我说华杰致力于拓展博物学的功能，还包括将博物学的眼光或视角，应用到我们日常生活中。例如该书中"公众博物学：关于那些无用而美好的事物"一文，试图向公众介绍一种博物学的眼光，用这种眼光来看我们的日常生活，就会看到一些以前被忽视或误解的事情。当然，这篇谈话录的标题稍有不妥（冒号后面的那句话），不仅冲淡了主题，而且会让读者误以为又要谈论野草闲花的审美意境了。

■ 我也基本同意你的看法。一个学理概念，就像你前面列举的那些例子一样，定义精确有精确的好处，限定模糊也有模糊的好处。在后一种情形下，可以包容更多的东西。我们甚至可以说，那种追求精确定义的做法，似乎也是数理科学的典型特征之一。

此外，在一种范式下的"精确"，未必就可适用于另一种范式。例如，关于中国古代是否有博物学这一问题，就像问中国古代是否有科学一样。即是一个涉及科学定义的问题，也涉及科学范式的理解问题和立场问题。如果我们在关于何为科学的问题上可以持一种多元的立场，那么在涉及博物学的问题上，为什么不能也持一种多元的立场呢？我们在现实中所关心和追求的博物学，其实未必就与历史上曾有过的博物学完全一致。

尤其是，在涉及历史研究时，这样的问题会更加突出。预设了一种博物学的定义，在进行历史研究时，就会按此定义去寻找相关的材料，当发现历史对象与此定义有所不同时，就会更加关注是因为缺失了什么因而导致这种不同（科学史中的"李约瑟问题"便有这样的倾向）。其实历史研究也还有另一种立场，即更关注研究不同文化、不同国度中博物学的差异，关注的是在这些差异的背后，实际上又存在着什么不同的东西。这样，则可以带来对于历史多样性的更充分的认识。华杰带着学生做有关中国古代博物学史的研究，我希望他们也能在基于这后一种立场的历史研究中有新收获。

现在博物学热起来了，相比以前在历史、哲学、传播等领域中只有数理科学一枝独大来说，这是件好事。但这样的热度能够保持多久，是否具有可持续性，其实还会受到多种因素的影响和制约。但比起数理科学发展带来的雾霾，博物学中的野草闲花不是更令人向往吗？

原载 2015 年 12 月 9 日《中华读书报》

英国博物学家眼中的科学与帝国

□ 江晓原　■ 刘　兵

□ 范发迪的这本书*，首先引起我注意的，是他在开头提出的"科学帝国主义"（scientific imperialism）观念。他使用这个观念，指的是"科学与帝国殖民事业两者的共生关系，说明科学发展与帝国想象的扩张，在某些情况下构成了一个相互作用的反馈回圈"。这种弯弯绕的"学术话语"，用大白话来说，大概就是：殖民者在殖民地区的科学活动，对于大英帝国的科学发展也是有贡献的。这种贡献，当然首先会体现在博物学上——帝国殖民地的物种，当然会和帝国本土的物种有很大的不同。而如果是一个化学实验室，那殖民地的实验室至多也就是和本土的一样而已（很可能条件设备会差一些），那就谈不上贡献了。

范发迪希望在这本书中，"透过探究历史行动者如何在文化接触时协调不同的文化传统和彼此差异，来补充、修正上述对'科学帝国主义'这一概念的应用与演绎"。这个想法当然不错，不过他实际上能够做的，主要也就是对清代在华英国博物学家工作的描述。这种描述的"补充"作用当然是显而易见的，但能否"修正"与"科学帝国主义"相关的观念，那就很

---

* 《清代在华的英国博物学家：科学、帝国与文化遭遇》，[美]范发迪著，袁剑译，北京：中国人民大学出版社，2011年7月第1版，定价：35元。

难说了。

■　这是一本非常有趣的新型的科学史研究的著作。作者范发迪与我们常见的某些科学史家确实有所不同，他是非常注意在其研究中采用新视角，发现新问题，并提出新见解的研究者。我觉得，在我阅读此书时，与你首先关注的问题和兴奋点还是有所不同的。我特别突出地关注的是他对博物学这一特殊领域的注意以及由此引出的与对别的领域的研究在带来新问题上有所不同的地方，也特别关注他在研究中，背景理念的特色，以及在新的编史学观念之下试图发现新问题的新创意。

不过，你既然先提出了"科学帝国主义"的问题，那我们就先来谈谈这个问题也好。你怀疑他的研究能否修正与"科学帝国主义"相关的观念，我倒对此颇为相信。因为，这首先涉及他所说的原来的"科学帝国主义"的观念的一般所指。其实，在你曾指导的博士研究生吴燕对徐家汇天文台的历史研究中，吴燕就已经用到了类似的相关概念，包括"世界实验室"等概念。你举出了化学实验室的例子（这倒与天文台有某些相似之处），但实际上，恰恰是其对于博物学这一特殊的并且以往被科学史家们忽视的领域的新关注，带来了与像物理化学等学科与帝国主义和殖民地扩张关系有所不同的新的"修正"。

□　不，化学实验室恰好和天文台是两种类型——天文观测才更类似于博物学。因为在殖民地区设立的天文台，其观测资料有着本土天文台观测资料无法取代的价值。至今全球各天文台仍然经常共享各自的观测资源（仪器、观测时间、所得数据等），原因就在于此。而博物学的观察和采集，也有同样性质。所以实际上，你也许可以指望，在华的英国博物学家和在华的法国天文学家的工作，共同被用来修正"科学帝国主义"——尽管我仍然怀疑这种修正的真正效果。

范发迪这本书，尽管篇幅并不很大（中译本计入大量参考文献也才 29 万字），但涉及的方面却相当广泛。除了你上面提到的那些方面，还涉及西方的汉学传统、中西文化的交融和比较等，是一本相当耐读的书，值得读者慢慢细品——不过今天还有多少读者愿意如此，我就不敢乐观了。

■ 你说天文台与化学实验室不同，天文观测才更类似于博物学，这在原则上讲倒也似乎说得通，不过，看看当下，当博物学在当代科学中几乎已无立足之地时，天文学却依然还是作为"硬"学科而挺立，这就很说明问题了。

说到这段博物学史被用来修正"科学帝国主义"，你一直在提出异议，其实，如果仔细读读此书，要发现各种"修正"还是很容易的——当然，这又取决于如何看待原始版本的"科学帝国主义"，以及如何理解"修正"的标准。

在这当中，正如作者所说，一个重要的方面就是知识类型问题。我之所以讲天文台和化学实验室，正是为了表明，对于博物学这类知识正因为其特殊性，以及获得它们的不同方式，才会"丰富了""科学帝国主义"的概念。而这也正是博物学史研究，以及对于其他一些因不在当代的主流框架中而长期被忽视了的学科历史研究，所具有的特殊的重要意义。

□ 但是应该注意到，当年在殖民地的天文台所做的天文、地磁、地震、气象等观测，和在当地的博物学家所做的采集和观察一样，可以进一步丰富帝国的科学知识。如果认为发掘一些这样的历史，可以丰富或修正"科学帝国主义"的概念，我并不打算反对，但这就不是博物学所能专美的了。

谈到这里，我有一个非常吸引人的启发——当我们试图重新振兴博物学传统时，我们为什么不强调指出天文学这样的"硬"学科中也蕴含着明显的博物学色彩，并让这一点来为我们的论证服务呢？事实上，这一点也完全可以被范发迪所借用，来丰富他的论证，只是他囿于学科的视野，没有想到或注意到这一点而已。

准确地说，我仍然认为范发迪的书只能丰富"科学帝国主义"的概念——除非我们抠字眼说，"丰富"也是一种"修正"（确实可以这样认为），那我没有不同意见。

■ 看来你实在是偏爱你的天文学啊！你要说，像天文学这样的"硬"学科中也蕴含着明显的博物学色彩，我确实不反对，但那是在另一种扩展意义上的博物学了。范发迪这里研究的博物学，还是原始意义上的博物学，与天文观测相比，其特殊性，更在于其探索的过程中，涉及诸多非"科学界"人士不可或缺的参与，而且涉及资源问题，涉及经济，涉及海关，涉及殖民，涉及许多许多硬科学。在这样的意义上，其实我们说"丰富"还是"修正""科学帝国主义"的概念，其实意思上也确实是相近的。

不过，我们这里过于集中纠缠于"科学帝国主义"的概念的相关问题，也许反而在某种程度上相对弱化了博物学史研究在其他方面的意义，而这些内容，恰恰也正是像北京大学的刘华杰研究的博物学编史纲领所要发掘的。话又说回来，既然我们仅从这一个小点上就可以引申出如此争论和某些共识，那么，更多地探索博物学的历史，从这个以往被忽略而现在正在逐渐被关注的领域的研究，同时更全面地思考其价值和，肯定将会更加显示出其独特的意义和重要性。

原载 2012 年 10 月 5 日《文汇读书周报》

蝴蝶对于纳博科夫和
《洛丽塔》的意义

□ 江晓原 ■ 刘 兵

□ 纳博科夫因他的长篇小说《洛丽塔》，以及大导演库布里克导演的同名影片而知名于世，早已赢得"纳粉"无数。而许多"纳粉"得知纳博科夫还是蝴蝶研究领域某个分支的权威人物时，不禁崇拜得五体投地。这种崇拜会让他们对纳博科夫的"科学成就"做出夸张的描述——这也难怪，通常"纳粉"都是文学圈中的人物，或是围着文学圈打转的人物，他们很难具备科学史的眼光。

在本书 * 正文前面有"本书所获荣誉"两页，其中一段赞美词："继达·芬奇之后，很少有人能在科学与艺术两个领域登峰造极……《纳博科夫的蝴蝶》为我们展现了一位奇才。"作者的意思，显然是说纳博科夫可以与达·芬奇比肩，他的蝴蝶研究已经可以算在科学领域"登峰造极"了——如此不靠谱的过甚其词，却是出现在被许多中国公众顶礼膜拜的《科学》（ Science ）杂志上。

再来看本书中译本"译者序"中的说法："弗拉基米

---

* 《纳博科夫的蝴蝶——文学天才的博物之旅》，［美］库尔特·约翰逊等著，丁亮等译，上海：上海交通大学出版社，2016 年 4 月第 1 版，定价：88 元。

尔·纳博科夫是一位奇人，在头顶伟大的文学家光环之下，他竟然还是一位曾长期在世界顶级学术殿堂里工作的……"其实这篇"译者序"中的大部分意见我赞同，但上面"世界顶级学术殿堂"这样的措辞，显然也有夸大之嫌。

上面这两个例子，恰恰就是本书"推荐序"中刘华杰所指出的"纳粉"们建立的四种神话中的第一种。"纳粉"们认为，纳博科夫既然在文学上如此伟大，那他在科学上也一定是能和牛顿、爱因斯坦比肩的大人物。而这当然并非事实。

■ 在我的理解中，你的意思是说，认为纳博科夫在文学（可归入艺术类）与"科学"（或者更确切地说是"博物学"？否则为什么这本书会收入这套"博物学文化丛书"呢？）两个领域均有不凡的表现，这是可以的，但要是认为他的"科学贡献"达到了世界顶级水准，却有所夸大。在这样的评判中，你隐含了一个判断，即纳博科夫在文学领域里应该是达到了"世界顶级"水平。是这样吗？

判断一个人是不是在科学中达到"世界顶级学术殿堂"的水准，这确实是科学史家所关心的问题。不过，我们现在谈的这本书，又确实可以说是一本奇书，正像译者在译者序中所说的："说文学不是文学，说科学不是学术论文，说传记也不是专门为纳博科夫写的……"但按照刘华杰的说法，本书突出讨论的是纳博科夫的"双L人生"，即文学（literature）和鳞翅目昆虫学（lepidoptera）。或者我们可以说，其实，纳博科夫在文学中地位很高，在科学领域也有不凡的表现，虽然单一地在文学或科学领域有不凡表现的人有很多很多，但同时在这两个领域中有不凡表现的人，就是凤毛麟角了。

蝴蝶对于纳博科夫和《洛丽塔》的意义

所以，纳博科夫是否在科学中有世界顶级地位，在这里并不是最关键的问题，而他同时在两个领域游走并做出重要贡献，这才是问题的核心。进而，人们自然会关心，在一个人身上，这两不同领域间的关系是如何的呢？正如你在这次对谈标题中提出的问题："蝴蝶对于纳博科夫和《洛丽塔》的意义。"虽然我们两人对鳞翅目昆虫学都没什么了解，但你对《洛丽塔》颇有见解，那么，你认为蝴蝶对于纳博科夫和《洛丽塔》的意义是什么呢？

□　其实"顶级"、"登峰造极"或"凤毛麟角"之类的措辞，毕竟只是文学性的修辞，并非精确的界定。

我们不妨先从科学史的角度来看，能够和纳博科夫的"双L人生"相提并论，甚至更有过之者，在东西方先贤中都不乏其人。在东方，张衡作为能够在中国文学史上青史留名的文学家之一，还精通天文学和星占学，至少如今的月面环形山中，有一个是以张衡的名字命名的。在西方，《鲁拜集》绝对是诗歌艺术中的瑰宝，作者奥玛尔·海亚姆（Omar Khayyam）却是历法专家，还创立了一种借助圆锥曲线解三次方程的方法。这两个例子中的科学成就，和纳博科夫的眼灰蝶分类研究成果相比，至少是有过之而无不及吧？

再看纳博科夫在世界文学史上的地位，"登峰造极"这样的措辞也明显是有问题的。但丁、乔叟、莎士比亚就不用说了，不可能有人会认为纳博科夫可以和这些人比肩。那么退而求其次，随便说吧，乔伊斯？司汤达？狄更斯？巴尔扎克？托尔斯泰？……群星灿烂，纳博科夫能够令人信服地超过他们中的哪一个？

在文学史上，纳博科夫的名字永远和小说及影片《洛丽塔》联系在一起。这部小说描绘了中年男性和未成年女孩之间的恋情，创造了洛丽塔这样一个典型的文学形象，足以青史留名，那是没问题的。但世间的"粉"往往非理性，一旦"粉"了谁，难免无限推崇，任意拔高，必誉之为古往今来第一人而后已。所以刘华杰在"推荐序"中特别澄清了"纳粉"们的四类神话，实属对症下药。

最后，对于"蝴蝶对于纳博科夫和《洛丽塔》的意义是什么"这个问题，我目前的答案是：没有意义。这两者完全可以是巧合。当然，我期待你能够改变我的想法，例如，告诉我大鼓书对于科学编史学和性别科学史的意义。

■ 在这个问题上，我并不想改变你的想法。就"蝴蝶对于纳博科夫和《洛丽塔》的意义是什么"这个问题，你给出的答案是没有意义，纯属巧合，这当然也是一种答案。尽管"意义"所指的是什么，也还可以进一步讨论。不过，对于每一个历史人物的研究，在某种意义上，都会发现一些特有的、与他人不同的东西，而历史研究显然不只是叙述一个故事，你也曾说过，叙述当头，立论就在其中了，这里的立论，应该是某种特殊的观点吧，否则也就没有必要"立"了。

而且，历史研究的方式之一，是在关于某个人、某件事、某个问题的不同"事件"之间建立一种"有历史意味的因果联系"（注意这不是指那种更严格的哲学意义上的因果关系），而不只是把它们看成巧合。正是在这样的意义上，我才会问出那个问题。就像你接着调侃性地问的，大鼓书对于科学编史学和性别科学史的意义是什么。如果一位科学家，或科学史家，或涉及性别研究史的研究者，一反常态地迷恋于大鼓书（因为通常人们自然觉得大鼓书与之无关），或许这还真是一件值得给出说明和解释的事呢！一开始，当你把那个问题作为我们这次对谈的标题时，心里想的就是巧合这个答案吗？在这本书的第十三章，"文学与鳞翅目昆虫学"，还真的就纳氏的小说和他迷恋研究的鳞翅目昆虫学的关系进行了不少梳理，至少，在一个有特殊性的人身上，这被认为是存在着某种关系吧。

或者，我再换一个方式来问问题：你觉得，像纳博科夫这样出于兴趣而在文学和昆虫学中取得成就，这一现象有什么值得注意、分析和评论的价值吗？

□ 定这个题目时，我倒并无先入之见。因为这个题目中的"意义"，既可以是探讨蝴蝶对纳博科夫及其文学创作的意义，也可以探讨蝴蝶对于我们理解纳博科夫及其作品的意义，而后一种"意义"就非常广泛了。

另外，关于这次对谈的题目，还有一点可以注意，就是我们通常在使用这样的句型时，往往有某种默认的假定。比如，如果我们同意"蝴蝶对于纳博科夫和《洛丽塔》的意义"这样的题目可以成立，但是反过来，"《洛丽塔》对鳞翅目昆虫学的意义"能够成立吗？恐怕就很难成立了。又比如爱因斯坦也拉小提琴，如果我们同意"小提琴对于爱因斯坦和相对论的意义"这样的题目可以成立的话，我们会同意"相对论对小提琴艺术的意义"这样的题目能够成立吗？

至于第十三章"文学与鳞翅目昆虫学"这样的题目，无疑是可以成立的，因为只要这两件事发生在同一个人身上，我们当然就可以讨论这种"与"的关系——这其实就是你换了方式问的问题了。对这个问题，可以我个人的生活体验来尝试回答。

你知道，"跨界"这种行为，往往会给人带来快感和满足，甚至带来某种成就感。至少有一部分人是这样，我本人就是如此。中国人说的"玩票"或"票友"，其实就是跨界。纳博科夫完全可以说是鳞翅目昆虫学的"票友"。

如果跨界之后，又能在两界都获好评，那这种满足感就更强烈了，那就是进入"名票"行列了。如果将纳博科夫视为鳞翅目昆虫学的"名票"，应该是毫无问题的。随着社会分工越来越细，跨界的难度是在逐渐增加的，对于大多数人来说，跨界并非易事。而跨界后还想玩成"名票"，难度就更大，所以才能给人带来成就感。"纳粉"们推崇纳博科夫，如就跨界这一点而言，倒是可以傲视一大堆文学巨匠了——我上面随口提到的8位，好像谁也没有跨界和"名票"的著名事迹。

■ 你讲的这些观点，原则上我也都可以同意。不过，似乎我们关注和强调的重点略有不同。比如说，在我们看来爱因斯坦拉小提琴对其相对论可能没有什么意义，但或许从事艺术教育的人会有不同的说法。毕竟"意义"这个概念可以理解得或松或紧。又比如说我也喜欢跨界，对跨界的心理感受也与你差不多，但如果只把意义限于跨界，我觉得似乎还是差了点什么，跨界的心理感受毕竟主要还是属于纳博科夫个人的，而无论是作者的立意，还是对读者的吸引力或受欢迎的要点，似乎都有超出跨界的表面现象，而更关心其背后的意蕴。

比如，在当下，此书的卖点之一，是其博物学内容，而当一个文学家又从文学跨至博物学，更不用说其跨界的成功，这其中难道不是值得我挖掘的东西吗？华杰的学生翻译卢梭的《植物学通信》，不也是另一个思想家、哲学家在向植物学跨界吗？华杰也强调从卢梭对植物学的研究而联系到科学传播和科学史的考察，从而对我们以往只将卢梭当作哲学家、教育家和政治家的看法有所修正。又如牛顿，如果我们只关注其《原理》，而无视其炼金术和圣经研究，或只将其视为个人的跨界，那肯定会影响我们对于牛顿的理解。在一个人的身上，各种不同的、表面上看起来似乎是不相关甚至彼此冲突的兴趣和研究，彼此间肯定是有其相互影响的，只不过这些影响可能以今天的标准来看并不那么明显和直截了当。

因而，我觉得，本书恰恰为我们打开了一种观察的可能性，让我们去思考在当时，人们会怎样理解博物学、理解文学（文学的表现显然会有与人、与自然、与社会的更广泛的关联），以及两者间可能有什么样的相互关联和影响，这正是此书的重要价值之一。

原载 2016 年 8 月 10 日《中华读书报》

"鸟人"：会为爱鸟而杀鸟吗？

□ 江晓原　■ 刘　兵

□　我最初只知道如下语境中的"鸟人"：相传爱因斯坦有一次向某刊物投稿，居然被拒，因为审稿没有通过。爱因斯坦当然不悦，就给主编写了一封相信是许多大牌作者都想写而不大敢写的信。信中表示，"我将稿件给你们是供你们发表用的，不是提供给你们让什么'鸟人'审查的"云云。当然这里"鸟人"是中译者意译添加的词汇。

从你那里我才听说"观鸟的人"也被称为"鸟人"，而观鸟也是一项有相当道行的博物学活动。而且你家居然就出了一个"鸟人"——令千金。所以这次谈论这本《画笔下的鸟类学》*，一定要听你深入谈谈"鸟人"们的种种活动，和他们的精神世界。

首先，这是一本非常漂亮的书，图文并茂，让人爱不释手。揭开护封，里面的硬封又是简洁素雅之至。

本书作者当然也是一个不折不扣的"鸟人"，乔纳森·埃尔菲克不仅观鸟，而且画鸟。画鸟是"鸟人"非常有特色的一种活动，许多鸟类的精细形象，就是由画鸟的"鸟人"传递给世人的。在这个问题上，鸟类是不是有某种特殊性？比如，其他的动物植物，当然也有许多动物学家或植物学家进行过观察

---

* 《画笔下的鸟类学》，[英]乔纳森·埃尔菲克著，许辉辉译，北京：商务印书馆，2017 年 7 月第 1 版，定价：135 元。

和描绘，但我们似乎没听说过"花人"或"蛇人""鹿人"等的说法？

■ 先是这本书，确实像你所说的是一本装帧精美、富于设计而且颇有收藏价值的书。原文书名是 *Bird: The Art of Ornithology*，现在中译本译为《画笔下的鸟类学》，还是贴切的。从内容上看，本书也颇有特色，它实际上是从鸟类绘画的特殊角度，讲述鸟类学的发展和人们对鸟的认知过程。或者用更时髦的术语，也不妨说是从视觉文化的特殊视角来撰写的鸟类学史。本书在历史分期上，又以印刷技术的变化作为分期标志，在这种意义上，要说是一部鸟类学图书印刷出版传播史，也未尝不可。

本书又是一本很有文化内涵的通俗性历史。书中大量印制精美、很有艺术感染力的、珍贵的不同历史时期的鸟类绘画，既是重要的史料，与文字的内容彼此呼应，又可以作为艺术品来欣赏。当然，对于你所说的众多手持观鸟指南图鉴去观鸟的"鸟人"而言，这差不多也是历史上的鸟图精品荟萃了。正是由于这些特色，这本书与当下图书市场上颇为流行的有文化品位、可供阅读又把玩和收藏的图书类型非常契合。

确实，小女也是鸟人中的执着者。究其渊源，可以追溯到在她小的时候，既作为儿童的娱乐，也作为某种休闲式的教育和户外活动，我经常带她去参加著名的环境NGO"自然之友"的观鸟小组的活动，结果一发不可收拾，竟培养出了一个铁杆鸟迷，而惭愧的是，至今，我仍然还是一个"鸟盲"。

□ 这倒稍稍有点出乎我意料。我原先一直想当然地以为，你总得近朱者赤，好歹受些影响和熏陶吧？比如对鸟比我们一般人更熟悉一些？当然，我们通过讨论这本书，就会经历一个受"鸟文化"熏陶的过程，也许这个过程能让你变得更接近一点我们通常人心目中"鸟人之父"的形象？

你相当准确地概括了本书的性质——鸟类学图书印刷出版传播史。这让我想起我以前发表过的关于学科和观赏性关系的一种看法。

我认为，并非所有的学科都具有同等级别的观赏性，比如天文学就很有观赏性，而且享受这种观赏性时通常又很安全，所以全世界会有那么多的业余天文爱好者；相比而言，化学就几乎没有观赏性，实验还难以避免危险性，所以全职太太到幼儿园或小学做义工时，会带着孩子们去用望远镜观天，但通常不会带着孩子们做化学实验。

而鸟类学则是一门具有高度观赏性的学科，它的观赏性甚至超过植物学和通常意义上的动物学，因为鸟类有漂亮的羽毛，描绘这些羽毛显然能够唤起审美情怀。"鸟人"们描绘了鸟类，当然需要传播，由于这些鸟类图案可以如此精细和精美，以至于对印刷技术提出了很高的要求，这才让你对本书"鸟类学图书印刷出版传播史"的性质概括得以成立。

■ 如果说到观赏性的话，我觉得，与你举出的天文学的例子相比，鸟类学显然要更具有观赏性。你想，鸟是有生命的啊，与那无数虽然也神秘但显得冰冷的星星相比，对于更多的普通人，其观赏性无疑要更强。因而，比较一下普及性或专业性的天文学类图文书和鸟类学的图文书，其间的差异也是显而易见的。

"鸟人"：会为爱鸟而杀鸟吗？

前面你说你感觉出乎意料，也许是对我自称"鸟盲"的某种理解。其实，我说我是鸟盲，主要是指在观鸟时就辨识鸟的种类来说，这和我与我们的朋友刘华杰去野外看植物时的情况很像，我也很难准确地分辨出各类植物，而刘华杰却会如数家珍般一一道出所看到的各种植物分别是什么科、什么属、什么种，以及叫什么名字。

如同刘华杰所强调的，在博物学意义上，知道一种植物的名字，会更好地认识和欣赏这种植物，我想，对于鸟类也是一样。但我也还是可以在更低的层次上去欣赏鸟之美的。作为一个你所说的"鸟人之父"，我承认我达不到"鸟人"小女那样能更精致地欣赏鸟和享受观鸟乐趣的程度，但我对于"鸟人"们还是有一些初步的了解，并且对于观鸟这件事本身也是很有兴趣的。

几年前，我指导的一个研究生，就将其论文题目定为《对于观鸟活动的科学传播研究》（尽管当下正统的"科普界"很少将此视为与科学传播密切相关的活动），那个学生非常努力，她以人类学方法为主，对北京鸟会的观鸟活动做了很好的研究。在你和我主编的丛刊《我们的科学文化》第9辑中，收录了她论文的绝大部分章节。

□ 在本书第二章，作者花了不少篇幅谈到奥杜邦（John James Audubon）的鸟类绘画和他那本著名的《美国鸟类》（*Birds of America*）。此书已在2011年由北京大学出版社出版，中文书名起作《飞鸟天堂》。奥杜邦的另一本书《北美四足兽》（*Viviparous Quadrupeds of North America*）也以《走兽地下》的中译名配套一同出版了。相信在你书房里，应该也放着出版社当年的赠书吧。奥杜邦的《美国鸟类》，初版以巨大的开本（所画鸟类尺度必如实物原大）而在出版史上占有一席之地。

不过在《画笔下的鸟类学》作者埃尔菲克笔下，奥杜邦得到的就不全是赞美了。他引用了奥杜邦传记作者一句名言："鸟儿眼中最恐怖的事，可能就是看到约翰·詹姆斯·奥杜邦正在走近。"为什么呢？因为奥杜邦杀死了许多鸟！奥杜邦给朋友信中有一句经常被人引用的"名言"，足以让今天的"鸟人"们义愤填膺——如果我每天射杀的鸟不到一百只，那我就得说鸟儿真少。不过埃尔菲克为奥杜邦开脱说，因为奥杜邦"不像许多更富裕的收藏家，他时常缺钱缺食物"，所以他杀鸟是为了吃它们来果腹。这样的开脱，让今天充满悲天悯人情怀的"鸟人"们听到，仍无法释怀。

这段关于奥杜邦的故事也提示我们，"鸟人"事业的表现形态和价值标准，都有一个逐步演进的过程，并不是从一开始就呈现为现今我们所见的模样。而对于我们这些普通人来说，要理解历代"鸟人"的不同情怀，看来也不是一件容易的事。

■ 你提到的奥杜邦杀鸟，还有他要用之做标本、进行绘画等原因，当然，这也是早期鸟类学史上比较特殊和复杂的事。今天"鸟人"们的伦理标准当然不会让他们再像奥杜邦那样杀鸟。爱鸟，是"鸟人"之所以成为"鸟人"的最大内在动力，甚至这种"爱"，会让他们鄙视和抨击各种在他们看来伤害鸟类的行为。例如，中国传统的"提笼架鸟"式的笼养鸟，就在被批评之列，因为那是对鸟自由天性的伤害。更近一些，现在还可以注意到，相当一部分观鸟的"鸟人"和以摄影方式"拍鸟"的"鸟人"之间，就有不小的分歧。许多观鸟者认为

"鸟人"：会为爱鸟而杀鸟吗？

以肉眼和望远镜观鸟才是真正爱鸟行为的表现，而且，确实有不少拍鸟的发烧友为了拍出更"精彩"的照片，会采取一些干扰鸟的正常生活甚至伤害鸟的方式，如把鸟粘在树枝上等。

当然，像我等凡人，对那些真正爱鸟的资深"鸟人"的理解还是很有局限的，有时还是难以感受他们那种对观鸟的痴迷。就像普通人很难理解那部关于"鸟人"观鸟的著名影片《观鸟大年》中"鸟人"们与众不同的行为方式和追求一样。当年，我带小女参加自然之友观鸟小组的观鸟活动，也绝没有想到后来竟会培养出比较合格的"鸟人"来。后来无论是在求学还是工作的过程中，观鸟绝对是她在各种爱好中的首选，而且是绝不可缺少的。现在国内观鸟的人群也越来越壮大，各种观鸟团体数量也在增加，与国际也逐渐接轨了。

□ 我还有一个问题：本书作者埃尔菲克作为"鸟人"，和令爱这样的现代"鸟人"之间有什么差别？我试图在本书中搜寻线索，并无所获。

例如，正如你刚才提到的，奥杜邦杀鸟的用途之一是制作标本，我们今天在各种自然博物馆见到的鸟类（以及其他各种动物）标本，当然在大部分情形中难免要杀死鸟。再进一步推想，本书作者对鸟类的许多精细描绘，恐怕也不得不对鸟儿下一点毒手吧？如果像今天的"鸟人"那样，连笼养鸟都要批评，在野外的野生鸟儿能有那么好的耐心长时间停留在枝头，让埃尔菲克慢慢描绘吗？他多半也要杀死鸟儿，对着鸟儿的尸体才能仔细绘制吧？而如果是"认为以肉眼和望远镜观鸟才是真正爱鸟行为"的人，应该是绝对不能容忍杀鸟画像这样的行为的吧？

389

那么让我们想象一下，一个只能容忍以肉眼或望远镜观鸟的"鸟人"，拿到这本《画笔下的鸟类学》时，会有什么反应呢？他（她）是不是应该皱着眉头说，"鸟是画得挺漂亮，但一想到这些杀鸟画像的罪恶行径，我怎么忍心看下去啊！"

■　我咨询了小女，她的回答大意是：奥杜邦那样杀鸟，主要是一个历史问题，但随着观鸟技术和伦理的发展，现在人们确实不应该再像那样无必要地去杀更多的鸟，即使是科研所需要用的标本，也比那时要少了许多。而目前真正构成对鸟类威胁的，反而是那些为商业目的而杀鸟制作标本的行为。

从这样的回答来看，小女应该算是一个不很极端的"鸟人"，尽管其爱鸟之心相当之强。不过，伦理虽然在发展，毕竟不是法律，我们今天用"鸟人"这个词，其实有时所指并不明确，比如究竟是专指对鸟感兴趣的人，或是以某种爱鸟的心态遵循保护动物伦理的观鸟者呢？总体来看，认为鸟应该被爱护和欣赏的观鸟者的人数，还是在迅速增加的。我想，本书无疑会对提升人们爱鸟、欣赏和保护鸟类之心有积极意义。

原载 2017 年 10 月 18 日《中华读书报》

人这种动物为什么要看鸟

□ 江晓原　　■ 刘　兵

□　其实别的动物当然也看鸟，不过绝大部分情况下，估计是为了猎杀鸟，或夺占鸟蛋，来补充自己的食物。人类最初肯定也是如此，只是随着人类能够从别的动物身上得到更多更好的肉食之后，似乎对鸟类网开一面了。人类不仅开始主张保护鸟类，还将看鸟这种活动搞成了"观鸟"甚至"爱鸟"，变成了一种和"环保"乃至"绿色生活"等高大上的概念联系在一起的文化活动。

并不是所有的动物都能够和鸟类一样的幸运。许多动物仍然在被人类大规模地杀死以取得肉食；还有许多动物在残酷的自然环境中自生自灭，濒临绝种，也没听说人类为它们发展出什么"观"或"爱"的"文化"来。想想鸟类，还真是得天独厚呢。

这本《丛中鸟——观鸟的社会史》*，注意力并不在鸟类本身，而是旨在论述我上面提到的观鸟历史和文化，这正是让我对它感兴趣的地方。而考虑到本书的第一译者就是一位热衷观鸟活动的"鸟人"，你又和环保人士关系匪浅，和你来谈论这样一本书，实在是太合适了！我期待在这次对谈中，我将收获满满的教益和愉悦。

---

* 《丛中鸟——观鸟的社会史》，［英］史蒂芬·莫斯著，刘天天等译，北京：北京大学出版社，2019年1月第1版，定价：78元。

■　　正巧，就在几天前，北京大学出版社在北大书店举办了第 166 期北大博雅讲坛，主题就是"丛中人与丛中鸟：《丛中鸟：观鸟的社会史》新书品读会"，其间，我、北京大学的刘华杰教授、《丛中鸟：观鸟的社会史》的译者刘天天和观鸟爱好者及中国观鸟会城市绿岛行动的领队杨雪泥，作为嘉宾参加了这次品读会。会上也同样谈到了一些你可能会关心的问题。

首先我谈到，因为我并不是一个典型的观鸟人，但我为自己参加这次会找了三个理由。

其一，因为这本书的译者刘天天是我女儿，而且我觉得能够有机缘让她译这本书，应该跟我二十多年前的努力有关。因为她小时候是我最初带她观鸟的，那会儿我觉得在国内观鸟还不像现在那么流行，还是初期阶段。因为我很多年一直在一个环保的 NGO 组织"自然之友"做点事情，"自然之友"最早成立了观鸟小组，我记得那会儿带着她周末去看鸟，那会儿学生也不像现在这样一到周末就得连轴转，一个接一个补习班去跑，所以还有时间到郊区、野外观鸟。我这是属于无心插柳吧，因为这个机缘，没想到培养出了"鸟人"。因为我在看鸟上是比较业余，但我女儿就越看越专业了，后来也参与了很多组织活动，而且她在大学毕业以后，现在做的工作也还是和出版，和博物，甚至和鸟，关系特别密切的。

其二，是因为前几年我曾经指导我的一个研究生做过关于观鸟的研究，当时是以北京观鸟会作为主题目写了一篇学位论文，而且是很不错的学位论文，那篇论文后来差不多是全文正式收录在你和我主编的那套"我们的科学文化"丛书里了。

其三，是我从科学史的研究出发，可以为这本《丛中鸟：

观鸟的社会史》给出一个它在科学史研究中的定位。不过，在此之前，我还是想先听听，你同样作为科学史家，如果从科学史研究的角度，会怎样看这本书呢？

□ 我觉得你的想法完全有可能成立。事实上，本书中所论述的许多内容，如果将它们视为科学史的一部分，确实也不算牵强附会。

例如，讨论维多利亚时代的三章（第4—6章）中，收集鸟类标本被提升到这样的高度，"它是科学的，它是提升道德的，而且它是健康的"。尽管毫无疑问，它也是需要杀害鸟的。甚至是枪杀鸟的枪械的进步，又何尝不可以视为科学技术史的一部分呢？而为了前往合适的地点观鸟，对旅行工具的发展也不无促进。

当然，以这样的视角来看问题，难免有"泛科学化"的嫌疑，很有可能被科学主义者认为是只有科学技术才会推动人类文明进步的例证。

■ 我觉得，只有持科学主义立场的人，才会写出具有科学主义倾向的科学史。将观鸟史也作为科学史的一部分，倒也不一定就是"泛科学化"，因为，如果持一种中立的立场来看，难道科学史就只能写科学家做了这些那些？就像一个人的完整历史，不应只包括其工作，其生活也是自然而且不可缺少的组成部分一样。与科学相关的各种事务，包括科学与公众的互动，这本来也是可以成为科学史的内容的，否则，科学史也将是片面的。

□ 我有这样一种感觉：国内的观鸟文化活动，至少就形式的多样性或商业化的活跃程度来说，是不是和那些发达国家还有相当大的差距？

你看，莫斯在本书中描绘的场景：英国拉特蓝郡一个名叫埃格坦的小村庄，每年8月都要搞三天的"不列颠观鸟博览会"（British Birdwatching Fair），世界各国的"鸟人"和对此有兴趣的人，都会汇聚于此，各种相关的文化和商业活动当然也就随之展开。类似这样的爱鸟活动，国内好像还没听说吧？

到了本书第15章"观鸟收益：观鸟的商业效应"，不仅给我印象挺深，而且又有了新的联想。虽然作者叙述的事情并无什么惊人之处，无非是人们聚集到适合观鸟的地方去，就拉动了当地的各种产业。让我产生联想的是，现在中国也已经富裕起来，比如帝都作为首善之区，早已是中国高收入地区之一，所以我猜想，书中所说的英国的埃格坦小村庄或诺福克郡的光景，要不了多久应该也会在中国的某些地方出现的吧？说不定已经出现了，只是我不知道而已。

也就是说，我猜想我们会在商业化方面先接轨，然后文化方面也会跟着接轨。你作为一个亲近各种"鸟人"的人，对此如何判断？

■ 你的想象也有一定的道理。不过，就我的观察来看，中国的观鸟活动（肯定现在还谈不上运动），首先倒似乎是从文化上接轨的，比如像环保意识、亲近自然和体验自然的追求、"小资"生活方式的理想、对于休闲的选择、退休老年人的闲暇等等，这些先成为促成人们去观鸟的因素。而技术设备的发展，比如高档望远镜和高档相机的普及，也为观鸟提供了装备的可能。

当然，与国外的发展相比，中国的观鸟确实还处在比较初级的阶段，商业化在其中的体现不能说没有，比如像观鸟旅游等，但也确实没有达到国外的发达程度。或许，这也只是时间的问题吧。

但观鸟作为一种文化活动，除了观鸟人自身的参与，它本身也是值得进行研究的。以往，我们的许多"研究"往往关注那些宏大、正统主题的东西，但对于观鸟这种相对小众而且在主流意识形态之中不被大力倡导和重视的文化活动，却成为被研究的对象。这本观鸟的社会史即是一例。我们完全可以设想，观鸟其实涉及的东西也是很多的，如此书所言，公众的参与，与鸟类学的发展甚至都关系密切，更不用说其中涉及的人们对于自然的感受，对于鸟这种特殊生灵的感觉，等等。因而，在宽泛的意义上讲，观鸟这种活动或者说文化现象，完全能够成为科学传播和科学史等学术研究的合法对象。

□　观鸟在中国究竟是文化先和国际接轨还是商业先和国际接轨，我的感觉是，我们已经在诸如观鸟的旅游、望远镜的销售之类的商业活动上和国际接了轨，但至少还没有出现西方那样多的文化活动品种。比如，前些年有一部法国纪录片《梦与鸟飞行》（*Winged Migration*，2001），用了许多非常高明的手法，拍摄了一些通常难得见到的鸟类活动，在中国风行一时，我也非常喜欢。这无疑是观鸟活动衍生出来的文化产品。类似这样的产品，我感觉中国好像还未出现。

■　你在关心的观鸟文化与商业化，国内与国际接轨与否的问题，我觉得倒还是顺其自然吧，商业化固然会成为推进观鸟活动的重要动力，但显然也会有负面的影响，不仅观鸟，哪类文化活动被商业化又不是如此呢？反过来说，让那些目标和心态更纯粹也更纯洁的观鸟者，以更纯粹也更纯洁的追求去看鸟，哪怕暂时缺少一些因商业化不够充分而带来的不便，又有什么大不了的呢？当然，商业总是无孔不入的，只有要有机会，显然商业化不会在未来放过观鸟这一领域，这倒值得人们带有某种警惕。

除商业化外，如前所述，既然观鸟活动可以那么健康，那么自然，那么有利于人类与自然的和谐关系，又与公众参与科学有关，为什么不可以更成为非商业化而是公益性的活动呢？我们以那么大的财力来资助各种科普活动，为什么却没有将观鸟这类在国内几乎一直是自发的有益活动也纳入科普的范畴，并予以资助和支持呢？

□　你这个想法，初见到时我也很赞成。将观鸟纳入科普活动，确实不失为一个拓展科普维度的新想法。而它迟迟没有如你希望的那样出现，我认为恰恰说明了我们对观鸟在"文化"上还没有足够展开，所以你的想法或许显得相当超前或孤独。如果有更多的人有了和你类似的想法，说不定就会有某些人或某些科普机构将这种想法实施啦。

只不过呢，如果观鸟被纳入了我们的科普活动，我可以肯定，你所不愿意看到的观鸟商业化就要出现了。现在的许多科普活动，都已经有了商业色彩，观鸟如果真被纳入，又何能幸免？我倒是担心，观鸟说不定因其特殊性，会被选作科普商业化的急先锋呢。所以按我悲观主义的看法，观鸟还是如你说的，"顺其自然吧"，匆匆纳入科普，很可能事与愿违，又成你这样的环保人士和"鸟人之父"所不乐见之局。

所以推而广之，我感觉观鸟爱鸟这类事情，"顺其自然"可能是最理想的。从本书所描述的西方发达国家的观鸟社会史来看，基本上也是自然而然地形成和发展的，他们那里也没有我们的"科普"专职机构和相应活动，这说不定反而是好事呢？

■ 我们的这次对谈很有意思，与以往略有不同，似乎每段你我都是先赞同对方的观点。我也同意你的看法，按现有的这样的机制，如果观鸟被纳入官方的科普活动，还真是有可能会出现你设想的因其商业化而带来的诸多弊端，结果反而不利于环保。但这样推论起来，一个比较令人悲观的结论就是，现有的科普机制可能是有问题的。就科普而言，我们也许确实还需要寻找更合适的机制，才可能既有利于社会发展，有利于个人幸福生活，又有利于环境。

这样说来，也许就像你说的，观鸟的发展，还是让它顺其自然吧。好在，现在多数的观鸟者，毕竟也还是出于个人的兴趣、感觉、品味、格调、审美，以及对自然与生命的理解才投身其中的，是否戴上一顶"科普"的帽子，对他们来说似乎并不重要。

原载 2019 年 4 月 10 日《中华读书报》

怎样对待环境才是合理的？

——从《一平方英寸的寂静》*谈起

□ 江晓原　　■ 刘　兵

□ 《一平方英寸的寂静》(*One Square Inch of Silence: One Man's Search for Natural Silence in a Noisy World*) 一书，堪称中国书业 2014 年的黑马，出人意料地获得了诸多奖项。2014 年我读它的时候，它还没有开始获奖。而当我作为深圳历年"年度十大好书"的评委，目睹商务印书馆的美女编辑为它站台，见证了它成为 2014 年度十大好书第一名的那一刻，我确实感觉到，它获得的荣誉一定远远不止这一项。

此书从"寂静"入手，强调对环境的保护。作者认为，如今的世界，"寂静就像濒临灭绝的物种"，因为噪音对这个世界的入侵是全面的、无孔不入的。

谈论环境保护的书籍，这些年来我们当然已经引进过许多，本土原创的著作也已经问世了不少，比如你本人就有《保护环境随手可做的 100 件小事》(吉林人民出版社，2000) 这样的作品。不过从"寂静"这个角度来谈环境保护，确实尚属独树一帜，至少我以前尚未见过。你推荐的 100 件环境保护小事中，也只有"不燃放烟花爆竹"一件，与"寂静"能够扯上那么一点关系 (可惜的是你也并未从"寂静"着眼)。我提到这

---

* 《一平方英寸的寂静》，[美] 戈登·汉普顿、约翰·葛洛斯曼著，陈雅云译，北京：商务印书馆，2014 年 4 月第 1 版，定价：63.00 元。

一点，主要是因为我对于"寂静"这个词真的有那么一点点感觉——它让我想起了我的口头禅"清静最难"，尽管我当然主要是从精神上着眼的。

■ 在《中华人民共和国环境保护法》中，就有涉及噪声的条款。其实在人们相关的谈论和关注中，噪声问题也是常见的话题之一。但是，虽然人们意识到作为身边的污染之一的噪声是一个问题，但究竟如何看待这个问题的严重性，却仍大有可讨论之处。

比如说，通常，人们关心的是噪声过大时，会影响休息，影响工作，当噪声超过法律规定的范围时，可以投诉甚至诉诸法律来解决，如此等等。但以这样的方式关心和认知噪声问题时，其实是有一些默认的，例如，默认了低于某种限度的噪声是正常的，是可以容忍的。

而这本《一平方英寸的寂静》，其意识却远远超前于前面所说的这些我们通常关心噪声的一般性认识，而是将寂静，特别是将天然的寂静提升到了一个在价值上、审美上甚至自然观上的新高度，并且对于那些人为的工业化噪声持一种极其反感的态度。这种对待声音问题上的极端性，也正是此书在关于人和自然问题上的独特之处。这种极端，也恰恰是其意义所在。我们当年在讲保护环境的书中没有达到这种高度，与我们通常并不会以这种极端却富有新意而且让人更加深入思考的方式去想问题有关，这也正是我们的局限所在。

□ 说实在的，对于本书作者的那些主张，我并不都是毫无保留的。例如，作者多方奔走，推动对大峡谷国家公园等处上空的飞行管制，以求实现名副其实的"一平方英寸的寂静"——实际上就是不让喷气机从这些地方上空飞过。对于这样的主张和举措，如果深究起来，就会在理论上走得非常之远。

比方说，公园需要寂静，居民难道不更需要寂静？他们难道不比公园环境更希望远离喷气机的噪音？这里且不说公园"环境"作为一个主体能否谈得上主观意志（也许它讨厌寂静，欢迎噪声呢？）。如果照此推论，所有有人居住的地方上空，飞机都不应飞越。再进而言之，如果大峡谷需要寂静，地球别的地方难道不需要？我们可以理直气壮地说，整个地球都需要寂静，甚至整个宇宙都需要寂静。

如果我们同意大峡谷公园需要寂静，我们就应该同意整个地球都需要寂静，那我们立刻就要走向否定整个工业文明了。进入工业文明的人类，就是大地之癌。只要我们容忍工业文明，本书作者所期望的寂静就只能是"濒临灭绝的物种"。

在我的印象中，"人类是大地之癌"这样的观点，对于某些极端的环保主义人士来说确实是顺理成章的。它未尝不能在哲学的意义上取得某种自洽，甚至获得某种合理性，但无论如何，这不是一种务实的观点，因为它至少不具备任何可操作性。极而言之，如果要贯彻这种主张，只有全人类一起自杀才行。可是，地球，或者说环境，凭什么可以获得如此至高无上的地位，以至于我们人类应该为它去死呢？

■　我觉得这是两件不同的事。其一，是那种你所说的"极端环保主义人士"的理想追求；其二，是在现实中具有可操作性的务实的可能。

怎样对待环境才是合理的？

就前者来说，虽然你也承认这种观点在哲学的意义上可以自洽，你却因为它与现实的可操作性相冲突而不那么愿意接受它。不过，也正像我们另一位朋友曾说过的那样，一些哲学观点其实并不怕荒谬，只怕不自洽。在这种意义上，这样的观点以及基于这样观点的相关研究，当然有其意义，而且，其意义，反而正在于其理想性。这样的有些绝对的"理想化"追求，其实也是为现实的相对理想化提供了目标，否则，当我们只是满足于服从或是屈从于现实的约束时，我们就会为不追求那种理想化而找到各种借口。

你说，"公园需要寂静，居民难道不是更需要寂静？"当然居民需要，但如果连相对来说最容易实现寂静的公园都不能实现寂静，居民对寂静的需要就更加是不可能的事了。你还说到公园"环境"作为一个主体能否谈得上主观意志的问题，其实，按照深层生态哲学的理论，恰恰那些非人的"主体"（比如荒野）要被承认其价值，而不是以人的价值去做判断和选择。在这里，那些"主体"所需要回避的，恰恰是人的干预和打扰。

当然，在承认了这种理想化的、更有哲学意味的研究的自身意义之后，如何在现实中解决我们的现实问题，那是另一个需要讨论的话题。

□　实际上，许多现实问题在现有条件下是无法解决的，当然这并不妨碍我们正面肯定本书的价值，毕竟作者也在书中给出了许多关于维护环境寂静的可以实施的建议。

不过，到底什么是"寂静"，或者说，什么是作者心目中的"寂静"。细究起来，也不是没有问题的。作者在本书序言中是这样描述"寂静"的:"寂静其实是一种声音,也是许多、许多种声音。我听过的寂静,就多得无法计数。草原狼对着夜空长嚎的月光之歌,是一种寂静;而它们伴侣的回应,也是一种寂静。寂静是落雪的低语……"这样的描述确实不乏文学色彩,挺动人的。但是作者贯穿全书的一种情绪是他讴歌大自然的一切声音,所有大自然的声音被他赞美为"寂静",然而一切人类造成的声音却在他的讨伐和憎恨之列。这难道没有一点荒谬吗?草原狼的长嚎和它们伴侣的回应是"寂静",为什么人类情侣的呢喃、情歌不可以是"寂静"?热爱自然,珍惜环境,这当然没错,但也不能走到敌视人类的地步吧?为什么自然的地位、动物植物的地位铁定要比人类高呢?人类之外一切自然环境和动物植物发出的声音都是被赞美的"寂静",唯独人类造成的声音就是罪恶,这算什么道理呢?

我注意到,作者书中一直在使用的"寂静"一词的原文是silence,这个词通常都是指人类的行为,比如"沉默""无语"等,甚至可以用来指"失联""人间蒸发",总之其行为主体通常都是人类。现在作者却偏偏用来指称人类之外的一切行为主体,反而排斥人类,这一点也是让我有些困惑的。

■ 确实,此书似乎没有很严格地对"寂静"给出那种哲学式的定义,尽管寂静是这本书最核心的概念和灵魂。但我还是在此书中,发现作者曾区分了"内在寂静"和"外在寂静"。前者,是指"尊敬生命的感觉。我们可以带着这种感觉去到任何地方,神圣的寂静可以提醒我们是非对错之分,即使在城市嘈杂的街道上仍能产生这样的感觉。这种寂静是属于灵魂的层次。"而后者,"那是我们置身于安静的自然环境,没有任何现代噪音入侵时的感觉，它可以提醒我们当今有些问题已经失控，例如经济侵略和对人权的侵害。外在寂静邀请我们敞开感官，再度与周遭的万物产生联系……外在寂静可以帮助我找回内在寂静，让我的心灵充满感恩与耐心。处于外在寂静的环境中，我不会感到疲惫饥饿。置身其中的经验本身，就足以令人感觉圆满。"这段话大约可以作为某种不甚严格的寂静的定义吧。

你的质问，前提是没有问题的，作者确实把那种自然本身的寂静当作理想的寂静，但一方面，当他说到"内在寂静"的时候，无疑是指向人的。另一方面，作者的立场其实也并未达到你所说的"走到敌视人类的地步"，在人与自然的对立中，其实恰恰是人入侵了自然的领地，并最终入侵的后果影响到人自身的利益。

至于"主体"问题，不用说像"寂静"这种隐喻式的说法了，在非人类中心主义的学说中，甚至连"价值"这个本来只与人有关的概念，不也被正式地用于非人的自然了吗？

□ 说到底，说服人类这个物种爱护环境的根本理由，只能是"破坏环境会危及人类自身利益"，不可能再往前走了。必须承认人类和别的物种之间存在着对地球资源的争夺，理论上的极限，是承认所有的物种具有平等权利。在这一点上，认为"在人与自然的对立中，是人入侵了自然的领地"的说法也有问题。比如，考虑到人类也是"自然"的一部分，我们为什么不可以说"在狼与自然的对立中，是狼入侵了自然的领地"、"在大熊猫与自然的对立中，是大熊猫入侵了自然的领地"？

如果为了"矫枉过正"，非要让所有别的物种都凌驾到人类之上，甚至要求人类为了别的物种去死，这不仅在理论上荒谬，而且不可能说服任何头脑正常的人。我的意思是说，极端的环保主义是不可取的，对环保事业本身来说也是有害无益。本书作者确实在思想上有这样的倾向，这是应该指出的。不过，我并不会因此而全盘否定本书的价值，因为强调工业化、现代化带来的噪音污染，推进对噪声污染的治理，无论如何还是有积极意义的。

说到这里，我想起书中的一个细节：作者在正文第一章中，花费了不少篇幅谈论他一度失去听觉这件事，他说各种治疗措施都没有效果，但是后来他的听觉又莫名其妙地恢复了。这个故事带有明显的神秘主义色彩，而根据我的阅读经验，这种叙事策略通常出现在欧美的畅销书中。这使我联想到了对本书文本类型的定位问题，对此很想听听你的见解。

■ 首先，我同意你讲的有关这本书的畅销书叙事策略的看法，因而，将此书定位为一本面向非专业读者的畅销书或准畅销书，应该不会有太大的争议。类似地，我们会将诸如像梭罗的那些经典作品，也（至少在今天）作为准畅销书。而且，从目前这本书翻译出版后的反响来看，似乎也可以证实这一点，因为如果作为一本专业性的著作，是不大可能在出版后如此短的时间内获得如此多的大众性的奖项。

但另一方面，对于你谈及的人类这个物种与其他物种以及与非人类的自然的关系的看法，甚至于将那些非人类中心主义的立场归结为"极端的环保主义"的看法，我是不同意的。在当代环境哲学的发展过程中，"非人类中心主义"是继"人类中心主义"之后的重要理论进展，也恰恰是由于这种立场与人们过去习惯的常识性见解不一致，存在着很多争议。但作为一种环境哲学的立场，它的价值却显然是不可忽视的，虽然看上去有些极端，但却绝不能等同于现在一些科学主义者所讲的"极端的环保主义"。实际上，那个所谓"极端的环保主义"的标签，经常是被许多强调发展、强调强人类中心立场的人用作反对环保的说辞。在你的理解中，那样做似乎就是"要让所有别的物种都凌驾到人类之上"，这也是一种误解，就像许多人对于女性主义的误解一样。非人类中心主义所要求的，只是去掉中心的权力，而实现在人类与非人类之间的一种价值上的平等。

再回到这本书，按照上述看法，也可以很自洽地将其看作是基于"非人类中心主义"的、带有深层生态哲学的立场，结合日常的实例，对寂静和噪声问题的通俗性论述。虽然作为一些具体的讨论和结果的内容，你是可以承认其积极的意义的，但这种论述的冲击力、给人们留下的深刻印象，又恰恰是与其在叙述背后的"极端"哲学立场不可分割的。而这本书的成功，也表明了其实这种"极端"的哲学立场与现实问题相结合的分析，具有为大众接受的可能性。

原载 2015 年 2 月 11 日《中华读书报》

拉清单背后的学问

——关于艾柯《无限的清单》*

　江晓原　　■　刘　兵

　　□　中国北方俗语有云：别看现在闹得欢，小心将来拉清单。艾柯则用这本400多页的书向我们显示，在文学艺术上，"拉清单"也是一种重要的修辞手法，而且背后也还有一些学问。

　　艾柯倒并未将"清单"的概念神秘化，或玩弄概念游戏——从他创作的小说来看，这原是他的拿手好戏。在他笔下，"清单"就是我们日常话语中的那个意思，比如饭店里的菜单就是一种清单。艾柯在本书"导论"中一上来就告诉读者："罗浮宫邀请我挑选一个主题来筹办一系列会议、展览、公开朗读、音乐会、电影，我毫不犹豫，提出清单（也包括目录、枚举）这个主题。"

　　这么简单的一个主题，艾柯居然能鼓捣出一本400页的厚书，而且还远远不止一本400页的书呢，还要让罗浮宫举办一系列的文化活动呢！他提出这个主题既然"毫不犹豫"，想必是他以前早就反复思考过的。

　　■　这确实是一个非常有意思的构思。至少我们在这本书

---

* 《无限的清单》，[意]翁贝托·艾柯编著，彭淮栋译，北京：中央编译出版社，2013年10月第1版，定价：198元。

中看到，艾柯所说的清单，其实是一个范围非常广的类别。而这在学理上，也是颇有新意的。因为我们知道，清单之所以会被"拉"出来，这首先意为某种分类的概念，而且，在与我们这个时间不同的过去，人们对于分类的想法又是与今天相当不同的。就历史的研究来说，确实不同时代的清单，实在是一个很有创意的好切入点。

可是，艾柯是一个文学家，虽然以前他的小说就颇有学术意味，而不在于通俗文学的那种可读性，并且居然很有销路，这本已经是一件奇事，而如今他又玩起了清单的把戏，很是有些艺高人胆大的感觉。不过，这本书似乎也不太可能再算是文学作品了吧。在感觉上，我倒是觉得，它很有些文化研究，但又带有很强的文物甚至收藏的意味了。

我曾看过，以前你写过一篇关于这本书的书评。那你为什么会对这本书情有独钟呢？

□ 主要是因为一种趣味——我喜欢那些与众不同的东西。艾柯是个怪才，集学者与作家于一身，而在这两个群体中他又都属另类，所以我对他的"玩意儿"会感兴趣。他讨论清单的无限性及其表达，这和他那些小说相比又更另类，所以我就更关注一些。

此书确实也有你说的某种"文物甚至收藏的意味"，这就涉及另一个我很感兴趣的问题，即"选择"。以前我在文章中曾说过"选择即精英，选择即统治"这样的话，强调在文化的无限信息（再次出现了无限性！）中，选择的重要性。这个重要性中包括了"精英为公众选择什么"，选择者的见识、手眼和趣味，决定了他选择的对象。如艾柯这样见识、手眼和趣味三者俱佳之人，在《无限的清单》中，呈现了他从无数古今艺术作品中选择出的结果。此书的奇特，首先在于书中的插图。艾柯学养深厚，对图的选择又别具慧眼，他编著或参与编著的几种著名图文书，如《美的历史》《丑的历史》《时间的故事》等，选图皆与众不同。这种对艺术品的选择能力，是建立在学养、天性、情趣等基础之上的，具有强烈的个人色彩，仅靠勤奋很难获得，别人也很难模仿。

■　你所特别关注的"选择"，也是有意味的。你说："选择即精英，选择即统治"，确实如此，而且，我们还可以继续补充，比如"选择即视角，选择即权力，选择即新意（也即所谓'创新'吧），选择即理论……"，如此等等。

还有就是，选择的问题，如果只是立足于有了大前提之下的如何选，那是一种层次，比如说在有了把"清单"作为一种特殊关注的东西之后，再去如何选，那是一种层次，尽管在这种层次上，也很能体现出选择者的水平；而在另一种更高的层次上，则是把像"清单"这种以前不被特别关注的东西提炼出来，选择了选择的前提框架，这应该是另一种更重要的贡献。就像我们以前总会说提出问题比解决问题更重要，实际上是指提出有价值的而别人又没有意识到的问题之难，而在有了问题之后，解决固然也很重要，但毕竟还是有多种可能性的。

我们说艾柯作品的文学特征、收藏特征、学术特征等，但所有这些类的特征，尽管都非常的与众不同，毕竟也还都属于小众的兴趣，让我最难理解的倒是，这种基于小众兴趣的作品，却如何成为大家的关注点？难道他就不会面对"叫好"与"叫座"的矛盾？

拉清单背后的学问

□ 艾柯很可能并不在乎叫好叫座与否，其实只要弄出来的玩意儿有特色有品位，总会有人喜欢的。这有点类似中国古人所谓的"君子中道而立，能者随之"，或者说，早晚会出现能够欣赏他的玩意儿的人，这样的人是多是少就不必太在意了。

艾柯这本奇书的要旨，按我自己的理解，用大白话说出来，其实就是两点：一，在文学和艺术中，"拉清单"都是一种常见的表现手法，包括"有限清单"和"无限清单"；二，世间任何文学或艺术作品的篇幅总是有限的，为了在有限的篇幅中表现清单的无限性，需要采用各种手法。这些手法归纳起来，用艾柯的话来说，就是"依违于'无所不包'和'不及备载'之间。"这第二点是我特别感兴趣的。

关于如何表达清单的无限性，艾柯在书中举了许许多多的例。在文学作品中，比如荷马史诗《伊利亚特》为了表现希腊联军的浩浩荡荡，仅仅列举出希腊船长和战船的名字，拉这个清单就花掉了350节诗的篇幅。艺术作品也有类似情形，以艾柯举希腊神话中阿喀琉斯的母亲为他准备的盾为例——这张盾其实就是一个"无限清单"，上面有日月星辰、山川河流、人烟稠密的城市、城中的婚宴狂欢、法官判案等，还有详细的战争场面……

当然，我们知道，在现实生活中不可能有这样的盾，一张小小的盾上没有可能描绘这么多的细节，就算有可能，如此精雕细刻的盾也不可能用到战场上——那可是要被刀枪剑戟砍砸劈刺的。但是，这是神用的盾，那就没问题了。于是"阿喀琉斯之盾"就变成后世艺术家创作时的固定题目，艾柯在书中给出了两幅这样的作品（5世纪、19世纪）。

如何反思科学

■ 这样的话，就越说越学理了。当然，我们完全可以不顾叫座与否的问题，因为学术探索通常并不需要考虑这样的问题，其实我前面提这个问题，主要是困惑于这样一部并不通俗的奇书居然会有如此吸引眼球的联想。至于你说的，像"阿喀琉斯之盾"之类的话题，那又变成像理想中的清单与现实中的清单这样的学术讨论了。这里面的深意，也是确有值得探讨之处。

延伸下来，对一个相关又现实的问题的联想就是：在当代中国，在我们这里为什么没有出现像艾柯这样特殊类型的作者？如此就此作为切入点来讨论，恐怕又会扯出一系列（如作者的修养、文化环境、社会背景、学术背景、市场与学术的协调等）问题。但无论如何，我觉得，尽管阅读艾柯也很过瘾，但当我们也可读到中国类似作家的类似作品的时候，那是不是说明我们的作家才有了足够的"创新"才能，我们才有了理想的"创新"环境呢？

原载 2014 年 5 月 2 日《文汇读书周报》

为中国人的域外一阶植物学叫好

☐　江晓原　　■　刘　兵

☐　刘华杰教授喜欢将研究工作区分为"一阶"、"二阶"等，就以植物学为例，那些植物学史，或者与植物学有关的科学社会学或文化人类学的研究，会被列入"二阶"，而植物学本身的工作，如著录品种、搜集标本等的工作，则被归入"一阶"。按照这种区分方式，则《檀岛花事》*无疑属于"一阶"的植物学著作了。

以往我们看到一些西方学者到中国来，自觉或不自觉地为了他们帝国的扩张而工作。当然他们的这类工作有些对于中国而言确实也有"筚路蓝缕"开创之功，有些工作甚至是奠基性的，这种现象在植物学、地质学、气象学、人类学等学科表现得最为明显。至于从西方学成归来的中国第一代现代植物学、地质学、人类学学者，他们的工作似乎天然地局限于中国本土。

正是在这样的历史背景下，刘华杰的《檀岛花事》显现出非常引人注目的特点——中国学者在域外进行的"一阶"植物学工作。它很可能是中国人第一次对国土之外的地区进行的植物学工作。

---

* 《檀岛花事——夏威夷植物日记》，刘华杰著，北京：中国科学技术出版社，2014年7月第1版，定价：258元（全三册）。

如何反思科学

■ 首先，你用了"一阶"这个概念描述，我觉得，也对，也不对。前些年，刘华杰曾有一本文集出版，名为《一点二阶立场》。对那个书名，也曾有不同的争论和解释。我觉得，或许用在这里，这个书名的说法也还合适。因为，作为一本日记体的作品，《檀岛花事》里面固然有大量一阶的观察和记录，但同时也经常会有一些在那些标准的一阶植物学研究中不会写下的内容，包括带有鲜明的人文立场的议论、联想等。而这种将一阶的观察记录，与那些带有人文立场的评论等结合在一起，才是这本书最突出的特色之一（显然是要为其作者特殊的身份等特色留出评价的空间）。

其次，这本书究竟是不是中国人第一次对国土之外地区进行的植物学工作，这个判断我不敢轻易下。但，我却很倾向于认为，这很可能是像刘华杰这样一位中国的哲学教授、科学传播研究者和业余植物爱好者所写、所出版的这种风格的植物考察日记的第一次出现。再加上这些限制性的说法之后，也许在"成就"的赞扬力度上表面有所下降，但在另外一层特色的意义上，其赞扬的力度又是有所提升的。

□ 被你加了那么多的限定之后，《檀岛花事》的"第一"当然不会再有问题。不过更重要的无疑是书中的内容和本书的写法。

刘华杰教授并没有拉开架势来写一部"严肃的学术文本"——估计他从一开始就没打算这样做。《檀岛花事》全书采用了相当亲和的、充满文化色彩的、处处结合人文历史背景的叙述方式，而且作者自己经常现身于他所描绘的场景中。这让我想起卢梭的《植物学通信》——我们两人还在《中国图书评论》的专栏中谈到过。本来，植物学就不是所谓的"精密科学"，它的哪怕是臻于极致的"学术文本"，也不可能写成《自然哲学之数学原理》那样。所以植物学著作即使采用了非常亲和的文本形式，也仍然有可能具有很高的学术价值。如果我们同意卢梭的《植物学通信》在植物学上也不无价值，那《檀岛花事》的价值无疑要在此之上——尽管作者的知名度不如卢梭。

■　这些说法我都是可以接受的。接下来，也许我们可以讨论另外一些问题了。比如，在你的设想中，这套书的读者会是些什么人？前些天，我们在一次小会上曾讨论起相关话题，比如，像你，对自然之物的亲近感，不如对人文之物的亲近感强，那你在读这本亲近自然的人文写作之书时又会是什么感受呢？

联系到你对中国古籍的熟悉，我还想问的是，在过去的历史上，中国古人是否应该有类似的"笔记"类作品？而那些作品中，是否也会有像华杰这样的类似观察与记载？如果有，那么，那种观察和记载中体现出来的，是否有中国特色的某种"地方性"的植物学甚至博士学传统呢？因为在华杰的日记中的"植物学"，包括在你对他的书在"植物学价值"的评价，其实应该是体现在西方植物学的传统的意义上的。

□　你的判断是准确的，我对于自然之物的亲近感不如对人文之物的亲近感，但这纯属个人好恶，我们在评价一本书时，原是要尽力脱略其影响才对。据我所知，还是会有相当数量的读者会对《檀岛花事》有阅读兴趣的，因为前些年国内书业有过类似的例证。这还没有考虑到《檀岛花事》的作者在叙述中经常现身，使得本书兼有个人游记性质，它的人文色彩更能增加读者的阅读兴趣。

你关于中国古代是否有类似《檀岛花事》的问题，着眼于"地方性知识"这样更广阔的学术视野，对于我们理解和评价《檀岛花事》是非常有意义的。

中国古代当然也有植物学著作，甚至可以说"在西方植物学传统意义上的"作品也是有的，比如一些属于"本草"或"救荒本草"系列的作品，也绘制了植物的图形，便于读者识别辨认。当然，这些作品主要是着眼于所记载的植物的药用或食用价值，并不具备对植物分类的理念；中国古代也没有产生类似西方的植物分类理论和体系。另外，这些作品的作者自己也不会在叙述中现身——他们不会在作品中记述自己的相关活动。

这样看来，对《檀岛花事》一书的意义和价值，我们主要还是只能在西方理论的框架中进行判断和估计。

■ 当然，仅在西方理论框架中来评价《檀岛花事》，其意义已经足够重大了。其实，我之所以提及中国古代，确实又是因为我现在会更感兴趣在中国古代可能会存在的于类似作品中的不同于西方（而不是类似于西方）的植物（以及非植物的自然物）的分类理论体系及哲学基础问题。但这是另一个话题了，在这里先不多说也罢。

无论是在研究性还是普及性的意义上，《檀岛花事》都足以在当下开拓一种新的研究与写作范式。

这也正像在北大举行的一次座谈《檀岛花事》"凤凰网读书

会"上，对于华杰的此书和此写作经历我所说的："我们都可以在重复的观赏中获得美好享受，不一定都是植物，也不一定都是夏威夷。可以是鸟、虫，可以是中国和任何其他的地方。我觉得重要的不在于是不是夏威夷，重要的不在于是不是花，而是在于这样一种意识和生活，是我们倡导的！"

原载 2014 年 11 月 7 日《文汇读书周报》

神游在地球两边

□　江晓原　　■　刘　兵

　　□　多年前，我随上海交通大学的谢绳武校长访问港台，有一天当时香港城市大学的张信刚校长在官邸宴请我们，张校长的太太周女士——当时是香港另一所大学的图书馆馆长——也在座。席间周馆长说起一件逸事：她所供职的大学创办之初，经费充裕，有一年图书馆的经费没有花完，她竟受到"办事不力"的批评；为了避免钱不花完再遭批评，她去欧洲旧书和文物市场购买了一批古地图，这批古地图现已成为该图书馆的镇馆之宝。后来有一次他们为这些古地图办了一个展览，刚好我又在香港，就去参观了一番，还拍了若干照片。

　　我发现这些地图颇具装饰效果，就用它们来做我电脑的壁纸——我现在的电脑壁纸就是一幅地图。此后我在国外参观各种博物馆，总要找馆中陈列的古地图拍几张照片。我无意研究古代地理，只是欣赏它们的装饰效果。去年我有一本书出版，出版社问我对封面的意见，我提供了一张古地图，建议作为装饰，不料被告知"地图乃敏感之物，弄不好要出事情"，遂作罢。现在看到梁二平这两本书：《谁在地球的另一边》*和《谁在世界的中央》**，里面收集了上百幅古地图和海图，那还不敏感

---

* 《谁在地球的另一边——从古代海图看世界》，梁二平著，广州：花城出版社，2009 年 7 月第 1 版，定价：48 元。

** 《谁在世界的中央——古代中国的天下观》，梁二平著，广州：花城出版社，2010 年 6 月第 1 版，定价：52 元。

死人啊？

■　关于说地图在出版中是敏感之物的说法，我也曾听说过，这大约因为地图总是与国家、政治、主权等一系列东西相联系吧。因而，在读这两本书时，我倒是也曾想过这个问题呢。

在读这两本书的时候，我觉得，它们写得还是颇有可读性的。当然，我也没有专门研究过地理史或地图史，因而也无法判断这两本书的学术水准。但就阅读印象来说，我觉得，对于以地图作为切入点来向公众普及地理史以及一般历史，这确实是一个不错的做法，而且是很有文化感的知识普及，更何况这样的书，又很自然地兼有了图文并茂的特点。

相对来说，你对中国古代的文化还是比我要了解多了。从你的知识背景，你对这两本书的学术质量，又有什么个人判断呢？因为这两本书的作者，并不是专业的地理史研究人员，但从书的写作来看，他确实又是花了极大的力气来做这件事的。如果这件事做得好，既有可读性，有文化，又有学术质量的保证，那也许能对我们以前曾谈过的"民科"（在此用此概念系在纯粹中性的意义上，毫无贬义），或者说，换个更加中性的概念，即业余研究者的问题，会有一些新的启发吧？

□　你提到通过这两本书，我们能不能对如何看待业余研究者这个问题有新的启发，这确实是一个很好的问题，值得我们认真讨论一下。

我一直对"民科""民历"持宽容乃至欣赏的态度。尽管这种态度会招致两方面的批评或批判。

一方面当然是来自科学主义者的批判，科学主义者因为坚信"科学神圣"，所以认为任何对科学知识的言说都必须先有"资格"——最好是由他认定的；而且这种言说在任何场合又都必须"准确"——仍然是由他认定的。而"民科"既无"资格"，又不"准确"，就必须在讨伐消灭之列。主张对其宽容，就要被批判。

另一方面则是来自某些"民科""民历"的批评，认为我这种所谓的"宽容"只是高高在上的怜悯，仍然是精英主义傲慢的表现形式。他们中许多人希望的是，立刻得到主流科学共同体、主流历史学界的高度认同和接纳，承认自己是一颗耀眼的新星。

而我最欣赏的，就是不屑寻求"主流"承认和接纳，同时也不狂妄自大，而是淡定自如乐在其中的"民科"和"民历"。若梁二平者，正是如此。

收藏古地图的人，很容易萌发对历史的研究兴趣，以前也有人做过类似尝试。梁二平这两本书，先后由同一出版社出版，从装帧设计方面也将它们处理成姊妹篇，但实际上这两本书还是有相当大的差别。《谁在地球的另一边》是以他多年收集的古代地图、海图为基础，通过介绍这些图，展示了古人如何逐渐认识了我们的世界。而《谁在世界的中央》的重点是讨论"古代中国的天下观"，地图只扮演了一个配角。

■ 就此问题，我完全同意你的看法。尽管在现实中，你说的两方面的问题依然非常普遍地存在。

你说到，收藏古地图的人，很容易萌发对历史的研究兴趣。其实，这个范围还可以更大，既收藏各种不同古董的人，如果真正是认真地收藏和把玩，而不仅仅是为了升值发财，也大多会对历史产生相应的兴趣，并有所"研究"。就算是那些以"发财"为目标而玩收藏的人，要想真正能够达到目的，必要的历史知识储备也同样是不可缺少的。因此，我们或许可以说，在如今古董收藏热非常普及的今天，实际上是为"民历"的历史学习与研究准备了比较理想的可能性空间的。

但是，自己学习和"研究"是一回事，把自己的研究写成书，与他人分享，这就是另一回事了，在广大的收藏爱好者当中，能够做到这点，而且能够做好这点的，实在是人数并不多。也正像你说的，这两本书的作者梁二平先生，正是能够做到这点而且能够淡定自如乐在其中的人。

这还仅仅是就古董收藏和历史的关系来说话，如果推而广之，能够对科学有关的事感兴趣（这在少量情况下也可与收藏有关，而在更多的情况下，可以有更广泛的类别，例如，观鸟就是其中之一），这也同样可以成为关心、思考甚至"研究"科学的某种"民科"。这里，说"民科"二字，同样不带贬义，例如，我们的朋友刘华杰本业是北大的科学哲学教授，但因其热爱植物，也出版了几本植物方面的书，他就多次坦称自己在植物方面是"民科"。

□ 那当然。"我们的科学文化"第二集不是取名《阳光下的民科》吗？

关于将自己的研究"与他人分享"这一点，要做好也不容易，而且在这一点上，"民历"有时甚至有优于"主流历史学家"之处——因为"主流历史学家"如果时时处处意识到自己的"主流"身份，就会端着身架，"普及"就经常做不好。而

"民历"则无此精神负担，自己研究有所得，欲与他人分享，即便在"主流历史学家"看来卑之无甚高论，但娓娓道来，平易亲切，有时会成为很好的大众阅读文本。近年当年明月等人的通俗历史书籍大受欢迎，我想也与这一点有关。

梁二平的可取之处，至少可以举出两端：其一，态度认真，是下了很大学习功夫的，故我披阅两书，尚未发现硬伤或外行话，这对于一个业余研究者来说，确属难能可贵。其二，梁二平作为记者，文字功夫确实很好，故这两本书读起来趣味盎然。其中有些文字上的小技巧、小情调，十分可人。比如谈论鸿沟的一节，介绍了一些楚汉相争史事，结尾处暗用屠洪刚唱的《霸王别姬》一曲，不知者看着也很不错，知之者则会心微笑了。

■ 看来，在这两本书的评判方面，我们的立场和看法是基本一致的。我也觉得，与目前市场上类似的书相比，这两本书的特点，除具有可读性外，有文化，有品味，应该是其超出那些过于追求畅销的形式而多少带有一些恶俗感的作品的明显不同之处。

不过话说回来，虽然这两本书因为沾了地图的边，多少也可以算得上是广义与科学（地理学——其实更靠近人文地理）有些相关性，而在目前也是为数众多的更为标准的"科普"书中，像这样的作品却很少见。恐怕，这也再次表明了，作者的个人兴趣、个人修养、个人品位是优秀的普及性作品的重要（尽管还无法说是唯一）前提条件！

原载 2010 年 10 月 8 日《文汇读书周报》